TEUBNER-TEXTE zur Informatik   Band 2

M. Rupprecht

Implementierung und parallele
Verarbeitung von Kommunikationssoftware

TEUBNER-TEXTE zur Informatik

Herausgegeben von
Prof. Dr. Johannes Buchmann, Saarbrücken
Prof. Dr. Udo Lipeck, Hannover
Prof. Dr. Franz J. Rammig, Paderborn
Prof. Dr. Gerd Wechsung, Jena

Als relativ junge Wissenschaft lebt die Informatik ganz wesentlich von aktuellen Beiträgen. Viele Ideen und Konzepte werden in Originalarbeiten, Vorlesungsskripten und Konferenzberichten behandelt und sind damit nur einem eingeschränkten Leserkreis zugänglich. Lehrbücher stehen zwar zur Verfügung, können aber wegen der schnellen Entwicklung der Wissenschaft oft nicht den neuesten Stand wiedergeben.

Die Reihe „TEUBNER-TEXTE zur Informatik" soll ein Forum für Einzel- und Sammelbeiträge zu aktuellen Themen aus dem gesamten Bereich der Informatik sein. Gedacht ist dabei insbesondere an herausragende Dissertationen und Habilitationsschriften, spezielle Vorlesungsskripten sowie wissenschaftlich aufbereitete Abschlußberichte bedeutender Forschungsprojekte. Auf eine verständliche Darstellung der theoretischen Fundierung und der Perspektiven für Anwendungen wird besonderer Wert gelegt. Das Programm der Reihe reicht von klassischen Themen aus neuen Blickwinkeln bis hin zur Beschreibung neuartiger, noch nicht etablierter Verfahrensansätze. Dabei werden bewußt eine gewisse Vorläufigkeit und Unvollständigkeit der Stoffauswahl und Darstellung in Kauf genommen, weil so die Lebendigkeit und Originalität von Vorlesungen und Forschungsseminaren beibehalten und weitergehende Studien angeregt und erleichtert werden können.

TEUBNER-TEXTE erscheinen in deutscher oder englischer Sprache.

Implementierung und parallele Verarbeitung von Kommunikationssoftware

Von Michael Rupprecht

Rheinisch-Westfälische Technische
Hochschule Aachen

B. G. Teubner Verlagsgesellschaft
Stuttgart · Leipzig 1993

Dipl.-Ing. Michael Rupprecht

Geboren 1960 in Kiel. Von 1979 bis 1987 Studium der Elektrotechnik mit dem Schwerpunkt Technische Informatik an der Rheinisch-Westfälischen Technischen Hochschule Aachen, 1987 Diplom. Von 1987 bis 1992 wiss. Mitarbeiter am Lehrstuhl für Informatik IV, bei Prof. Dr. Otto Spaniol, 1992 Promotion.
Arbeitsschwerpunkte: Datenkommunikation, insbesondere Hochgeschwindigkeitsnetze; Petrinetze; parallele Programmierung.

Dissertation an der Mathematisch-Naturwissenschaftlichen Fakultät der Rheinisch-Westfälischen Technischen Hochschule Aachen
D 82 (Diss. RWTH Aachen)

Die Deutsche Bibliothek – CIP-Einheitsaufnahme

Rupprecht, Michael :
Implementierung und parallele Verarbeitung von Kommunikationssoftware /
Michael Rupprecht. – Stuttgart ; Leipzig : Teubner, 1993
   (Teubner-Texte zur Informatik ; Bd. 2)
   Zugl. : Aachen, Techn. Hochsch., Diss., 1992
   ISBN 978-3-8154-2050-8   ISBN 978-3-322-93436-9 (eBook)
   DOI 10.1007/978-3-322-93436-9
NE : GT

Umschlaggestaltung: E. Kretschmer, Leipzig

Vorwort

Die vorliegende Arbeit entstand während meiner Tätigkeit als wissenschaftlicher Mitarbeiter am Lehrstuhl für Informatik IV (Prof. Dr. O. Spaniol) der Rheinisch-Westfälischen Technischen Hochschule Aachen.

Herrn Prof. Dr. Otto Spaniol, der durch seine Anregungen, seine konstruktive Kritik und durch die mir gewährten Freiheiten viel zum Gelingen dieser Arbeit beigetragen hat, gilt mein persönlicher Dank.

Herrn Prof. Dr. Wolfgang Effelsberg (Universität Mannheim) danke ich besonders herzlich für seine Bereitschaft zur Übernahme des Korreferats und für sein Interesse an meiner Arbeit.

Danken möchte ich auch allen meinen Kollegen am Lehrstuhl und den Studenten, die auf die eine oder andere Weise einen Beitrag zum Entstehen und Gelingen der Arbeit geleistet haben und hier nicht alle genannt werden können. Besonders hervorheben möchte ich jedoch Herrn Kai Jakobs und Herrn Prof. Dr. Peter Martini, die mir insbesondere in der Anfangsphase bei der Auffindung meines wissenschaftlichen und beruflichen Weges hilfreich waren und Herrn Bernd Heinrichs und Herrn Christian Engel, die mir in ähnlicher Weise in der Schlußphase dieser Arbeit sehr geholfen haben.

Ganz besonderes danken möchte ich den Menschen, die in anderer Weise beim Gelingen und beim Abschluß dieser Arbeit für mich sehr wichtig waren. Namentlich erwähnen möchte ich hier nur meine Frau Cordula Rupprecht, die wahrscheinlich mehr zu dieser Arbeit beigetragen hat, als ich bis heute begriffen habe und meinem Vater, der durch mich nicht nur Probleme mit dem Korrekturlesen dieser Arbeit hatte.

Aachen, September 1992   Michael Rupprecht

Inhalt

1. Einleitung — 13

2. Implementierung von Protokollen — 16

  2.1. Hardware-Realisierung — 19

  2.2. Software-Realisierung — 21

    2.2.1. Von der Spezifikation zur Software — 22

      2.2.1.1. Manuell kodierte Software — 22

      2.2.1.2. Benutzung einer Implementierungssprache und/oder eines entsprechend Implementierungswerkzeugs — 22

      2.2.1.3. Automatische Erzeugung des Codes — 23

    2.2.2. Betriebssystem — 23

      2.2.2.1. Prozeßablaufkontrolle — 24

      2.2.2.2. Interprozesskommunikation — 24

      2.2.2.3. I/O-Kontrolle — 24

      2.2.2.4. Speicherverwaltung — 25

      2.2.2.5. Timer-Verwaltung — 25

      2.2.2.6. Multiprozessorsystem — 25

    2.2.3. Aufbau von Kommunikationssoftware — 26

      2.2.3.1. Vertikale Ordnung — 26

      2.2.3.2. Horizontale Ordnung — 27

      2.2.3.3. Vergleich — 28

    2.2.4. Hardware-Anforderungen — 29

  2.3. Messung der Leistungsfähigkeit von Protokollimplementierungen — 30

    2.3.1. Nettodatenrate — 30

    2.3.2. Reaktionszeiten — 34

  2.4. Arbeiten zur Steigerung der Leistungsfähigkeit von Protokollimplementierungen — 35

    2.4.1. Standardkonforme Ansätze — 35

      2.4.1.1. Verbesserung der Methoden bei einer Software-Realisierung — 35

2.4.1.2.   Höhere Taktraten, neuere Technologien   36
2.4.1.3.   Direkte Umsetzung in VLSI-Schaltungen   36
2.4.1.4.   Multiprozessorarchitekturen für die
             Protokollverarbeitung   37

2.4.2.   Nicht standardkonforme Ansätze   37

2.4.3.   Parallele Verarbeitung von Kommunikationssoftware   37
2.4.3.1.   Pipeline-Controller   38
2.4.3.2.   Mehrere Prozessoren   39
2.4.3.3.   Multiport-Speicher   39
2.4.3.4.   Universeller Multiprozessor/Multiport-Speicher-
             Controller   40
2.4.3.5.   Universeller Multiprozessor Controller   41

2.4.4.   Die Verwendung von Transputern   41

2.4.5.   Zusammenfassung   42

3. Spezifikation von Protokollen   44

3.1.   Methoden zur Spezifikation   44
3.1.1.   Nicht formale Protokollspezifikationstechniken   44
3.1.2.   Formale Protokollspezifikationstechniken   45

3.2.   Petrinetze   46
3.2.1.   Grundbegriffe   47
3.2.2.   Stellen/Transitionsnetze   50

3.3.   Erweiterungen   55
3.3.1.   Verbotskanten   55
3.3.2.   Abräumkanten   56
3.3.3.   Zeitbehaftete Petrinetze   57
3.3.4.   Individuelle Marken und Prädikate   58

3.4.   Produktnetze   59
3.4.1.   Individuelle Marken   60
3.4.2.   Markierung   60
3.4.3.   Kapazität   60
3.4.4.   Kantenanschrift   60
3.4.5.   Zulässige Interpretationen   62
3.4.6.   Schwellenmarkierung   63

3.4.7.   Prädikate   63

3.4.8.   Spezielle Kanten   65

3.4.9.   Die Aktiviertheit einer Transition   66

3.4.10. Das Schalten einer Transition   66

3.4.11. Beispiel   66

3.4.12. Vereinfachung der graphischen Darstellung   68

4. Protokollimplementierung auf der Basis von Petrinetzen   70

4.1. Petrinetze als Programmiersprache   70

4.1.1.   S/T-Netze   71

4.1.2.   Produktnetze   72

4.1.3.   Scheduler/Task-Konzept   73

4.1.4.   Zusammenfassung   74

4.2. Funktionales Konzept der MDMA-Architektur   74

4.2.1.   Aktionseinheiten   76

4.2.2.   Globaler Datenspeicher   76

4.2.3.   Entscheidungseinheit   76

4.2.4.   Markenspeicher   78

4.2.5.   Suchmodul   79

4.2.6.   Sortierer   79

4.2.7.   Suchspeicher   80

4.2.8.   Zusammenfassung   80

4.3. Eingeschränktes Produktnetz   81

4.3.1.   Problem : Testen aller gültigen Interpretationen   81

4.3.2.   Problem : dynamische Speicherverwaltung   82

4.3.3.   Lösung : Kapazität = 1   82

4.3.4.   Lösung : Kapazität > 1   83

4.3.5.   Formale Definition   86

   4.3.5.1.   Einfach-Marken-Stelle   86

   4.3.5.2.   Mehrfach-Marken-Stelle   87

4.3.6.   Beispiele   88

4.3.7.   Entflechtung   91

   4.3.7.1.   Entflechtung einer Eingangskante 92

4.3.7.2.   Entflechtung einer Ausgangskante   93

4.3.7.3.   Entflechtung der Verbots- und Abräumkanten   93

4.3.7.4.   Beispiel   94

4.3.7.5.   Schematisierte Kantenanschrift   94

4.3.7.6.   Verbotsstellen im eingeschränkten, entflochtenen
              Produktnetz   96

  4.3.8.   Beispiel   98

  4.3.9.   PENCIL/C-Produktnetz   100

  4.3.10. Zusammenfassung   102

5. Die Programmiersprache PENCIL   **103**

5.1. PENCIL/C als Erweiterung von C   **104**

  5.1.1.   Syntax - Definition   104

    5.1.1.1.   Transitionen   104

    5.1.1.2.   Stellen   105

  5.1.2.   Deklaration von Einfachstellen   107

  5.1.3.   Deklaration von Mehrfachstellen   108

  5.1.4.   Verwendung der Einfachstellen in der
           Aktivierungsfunktion   110

  5.1.5.   Verwendung des Transitionsrumpfes   111

  5.1.6.   Weitere Anmerkung zur Sprache PENCIL/C   113

    5.1.6.1.   Verwendung von Zeigertypen   113

    5.1.6.2.   Beschränkung der Markenanzahl   113

    5.1.6.3.   Ausführungsprioritäten   113

  5.1.7.   Beispiel   114

6. Die Verwendung von PENCIL   **116**

6.1. Umsetzung anderer Spezifikationsspachen in PENCIL   **116**

  6.1.1.   Erweiterte endliche Automaten   116

  6.1.2.   LOTOS   125

6.2. Granularität   **127**

  6.2.1.   Verschmelzen von Stellen   127

  6.2.2.   Verschmelzen von Transitionen   129

  6.2.3.   Vergröbern   131

  6.2.4.   Prädikatsvereinfachung   131

6.2.5.   Zusammenfassung   134

6.3. Parallelität   **135**

6.3.1.   Das Verschmelzen von Stellen und Transitionen   136

6.3.2.   Erweiterte endliche Automaten   137

6.3.3.   Betriebssystem   138

6.3.4.   Parallelität innerhalb einer Verbindung   139

6.3.5.   Parallelität des Referenzmodells   141

6.3.6.   Parallelität der Verbindungen untereinander   142

6.3.7.   Kommunikation zwischen Prozessen   144

6.3.8.   Pipeline-Verarbeitung und identische Teilnetze   146

6.3.9.   Zusammenfassung   148

7. Die MDMA-Architektur   149

7.1. Funktionsweise der Entscheidungseinheit   **149**

7.1.1.   Quittung   149

7.1.2.   Zeigerliste   150

7.1.3.   Stellenliste   150

7.1.4.   Transitionsliste   151

7.1.5.   Auftragsliste   152

7.1.6.   Auftrag   152

7.1.7.   Aktivierungsbedingungen   152

7.1.8.   Zusammenfassung   154

7.2. Modifikation der MDMA-Architektur   **154**

7.2.1.   Vorteil : Reduzierung der Kopiervorgänge   154

7.2.2.   Vorteil : Parallele Ausführung
         der Sortiererfunktionalität   155

7.2.3.   Vorteil : Vereinfachte Auftragsvergabe   155

7.2.4.   Vorteil : Reduzierter Synchronisationsaufwand   155

7.2.5.   Zusammenfassung   156

7.3. Kommunikation   **156**

7.3.1.   Synchronisation   157

7.3.2.   Kommunikation zwischen Aktions- und
         Entscheidungseinheit   157

7.3.2.1.	Vergabe von Aufträgen	157
7.3.2.2.	Quittieren einer Schaltfunktion	158
7.3.2.3.	Status der Warteschlangen	158
7.3.3.	Externe Ereignisse	158
7.4.	**Hardware-Realisierung der MDMA-Architektur**	**161**
7.4.1.	Realisierung des MDMA-Konzepts mit der Basisarchitektur	161
7.4.2.	Alternative Implementierung von PENCIL/C	162
7.4.3.	Transputer	163
7.4.4.	Spezialisierte MDMA Hardware-Architektur	164
7.4.4.1.	Markenspeicher	164
7.4.4.2.	Warteschlangen	165
7.5.	**Reaktionszeiten**	**166**
7.5.1.	Lösung für eine feste Kundenanzahl	168
7.5.2.	Lösung mit veränderlicher Kundenanzahl	171
7.5.3.	Lösung für ein Multiprozessorsystem	172
7.5.4.	Auswertung	173
7.5.5.	Zusammenfassung	177
7.6.	**Zusammenfassung**	**178**
8.	**Ausblick und Schlußwort**	**179**
9.	**Literatur**	**181**
10.	**Anhang**	**193**
10.1.	**Mathematische Symbole**	**193**
10.1.1.	Relationen	193
10.1.2.	Quantoren	193
10.1.3.	Logische Operatoren	193
10.1.4.	Mengen	193
10.2.	**Schreibweisen für Petrinetze**	**194**
10.3.	**Begriffe**	**196**
10.4.	**Syntaxerweiterungen**	**196**

1. Einleitung

Der Wunsch nach mehr Komfort, erhöhter Leistungsfähigkeit und neuen Anwendungen in der Datenverarbeitung hat unter anderem zur Entwicklung leistungsfähiger Datenkommunikationsnetze geführt. Diese Netze sollen zum einen die gemeinsame Nutzung von teuren und besonders leistungsfähigen Geräten ermöglichen, zum anderen sollen sie neue Möglichkeiten der Kommunikation und der gemeinsamen Nutzung von Datenbeständen erschließen. Um den Austausch von Daten über das Netz zu gewährleisten, wurden und werden sogenannte Kommunikationsprotokolle spezifiziert und standardisiert. Diese Protokolle geben ein Regelwerk für das Verhalten der einzelnen Kommunikationspartner an. Besondere Bedeutung hat hierbei das ISO/OSI-Referenzmodell /ISO7498a/ erlangt, das eine hierarchische Gliederung der Aufgaben vornimmt. Dabei werden einfache Dienste einer unteren Ebene von der höheren Ebenen benutzt, um noch komplexere und leistungsfähigere Dienste für eine noch höhere Ebene bereitzustellen.

In den letzten Jahren haben insbesondere lokale Datenkommunikationsnetze (Local Area Networks = LAN) eine weite Verbreitung gefunden. Heute wird zum einen eine Vernetzung einzelner LANs durch Backbone-Netze und andererseits eine Erhöhung der Datenraten sowohl der LANs als auch der Backbone-Netze angestrebt. Außerdem soll eine räumlich größere Ausdehnung auch für Datenkommunikationsnetze mit sehr hohen Datenraten erreicht werden. Der rasche technologische Fortschritt im Bereich der optischen Übertragung (Glasfaser) ermöglicht in der Zukunft in Datenkommunikationsnetzen sowohl für den LAN-Bereich als auch für den MAN-Bereich (Metropolitan Area Network = MAN) nominelle Datenraten, die weit über die heute üblichen Raten von 10 Mbit/s hinausgehen. Netze mit 100 Mbit/s (Bruttoübertragungsrate) und mehr sind standardisiert (/IEEE802.6/, /Ansi87/) und werden auch bereits eingesetzt /Span90/. In neueren Arbeiten werden bereits Konzepte für Netze mit mehr als 1 Gbit/s /Gidr91/ und sogar mit mehr als 15 Gbit/s /Bian91/ erarbeitet.

Gegenstand wissenschaftlicher Untersuchungen war dabei in der Vergangenheit häufig das Übertragungsmedium selbst (Ebene 1) und das Medienzugangsprotokoll (Ebene 2a). Dabei wurden die wesentlichen quantitativen Leistungsmerkmale, wie z.B. Antwortszeitverhalten, Durchsatz und Fairneß, ermittelt und optimiert (z.B. /Davi89/, /Mart88/, /Kill88/, /Sevc87/). Die Leistungsmerkmale eines Kommunikationsnetzwerks hängen jedoch nicht nur vom gewählten Übertragungsmedium und dem Medienzugangsprotokoll (MAC-Protokoll) ab. Erst durch eine vollständige Protokollarchitektur, also durch die Protokolle der Ebenen 2b bis 7 des ISO/OSI Referenzmodells, und durch entsprechende technische Systeme, welche die Funktionalität dieser Protokolle realisieren, wird aus einem geeigneten Übertragungsmedium ein vollständiges Datenkommunikationsnetz. Die quantitativen Leistungsmerkmale eines vollständigen Netzes werden daher auch entscheidend von den Protokollen der Ebenen 2b bis 7 und deren technischer Realisierung beeinflußt. Qualitative Leistungsmerkmale, wie Dienstgüte und Dienstumfang, werden natürlich ebenfalls von den Protokollen aller Ebenen beeinflußt, sollen aber in der vorgelegten Arbeit nicht behandelt werden.

Die Spezifikation und Standardisierung der Protokolle für die Ebenen oberhalb des Medienzugriffs ist ein weiterer Schwerpunkt wissenschaftlicher Arbeit. Heute existieren für praktisch alle Ebenen international standardisierte Protokolle. Für die höheren Ebenen ist der Prozeß der Standardisierung aber noch nicht vollständig abgeschlossen. Durch neue Anwendungen oder Anforderungen werden aber auch in Zukunft immer wieder Veränderungen, Erweiterungen und neue Protokolle notwendig werden. Bei der Standardisierung oder spätestens bei der Implementierung von Protokollen erkannte man jedoch auch die Unzulänglichkeit der bisher verwendeten, nicht formalen Spezifikationstechniken. Diese ergeben nämlich häufig nicht eindeutige Spezifikationen. Außerdem ist es kaum möglich Fehler systematisch zu suchen und zu eliminieren. Dies führte zur Erarbeitung und Standardisierung von formalen Spezifikationstechniken (/ISO8807/, /ISO9074/, /CCITT87/) und zur Entwicklung von Methoden zur Ermittlung des dynamischen Verhaltens (Lebendigkeit, Verklemmungsfreiheit) solcher Protokolle. Zur Zeit sind Bemühungen im Gange, die bereits mit anderen, nicht formalen Mitteln standardisierten Protokolle auf der Basis dieser formalen Spezifikationstechniken zu standardisieren /ISO87a/, /ISO87b/. Idealer Weise sollten Standards für neue Protokolle natürlich direkt auf formalen Spezifikationen basieren. Gleichzeitig entstehen auch neue Anwendungen (z.B. Multimedia-Anwendungen /Stei90/), die immer höhere Anforderungen bezüglich der Leistung und den Umfang der angebotenen Dienste an die Datenkommunikationsnetze stellen.

Die Implementierung von Protokollen, also die Realisierung eines Protokolls als ein technisches System, war bzw. ist nur selten Gegenstand wissenschaftlicher Untersuchungen. Fragen in diesem Zusammenhang werden in den Protokollstandards überhaupt nicht oder nur unzureichend behandelt ("local implementation matter"). Die Implementierung von Protokollen erfolgt häufig durch die Hersteller von Datenverarbeitungsgeräten oder durch die Hersteller spezieller Komponenten für Datenkommunikationsnetze. Das implementierte

Protokoll ist ein Produkt, und der Hersteller hat ein berechtigtes Interesse daran, seine Erkenntnisse vor der Verwendung durch andere Hersteller zu schützen.

Die Situation bei der Implementierung von Kommunikationsprotokollen ist gekennzeichnet durch zwei wesentliche Probleme. Zum einen entspricht weder die Reaktionszeit noch der Durchsatz der implementierten Protokolle den hohen Anforderungen der heutigen Anwendungen sowie der großen Leistungsfähigkeit der verwendeten Übertragungsmedien. Zum anderen zeigt sich, daß es bei der Implementierung von Protokollen Probleme mit der Korrektheit der Implementierung bzw. mit der Konformität der Spezifikation und der Implementierung gibt. Die hier vorliegende Arbeit will einen Beitrag zur Diskussion und Lösung der genannten Probleme leisten. Im Vordergrund der Untersuchung stehen dabei Maßnahmen zur Steigerung der Leistungsfähigkeit von Protokollimplementierungen.

Eine höhere Leistung der implementierten Protokolle kann durch verschiedene Maßnahmen erreicht werden. In dieser Arbeit werden im wesentlichen Protokollimplementierungen untersucht, die durch entsprechende Programme, also mittels Software, auf einem Universalrechner realisiert werden. Dabei soll höhere Leistung vor allem durch die parallele Ausführung der Protokoll-Software ermöglicht werden. In Kapitel 2 sollen zunächst grundlegende Methoden vorgestellt werden, die heute bei der Implementierung von Protokollen verwendet werden. Um zu belegen, daß die heute implementierten Protokolle vielfach einen Engpaß heutiger Datenkommunikationsnetze darstellen, werden Ergebnisse verschiedener Messungen an realen Systemen dargestellt und ausgewertet. Außerdem werden verschiedene Ansätze zur Steigerung der Leistung von Protokollimplementierungen dargestellt. In Kapitel 3 werden grundlegende Begriffe der Petrinetztheorie vorgestellt. Insbesondere wird dabei auf die sogenannten Produktnetze, eine formale Spezifikationsmethode für Kommunikationsprotokolle, eingegangen. Diese bilden eine wichtige Grundlage für die vorliegende Arbeit. In Kapitel 4 wird dann gezeigt, wie diese Produktnetze zur Implementierung von Protokollen auf einem Multiprozessorsystem verwendet werden können. Die Sprache PENCIL/C wurde aus diesen Produktnetzen abgeleitet und wird in Kapitel 5 eingeführt. Dadurch wird erreicht, daß Methoden, die für die kinematische (z.B. /Diaz82/) und stochastische Analyse (z.B. /Balb88/, /Duga89/, /Mars84/) von Petrinetzen existieren auch auf die Kommunikationssoftware anwendbar werden. In Kapitel 6 wird erläutert, wie mit dieser Sprache effiziente und fehlerfreie Implementierungen von Protokollen erzeugt werden können. In Kapitel 7 wird das zugrundeliegende Hardware-Konzept untersucht und mit anderen Ansätzen verglichen.

2.   Implementierung von Protokollen

Ein Kommunikationsprotokoll gibt die Regeln für den Austausch von Informationen zwischen Computersystemen an. Im ISO-Referenzmodell wird unterschieden zwischen Protokollen und Diensten. Dabei regelt die Spezifikation eines Protokolls den Austausch von Informationen zwischen gleichrangigen Instanzen. Durch die Dienstspezifikation wird bestimmt, welche Dienste von einem Protokoll in welcher Form angeboten werden müssen. Um eine Spezifikation möglichst eindeutig und unmißverständlich gestalten zu können, wurden verschiedene Spezifikationstechniken entwickelt. Diese werden noch in Kapitel 3 behandelt. Zunächst soll hier die Frage, wie die Umsetzung der Spezifikationen in ein reales technisches System erfolgt, behandelt werden. Dieser Punkt wird in den heute üblichen Spezifikationen nicht oder nur mit untergeordneter Bedeutung behandelt. Im folgenden sollen verschiedene Ansätze zur Implementierung von Protokollen voneinander abgegrenzt werden. In bezug auf die Leistungsanforderungen und Lastszenarien ist zunächst eine Unterscheidung nach der Umgebung, in der implementierte Kommunikationsprotokolle benutzt werden, sinnvoll.

Als Teil eines Universalrechensystemen:
-   unmittelbare Dienste für den Benutzer des Rechensystems
    (z.B. Terminal-Emulation, Übertragung von Dateien)
-   Erbringen von Diensten für das Betriebssystem
    (z.B. Dateizugriffe auf andere Netzwerkstationen)
-   Erbringen von Diensten für das Netz
    (z.B. Gateway[1], Datei- oder Mail-Server[1])

In Geräten, die ausschließlich Kommunikationsdienste erbringen
-   Bridge[1], Router[1], Gateway
-   Exklusiver Datei-Server
-   Terminal-Konzentrator
-   Protokoll Analysatoren

Darüberhinaus läßt sich, wie noch gezeigt wird, folgende grobe Klassifikation für die Methoden der Implementierung von Kommunikationsprotokollen vornehmen:

---

[1]   Die Bedeutung des Begriffs wird im Anhang, Kap. 10.3 erläutert.

-   Hardware-Realisierung

    Implementierung mittels spezieller Hardware-Module: Protokoll-
    mechanismen werden direkt durch entsprechende logische Schaltungen
    realisiert.

-   Software-Realisierung

    Implementierung mittels spezieller Programme: Die Regeln und das
    Verhalten des Protokolls wird durch entsprechende Software realisiert.

Für die Lokalisation von implementierten Protokollen gibt es zwei Möglichkeiten:

-   autonome Implementierung

    Implementierung auf einem separate und unabhängigen Hardware-Modul
    (Für das separate Hardware-Modul wird häufig die Bezeichnung
    "Netzwerk-Controller" verwendet).

-   integrierte Implementierung

    Implementierung des Protokolls integriert in die Hard- und Software-
    Architektur des Datenverarbeitungsgerätes.

Bei der Verarbeitungsweise lassen sich ebenfalls zwei Möglichkeiten unterscheiden:

-   synchrone Verarbeitungsweise

    Hierbei werden die PDUs[2] synchron zur Datenübertragung verarbeitet.
    (Beispiel: Die Generierung bzw. die Kontrolle der Prüfsumme während der
    Übertragung)

-   asynchrone Verarbeitungsweise

    Hierbei werden die PDUs in einem Puffer zwischengespeichert und
    weiterverarbeitet, wenn die entsprechenden Ressourcen zu Verfügung
    stehen.

---

2   Für Datenpakete, die zwischen verschiedenen Ebenen der Protokollhierarchie oder zwischen
    Übertragungsmedium und Datenverarbeitungsgerät ausgetauscht werden, wird die Abkürzung
    PDU (Protocol Data Unit) verwendet.

Heute üblich ist eine hybride Form der Implementierung von Protokollen, wie sie in Fig. 2.1. dargestellt wird. Dabei wird der Medienzugang durch spezielle Hardware-Bausteine realisiert (synchrone Verarbeitung). Zu empfangende Daten werden von diesen Bausteinen in einem Pufferspeicher abgelegt (oder bei der Absendung aus diesem entnommen). Die weitere Verarbeitung (Protokolle oberhalb des Medienzugangs) erfolgt meist asynchron. Die Protokolle werden dann im allgemeinen mittels Software realisiert. Ist der Netz-Controller (autonome Implementierung) mit einem normalen Universalprozessor ausgestattet, kann auch ein Teil der Protokolle oberhalb des Medienzugangs direkt auf dem Netz-Controller verarbeitet werden. Man spricht dann auch von einem "intelligenten" Netz-Controller. Die übrigen Ebenen werden dann durch entsprechende Programme auf dem Prozessor des eigentlichen Rechners realisiert. (integrierte Implementierung).

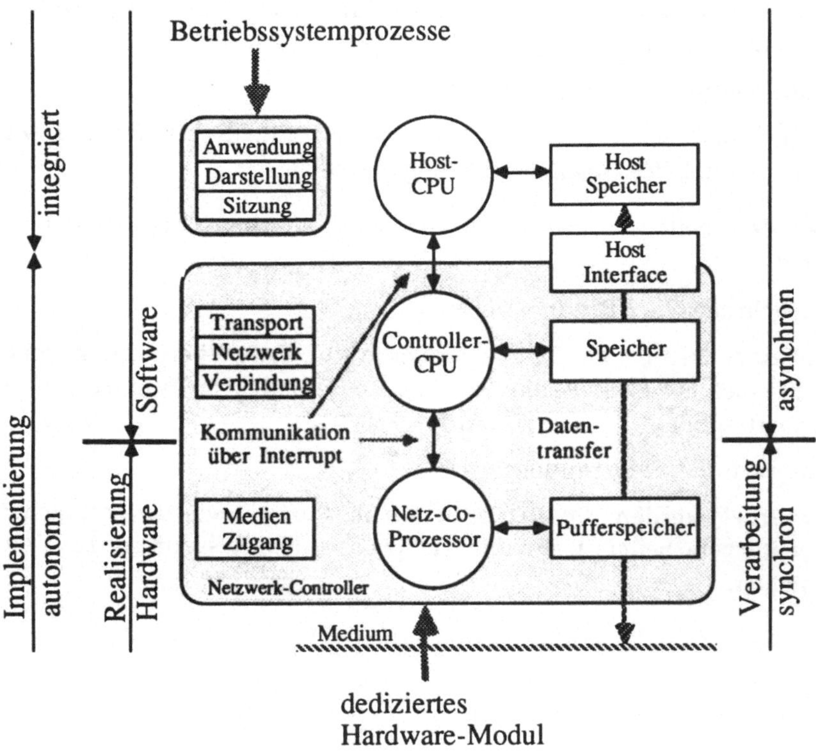

Fig. 2.1.   Heute üblicher Netz-Controller

Die beschriebene Implementierung einer Protokollarchitektur kann als typisch
für heute kommerziell vertriebene Produkte betrachtet werden /Rupp87/,
/Heat89/. Die gewählten Umsetzungsmethoden ergeben sich aus den technischen und finanziellen Randbedingungen.

2.1.   Hardware-Realisierung

Die direkte Umsetzung eines Protokolls in Hardware ist heute üblich für das
Medienzugangsprotokoll und die physikalische Ebene. In /Kris89/ werden eine
ganze Reihe von Arbeiten zur Implementierung von Medienzugangs-
protokollen behandelt. Für das Ethernet /IEEE802.3/ existiert z.B. ein sogenannter
"Local Area Network Coprocessor" (Intel 82586). Für das Token Bus Protokoll
(IEEE 802.4) gibt es von Motorola den MC68824 und für das Token Ring Protokoll
(IEEE 802.5) von Texas Instruments den TMS380. Diese VLSI-Schaltungen
realisieren den korrekten Medienzugang und unterstützen teilweise noch die
Abarbeitung des Logical Link Control Protokolls /IEEE802.2/. Im wesentlichen
können sie Pakete, die für diese Netzwerkstation bestimmt sind, selbstständig
erkennen und vom Netz in einen Speicher übertragen. Falls Pakete abgesendet
werden sollen, kann der Netzprozessor dies unter Berücksichtigung des
Zugangsverfahrens durchführen. Unterstützt werden dabei Funktionen wie Bit-
Stuffing und Bit-Destuffing, Kontrollsummen generieren und kontrollieren und
das Einfügen der Quelladresse. Auch für das FDDI-Medienzugangsprotokoll sind
solche integrierten Schaltungen im Moment z.B. von den Herstellern AMD und
Intel verfügbar. Für andere Hochgeschwindigkeitsnetze gehört bzw. gehörte zur
Entwicklung der Medienzugangsprotokolle immer auch die Entwicklung der
entsprechenden integrierten Schaltungen (z.B.: /Alba90/, /Jens87/). Bei der
Entwicklung des MAC-Protokolls müssen die speziellen Anforderungen, die sich
aus der Implementierung ergeben, berücksichtigt werden. In /Skov89/ werden
die Implementierungsanforderungen von verschiedenen Medienzugangsprotokollen miteinander verglichen. In /Jens90/ wird sogar ein Konzept für je
einen Spezial-Prozessor für die physikalische Ebene und das Medienzugangsprotokoll vorgestellt, wobei das Konzept aber noch Freiheitsgrade zur Implementierung verschiedener Protokolle auf diesen speziellen Prozessoren enthält.

Grundsätzlich kann die Realisierung der untersten Ebenen (1 und 2a) im
ISO/OSI-Referenzmodell wie in Fig. 2.2. dargestellt werden. Zwischen der
Hardware, welche die Protokollverarbeitung oberhalb der Ebene 2b realisiert, und
den Ebene 1 und 2a ist im allgemeinen ein Pufferspeicher nötig, weil die
Verarbeitungszeit der oberen Ebenen nicht mit der Datenrate des Mediums
übereinstimmt /Skov89/. Daher ist es erforderlich, ein Paket, das abgesendet

werden soll, zunächst in einem Pufferspeicher abzulegen. Erst wenn dieser Vorgang abgeschlossen ist, kann an das Modul für den MAC ein Befehl übergeben werden, den Zugang zum Medium zu ermöglichen und das Paket zu übertragen. Wenn das Medienzugangsprotokoll den Zugang zum Medium gesichert hat, muß die Übertragung des Paketes auf das Medium mit möglichst kleiner Verzögerung beginnen. Dabei muß exakt die Übertragungskapazität des Mediums auch für den Zugriff auf den Pufferspeicher zur Verfügung stehen. Das Paket kann daher nur noch bearbeitet werden, wenn dies praktisch ohne Verzögerung und mit der Übertragungsrate des Netzes möglich ist. Einfache Funktionen können jedoch noch mit dem Paket ausgeführt werden, wenn diese Restriktionen beachtet werden. Genau dieselben Restriktionen gelten natürlich auch für den Empfang von Paketen. Ein Paket, das zu der betreffenden Netzwerkstation gesendet wird, muß mit der Datenrate des Netzes empfangen und in einen Puffer geschrieben werden.

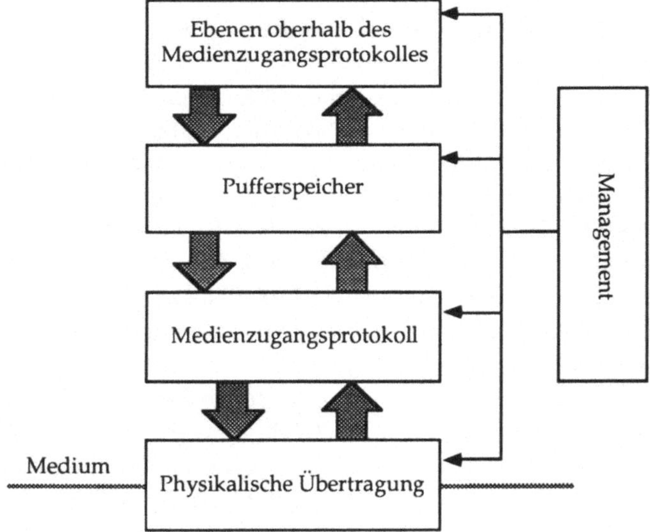

Fig. 2.2.   Prinzipielle Realisierung der untersten Ebenen nach /Skov89/

Oberhalb des Pufferspeichers kann dann die Verarbeitung unabhängig von der Datenrate des Netzes erfolgen. Wesentlich ist noch, daß im Pufferspeicher immer genügend Platz für den Empfang von Paketen zur Verfügung steht bzw. von den oberen Ebenen die Pakete hinreichend schnell weiterverarbeitet werden, da es sonst zum Verlust von Paketen kommen kann. Der Pufferspeicher teilt die Protokollverarbeitung in einen Echtzeitteil (synchrone Verarbeitung) und in einen langsameren asynchronen Verarbeitungsteil. Üblicherweise ist der Echtzeitteil eine direkte Hardware-Implementierung von Protokollen, während der asynchrone Verarbeitungsteil aus einer Software-Implementierung von Protokollen besteht. Der Pufferspeicher ist nötig, um die unterschiedlichen Verarbeitungsgeschwindigkeiten aneinander anzupassen. Er muß nicht zwingend oberhalb der MAC-Ebenen eingefügt werden. Wenn auch die Implementierung der Ebenen oberhalb des MAC-Protokolls die oben genannten Restriktionen einhält, kann der Pufferspeicher entsprechend verschoben werden.

Grundsätzlich ist eine Hardware-Realisierung auch von Protokollen höherer Ebenen denkbar. Insbesondere für das X.25-Protokoll wurden verschiedene leistungsfähige VLSI-Implementierungen entwickelt /Kris89/. Der Nachteil von VLSI-Implementierungen besteht darin, daß es schwierig, teilweise auch unmöglich ist, diese Implementierungen nachträglich zu modifizieren. Da Protokollimplementierungen selten fehlerfrei sind und außerdem die Spezifikation von Protokollen häufig mehrmals verändert wird, bis sich ein Standard stabilisiert hat, ist dies aber ein deutlicher Nachteil von VLSI-Schaltungen. Auch die Realisierung verschiedener Protokollhierarchien, so daß diese gleichzeitig benutzbar sind und vielleicht sogar in einigen Ebenen die gleichen Protokolle benutzen, dürfte zumindestens schwierig sein. Fraglich ist auch, ob die teilweise sehr komplexen ISO/OSI-Protokolle sich vollständig durch Hardware realisieren lassen. In Kapitel 2.4. werden neuere Ansätze vorgestellt werden, bei denen die Spezifikation spezieller Protokolle direkt darauf ausgerichtet wurde, daß die Funktionen mittels geeigneter VLSI-Schaltungen realisiert werden können.

Die Grenzen zwischen einer Hardware-Realisierung und einer Software-Realisierung sind im übrigen fließend. Komplexe Protokollfunktionen werden fast immer über Mikroprogramme realisiert werden. Vorstellbar ist auch, daß nur spezielle Teilfunktionen von VLSI-Schaltungen (z.B. Kontrollsumme, Pufferverwaltung, Timer) realisiert werden, die dann von normalen Programmen, die von konventionellen Prozessoren ausgeführt werden, aufgerufen bzw. programmiert werden.

2.2.   Software-Realisierung

Die Implementierung von Protokollen durch entsprechende Software ist der Schwerpunkt dieser Arbeit. Eine Software-Realisierung bietet zunächst den Vorteil der größeren Flexibilität. Neue Versionen eines Protokolls sind meist problemlos auf einer Netzstation zu installieren. Auch die Installation von mehreren Protokollen gleichzeitig bereitet weniger Schwierigkeiten. Die Software-Realisierung eines Protokolls ist außerdem im allgemeinen einfacher

als die Umsetzung in Hardware, da man durch Programme auch komplexe
Funktionen sehr schnell und einfach realisieren kann. Im folgenden sollen
Strategien zur Umsetzung von Kommunikationsprotokollen in Software
vorgestellt werden. Umfassend werden die sich in diesem Zusammenhang
stellenden Fragen in /Svob89a/ behandelt. Zunächst muß die Frage beantwortet
werden, wie die Spezifikation eines Protokolls in lauffähige Software umgesetzt
wird. Diese Software wird dabei die Dienste eines Betriebssystems in Anspruch
nehmen. Dabei stellt sich bei einer integrierten Implementierung die Frage, wie
das gegebene Betriebssystem optimal genutzt werden kann. Bei einer autonomen
Implementierung stellt sich die Frage, ob ein spezialisiertes Betriebssystem
verwendet werden soll, und welche Eigenschaften dieses Betriebssystem
unterstützen müßte. Schließlich werden Anforderungen an die Hardware aufgezeigt werden, die sich bei einer Software-Realisierung ergeben.

2.2.1.   Von der Spezifikation zur Software

Um aus der Spezifikation eines Protokolls ausführbarer Software zu erzeugen,
sind drei Wege üblich.

2.2.1.1.   Manuell kodierte Software

Die einfachste, auch heute noch für kommerzielle Produkte häufig verwendete
Methode zur Umsetzung von Protokollspezifikationen ist die einer manuellen
Umsetzung. Das bedeutet, daß ein Protokollimplementierer direkt aus einer
meist nicht formalen Spezifikation die entsprechende Software kodiert. Weil mit
der manuellen Kodierung von Kommunikationssoftware teilweise ein enormer
Aufwand verbunden ist und die dabei entstandene Software relativ fehler-
anfällig war, wurden Werkzeuge entwickelt, die diesen Prozeß unterstützen und
bestimmte Teilaufgaben automatisieren sollen.

2.2.1.2.   Benutzung einer Implementierungssprache und/oder eines
            entsprechend Implementierungswerkzeugs

Ein Beispiel ist das in /Kari87/ vorgestellte VOPS. VOPS wurde mittlerweile
weiterentwickelt zu dem kommerziell vertriebenen Produkt CVOPS /Harj90/.
CVOPS basiert auf einer Sprache für erweiterte endliche Automaten und
orientiert sich dabei stark an den nicht formal standardisierten Protokollen. Für
eine solche CVOPS Spezifikation können nun durch Testgeneratoren Fehler
ermittelt und beseitigt werden. Sogar eine Leistungsbewertung mittels simula-
tiver Techniken wird unterstützt. Danach ist eine automatische Umsetzung von
CVOPS in lauffähige Software möglich. Die Portabilität der Protokolle wird dabei

dadurch gewährleistet, daß die Protokolle selbst nur auf von CVOPS angebotene Routinen zurückgreifen. CVOPS selbst ist für eine ganze Reihe von Betriebssystemen erhältlich. Außerdem ist eine umfangreiche Sammlung getesteter Protokolle in CVOPS verfügbar. Neben solchen Implementierungswerkzeugen gibt es auch eine Reihe von Werkzeugen, bei denen das Hauptgewicht zunächst auf der verifizierbaren Spezifikation von Protokollen liegt, die dann aber auch die teilweise automatische Generierung von Protokoll-Software ermöglichen. Zu dieser Gruppe von Werkzeugen gehört das PROTEAN /Bill88/, das auf den "Numerical Petri Nets" basiert. Eine umfassender Überblick über Werkzeuge zur Spezifikation und Implementierung wird in /Boch87b/ gegeben.

2.2.1.3.   Automatische Erzeugung des Codes

Der systematische Weg von einer Spezifikation zu ausführbarer Software ist sicherlich die automatische Generierung des Codes direkt aus der Spezifikation. Dies ist prinzipiell nur möglich, wenn eine formale Spezifikation eines Protokolls vorliegt. Compiler für formale Spezifikationstechniken sind entweder in der Entwicklung oder bereits verfügbar (vgl. Kap 4.1.). Dabei ist jedoch anzumerken, daß bei formalen Spezifikationen implementierungsspezifische Informationen hinzugefügt werden müssen. Der bei solchen semiautomatischen Implementierungen entstehende Programm-Code ist nach /Vaut88/ besser strukturiert und leichter modifizierbar, aber umfangreicher und langsamer als manuell kodierte Software. In /Boch87b/ sind auch Werkzeuge zur automatischen Generierung von Kommunikation-Software aus formalen Protokollspezifikationen angegeben. Werkzeuge speziell zur Umsetzung von Spezifikationen in parallel ausführbaren Maschinencode sind jedoch noch nicht verbreitet. Die in dieser Arbeit entwickelte Sprache soll, zusätzlich zu Analysemethoden, die effiziente parallele Implementierung von Kommunikationssoftware unterstützen und als Basis eines kompletten Implementierungswerkzeugs verwendbar sein.

2.2.2.   Betriebssystem

Die Implementierung von Protokollen stellt sehr spezielle Anforderungen an das Betriebssystem. Diese unterscheiden sich deutlich von denen, die sich aus dem normalen Betrieb eines Universalrechners ergeben. Eine ganze Reihe von angebotenen Diensten werden nicht benötigt. Dafür werden andere Dienste des Betriebssystems sehr intensiv genutzt. Die optimale Gestaltung dieser Dienste ist daher von entscheidener Bedeutung für die gesamte Leistungsfähigkeit einer Protokollimplementierung /Lude88/. Häufig ist sogar der Aufwand für die Verarbeitung der Betriebssystemaufrufe größer als der Aufwand für die Verarbeitung der Protokoll-Software /Clar89/. In manchen Arbeiten wird behauptet, daß bis zu achtzig Prozent der gesamten Rechenleistung, die für die Verarbeitung von Kommunikationsprozessen zur Verfügung steht, vom Betriebssystem verbraucht wird. Im folgenden sollen die für das Betriebssystem eines Kommunikations-Controllers wesentlichen Dienste vorgestellt werden.

2.2.2.1.   Prozeßablaufkontrolle

Üblicherweise ist in heutigen Betriebssystemen der Prozeß das wichtigste Element der Strukturierung. Die Prozesse laufen unabhängig voneinander und quasi parallel ab. Man spricht dann von einem Multi-Tasking-Betriebssystem. Die Prozesse werden dabei von einem speziellen Betriebssystemprozess, dem sogenannten Scheduler, verwaltet. Dieser kann Prozesse aktivieren, in einen Wartezustand versetzen und die Prozesse wieder reaktivieren. Da die Verarbeitung eines Datenpaketes im Kommunikations-Controller nicht immer gleich vollständig abgeschlossen werden kann (z.B. Reassemblieren), ist die Fähigkeit des Systems zum Multi-Tasking also auf jeden Fall für die Implementierung von Protokollen sehr sinnvoll. Die Laufzeit und der Bedarf an Ressourcen sind bei einem Protokollprozeß bereits beim Start eines solchen Prozesses bekannt. Dies ist normalerweise bei einem Prozeß in einem Universalrechner nicht der Fall. Außerdem ist es Ziel eines Universalrechners, die Prozesse von allen Benutzern möglichst gerecht zu behandeln. Bei einem Protokollprozeß ist jedoch die Minimierung der mittleren Bearbeitungszeit ein wichtigeres Ziel. Daher kann eine spezielle Behandlung von Protokollprozessen bei der Vergabe von Ressourcen sinnvoll sein (vgl. /Lang91/)

2.2.2.2.   Interprozesskommunikation

Die einzelnen Prozesse müssen miteinander kommunizieren können (z.B. Übergabe eines Datenpaketes, Austausch von Nachrichten). Dazu wird eine Funktion benötigt, die diese Kommunikation regelt. Diese ist üblicherweise mit der Schedule-Prozedur kombiniert. Der Erhalt einer Nachricht führt dann häufig zur Reaktivierung der entsprechenden Protokollprozesse.

2.2.2.3.   I/O-Kontrolle

Die Kommunikation eines Controllers mit der Umwelt beschränkt sich im allgemeinen auf die Schnittstelle(n) zum physikalischen Datenübertragungsmedium und eventuell zum angeschlossenen Universalrechner. Die Schnittstellen müssen entweder selbstständig auf Anforderungen von außen reagieren oder aber durch einen Interrupt den Prozessor zu einer Reaktion auffordern können. Das Betriebssystem muß durch die Schnittstellen informiert werden und entsprechende Prozesse zur Behandlung der Ereignisse starten.

2.2.2.4. Speicherverwaltung

Die Aufgabe eines Kommunikations-Controllers besteht darin, möglichst viele Datenpakete zu empfangen, möglichst kurz zu bearbeiten und dann weiterzugeben. Neu ankommende Datenpakete benötigen Speicherplatz. Außerdem braucht jeder Prozeß Speicherplatz zum Sichern seiner Variablen (sog. Task Control Block). Das Betriebssystem muß den vorhandenen Speicherplatz verwalten und den Prozessen auf Anforderung hin zur Verfügung stellen. In einem Kommunikations-Controller ist diese Funktion also von großer Bedeutung, da sie sehr häufig verwendet wird. Die Effizienz der Implementierung dieser Funktion ist also ebenfalls von besondererer Relevanz für die Leistungsfähigkeit der gesamten Protokollimplementierung.

2.2.2.5. Timer-Verwaltung

In einem Protokoll werden sehr oft Timer verwendet. Sie dienen dazu festzustellen, ob eine bestimmte erwartete Reaktion in einer sinnvollen Zeit auch erfolgt. Wenn beispielsweise eine Nachricht verloren geht oder aus anderen Gründen die erwünschte Reaktion eines Kommunikationspartners nicht erfolgt, dann sollen durch den Ablauf eines entsprechenden Timers sinnvolle Reaktionen eingeleitet werden. Dazu müssen Timer gestartet oder gestoppt werden. Diese Funktion wird in einem Controller sehr oft benötigt und sollte daher auch besonders effizient implementiert sein.

2.2.2.6. Multiprozessorsystem

Wenn nun die Implementierung von Kommunikations-Software nicht nur auf einem Single-Prozessor angestrebt wird, sondern aus Leistungsgründen auch auf einem Multiprozessorsystem, dann stellt sich für das Betriebssystem zusätzlich die Aufgabe der Verwaltung von konkurrierenden Prozessen. Dies bedeutet, daß der Scheduler so erweitert werden muß, daß er nicht nur die Prozesse verwaltet, sondern auch die Aufteilung der Prozesse auf die Prozessoren vornimmt. Zugriffskonflikte auf Schnittstellen oder Speicher müssen geregelt werden, und die Kommunikation von Prozessen auf unterschiedlichen Prozessoren muß ermöglicht werden. Für die Implementierung des Betriebssystems gibt es dann die Möglichkeit, dieses zentral auf einem Prozessor zu implementieren oder es kooperativ von mehreren Prozessoren ausführen zu lassen. Letzteres ist möglicherweise leistungsfähiger, aber auch aufwendiger in der Implementierung.

2.2.3.   Aufbau von Kommunikationssoftware

Wesentlich für die Leistungsfähigkeit der Software-Realisierung eines Protokolls
ist nicht nur ein optimiertes Betriebssystem. Vielmehr ist auch die richtige
Inanspruchnahme der vom Betriebssystem angebotenen Dienste wichtig. Welche
grundsätzlichen Methoden dabei in Frage kommen, wird unter anderem in
/Clar85/ behandelt.

2.2.3.1.   Vertikale Ordnung

Es wurde bereits darauf hingewiesen, daß Prozesse ein wesentliches Mittel zur
Strukturierung in Betriebssystemen ist. Außerdem bietet das Betriebssystem
üblicherweise komfortable Mittel zum Austausch von Nachrichten zwischen
den Prozessen an. Eine Reihe von Implementierungen basieren daher darauf,
daß ISO/OSI-Referenzmodell möglichst exakt auf diese Struktur zu übertragen.
Dies bedeutet, daß jede Ebene in der Protokollhierarchie auf genau einen Prozeß
abgebildet wird. Die Kommunikationsschnittstelle zwischen den Prozessen ist
dann eine möglichst genaue Abbildung der Dienstschnittstellen des Referenzmodells. Die Dienste werden durch das Versenden von Nachrichten zwischen
den Prozessen realisiert. Diese Methode der Software-Realisierung basiert also
auf mehreren unabhängigen, gleichzeitig existenten, kommunizierenden
Prozessen in einer **vertikalen Ordnung,** die dem ISO/OSI-Referenzmodell
entspricht.

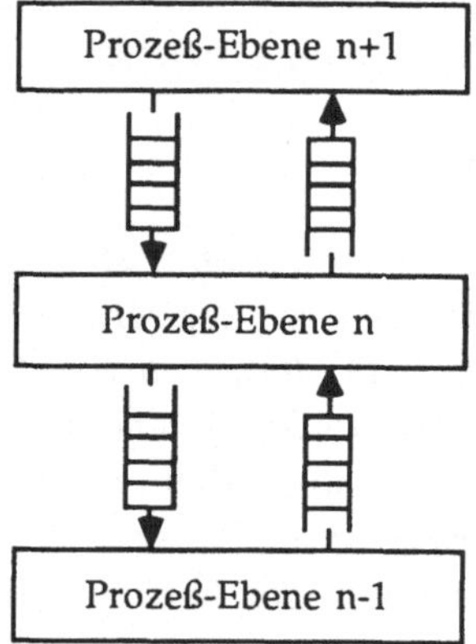

Fig. 2.3.   Vertikale Ordnung der Kommunikationsprozesse

Die Prozesse für alle Ebenen werden beim Start des Systems initialisiert. Sie
befinden sich dann in einem deaktivierten Zustand, können aber durch Nach-

richten an den Dienstschnittstellen jederzeit aktiviert werden. Zur Verarbeitung von Prozessen, für die Nachrichten vorliegen, sind zwei Strategien üblich. Entweder jeder Prozesse ist solange aktiv, bis alle Nachrichten verarbeitet sind. Da dann mehrere Prozesse aktiv sind, werden diese in einem Zeitscheibenverfahren bedient. Oder es wird immer nur ein Prozeß aktiviert, der dann nur eine Nachricht verarbeiten darf. Danach gibt er die Kontrolle an den Scheduler zurück, der dann einen neuen Prozeß aktivieren kann.

Die Methode der vertikalen Ordnung führt zu einer relativ übersichtlichen und gut strukturierten Implementierung. Die Inanspruchnahme des Betriebssystems für jedes Dienstelement, das zwischen den Ebenen ausgetauscht wird, ist verbunden mit einer Aktivierung und Deaktivierung von Prozessen. Die Kommunikation zwischen den Ebenen verursacht bei dieser Methode also einen nicht unerheblichen Mehraufwand.

2.2.3.2.   Horizontale Ordnung

Eine andere Methode der Implementierung basiert auf der in fast allen höheren Programmiersprachen gebräuchlichen Möglichkeiten von Funktionen, Unterprogrammen oder Prozeduraufrufen. Eine solche Methode wird z.B. als "upcall" in /Clar85/ vorgestellt. Hierbei wird eine andere Ebene, mit der eine Nachricht ausgetauscht werden soll, wie eine Funktion aufgerufen. Die Nachrichten werden dabei als Parameter übergeben. Die aufgerufene Ebene selbst kann nun wiederum andere Ebenen aufrufen. Dabei gibt es zwei verschiedene Aufrufhierarchien. Zum einen kann ausgehend von einem Applikationsprotokoll in der ISO/OSI-Hierarchie abwärts ("downward" nach /Clar85/) die darunterliegende Protokollebene aufgerufen werden. Andererseits muß auch eine untere Ebene den Empfang eines Paketes durch einen solchen Aufruf "aufwärts" melden können ("upward"). Eine aufgerufene Ebene wird irgendwann die angeforderte Funktion ausgeführt haben. Die Kontrolle wechselt dann wieder in die aufrufende Ebene. Wenn auf der obersten Ebene (gemäß Aufrufhierarchie - nicht gemäß ISO/OSI-Referenzmodell) eine Funktion beendet ist, dann ist der gesamte Prozeß abgeschlossen. Nebenläufig zum Ablauf eines Prozesses können jedoch neue Prozesse durch neue Ereignisse initialisiert werden, weil z.B. an der Netzschnittstelle Daten empfangen wurden oder weil neue Anforderungen von einem Anwendungsprozeß erfolgt sind. Diese Prozesse sind dann nebenläufig zu den anderen Prozessen ausführbar. Alle ausführbaren Prozesse können dann entweder in einem Zeitscheibenverfahren ausgeführt werden, oder die Prozesse werden nacheinander zu Ende geführt. Prozesse existieren bei dieser Implementierung in einer **horizontalen Ordnung** nebeneinander (vgl. Fig. 2.4.). Kein Prozeß kann dabei eindeutig einer Ebene zugeordnet werden.

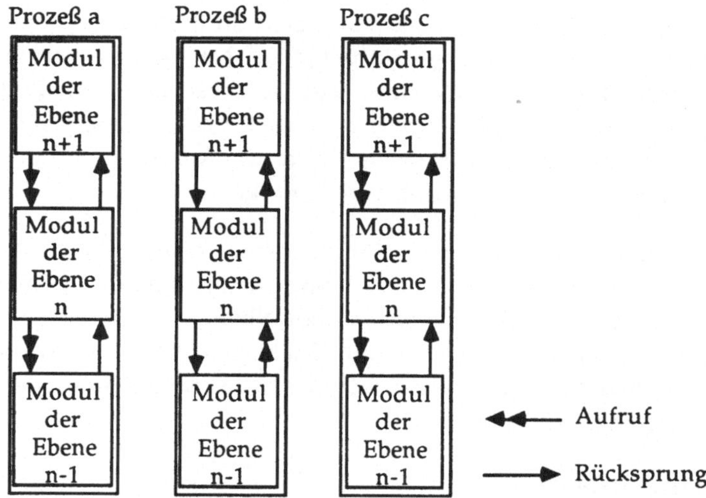

Fig. 2.4.   Horizontale Ordnung der Kommunikationsprozesse

2.2.3.3.   Vergleich

Für die horizontale Ordnung besteht das Problem, daß Informationen, z.B. der Status einer Ebene bzw. einer Verbindung, immer allen Modulen ("Multitask Module" nach /Clar85/) einer Ebene zugänglich sein müssen. Daher ist bei solchen Lösungen immer ein sowohl logisch wie physikalisch gemeinsamer Speicher nötig. Damit müssen die Zugriffe auf die gemeinsamen Datenbestände synchronisiert werden. In einer Lösung, die auf der vertikalen Ordnung basiert, existiert dieses Problem nicht, da für die Datenbestände einer Ebene immer nur ein Prozeß mit entsprechender Zugriffsberechtigung existiert. Die PDUs und andere Daten müssen bei dieser Lösung aber explizit von einer Ebenen zur nächsten übergeben werden. In /Wood89/ und auch in /Zhan90/ wird darauf hingewiesen, daß das physikalische Kopieren von Daten innerhalb der Protokoll-Software in jedem Fall die erreichbare Leistung deutlich reduziert. Daher sollte auch bei der vertikalen Ordnung bei der Übergabe von ganzen Datenpaketen gewährleistet werden, daß die Daten nur logisch (z.B: mit Hilfe von Zeigern) übergeben werden.

Ein weiteres Problem kann für die horizontale Ordnung dadurch entstehen, daß gleiche Module von verschiedenen Prozessen nebenläufig aufgerufen werden können. Die Module müssen also gewährleisten, daß z.B. lokal benutzte Variablen bei wiederholtem Aufruf jeweils physikalisch unterschiedlichen

Adressen entsprechen. Die Module müssen reentrant sein. Zusammenfassend läßt sich sagen, daß die Methode der vertikalen Ordnung vermutlich einfacher und übersichtlicher zu implementieren ist, während die horizontale Ordnung eine leistungsfähigere Implementierung ergeben dürfte.

2.2.4.   Hardware-Anforderungen

Für den Fall einer Software-Realisierung der Protokolle oberhalb des Medienzugangsprotokolls oder des Logical Link Controls muß zunächst unterschieden werden zwischen der integrierten und der autonomen Implementierung dieser Protokolle.

Im Fall einer integrierten Implementierung gibt es für die Protokolle der Ebene 1 und 2 dann meist einen Netzwerk-Controller, auf dem die Protokolle mittels einer VLSI-Schaltung implementiert sind. Dieser Controller tauscht PDUs mit dem Betriebssystem zur weiteren Bearbeitung aus. Die wichtigste Frage bzgl. der Leistung in diesem Zusammenhang ist, wie die PDUs über diesen Controller zwischen dem Übertragungsmedium und dem Hauptspeicher ausgetauscht werden. Am günstigsten ist es dabei natürlich, wenn der Controller direkt auf den Hauptspeicher zugreifen kann und die PDUs direkt und ohne Zwischenspeicherung vom Netz in der. Hauptspeicher und umgekehrt geladen werden können.

Da die Synchronisation mit dem Bus des Hauptrechners jedoch äußerst schwierig ist, werden die Daten auch häufig im Controller zwischengespeichert. Falls der Controller selbst über einen eigenen Prozessor verfügt, können dann natürlich autonom auch weitere Ebenen der Protokollhierarchie implementiert werden (vgl. Fig. 2.1.). Ein Zwischenspeichern der Daten im Controller ist dann auf jeden Fall erforderlich, damit der Prozessor die PDUs weiter verarbeiten kann. In beiden Fällen müssen die PDUs dann noch aus dem Speicher des Controllers in den Hauptspeicher übertragen werden. Das Kopieren kann dabei entweder direkt durch die Prozessoren erfolgen oder aber durch einen sogenannten DMA-Baustein[3]. Das Kopieren kann dabei entweder von der Hardware des Controllers oder aber durch die Hardware des Rechners ausgeführt werden.

---

[3]   DMA-Direct **Memory** Access. Diese Bausteine können nach entsprechender Programmierung durch den Prozessor selbstständig Daten im Speicher umkopieren oder von einer Schnittstelle in den Speicher und umgekehrt.

2.3. Messung der Leistungsfähigkeit von Protokollimplementierungen

Die in den Kapiteln 2.1. und 2.2. vorgestellten Ansätze zur Implementierung von Protokollen geben einen groben Überblick über heute benutzte und verfügbare Methoden. Sie werden so oder ähnlich in kommerziell verfügbaren Produkten verwendet. Es hat sich jedoch gezeigt, daß die Leistungsfähigkeit dieser implementierten Protokolle nicht den Erwartungen gerecht wird, die durch die teilweise hohen Bruttoübertragungsraten der verwendeten Medien geweckt werden. Insbesondere sehr hohe Anforderungen, wie sie zum Beispiel durch die Entwicklung von Multimedia Anwendungen /Stei90/ entstehen, können zur Zeit nicht hinreichend erfüllt werden. Dies liegt bei einer zukünftig Datenrate von mehreren Gigabit (vgl. Kap. 1) nicht an der Bruttoübertragungsrate oder an Verzögerungen, die beim Medienzugang entstehen, sondern an der wesentlich niedrigeren und wichtigeren Nettodatenrate und an den Verzögerungen, die durch die zu geringe Leistungsfähigkeit der Protokollimplementierung entstehen.

2.3.1. Nettodatenrate

In der Literatur ist zur Charakterisierung der Leistungsfähigkeit von komplett implementierten Protokollhierarchien der Begriff Durchsatz üblich. Gemessen wird dabei meist die Zeit τ_R für die Übertragung einer Datei i der Größe G_i. Der Durchsatz R für eine Dienstschnittstelle der Ebene L wird dabei meist definiert als :

$$R(L) = G_i / \tau_R(L)$$

Der Begriff ist allerdings mißverständlich. Es handelt sich hierbei nämlich keineswegs um den gesamten Durchsatz einer Protokollhierarchie. In den meisten Umgebungen sind nämlich durchaus mehrere Verbindungen nebenläufig vorhanden. In einem Mehrbenutzersystem können z.B. verschiedene Benutzer zeitlich überlappend den Transfer von Dateien anfordern. Selbst ein Benutzer kann mehrere Verbindungen gleichzeitig verwenden. Dieser gesamte Durchsatz D einer Protokollhierarchie hat aber mit dem oben ermittelten Wert für R direkt nichts zu tun. Für R ist die Bezeichnung Nettoübertragungsrate sinnvoller. Der gesamte Durchsatz D sei die Summe aller übertragenen Daten in einem Zeitintervall von τ_1 bis τ_2.

$$D = \frac{\Sigma_i G_i}{(\tau_2 - \tau_1)}$$

Der maximale Durchsatz eines Systems ist vokalem für die Dimensionierung wichtig. Die Nettodatenrate R ist interessant für den Vergleich mit der Bruttoübertragungsrate eines Mediums. Der für den Benutzer wesentliche Wert ist τ_R, weil dieser Wert seine individuelle Wartezeit kennzeichnet. Der Wert τ_R ist unter anderem eine Funktion von G_i. Es gehen aber auch andere Faktoren ein (z.B. die Auslastung des Systems). Der Zusammenhang zwischen G_i und τ_R ist nicht linear, da interne Puffergrößen und die Segmentierung eine wichtige Rolle spielen, wie z.B. die Messungen von /Heat89/ zeigen.

Messungen von /Ches87/ zeigen (vgl. Fig. 2.5.), daß für eine Anwendung, die an ein Ethernet angeschlossen ist, als Nettoübertragungsrate keineswegs 10 Mbit/s, sondern maximal 1,2 Mbit/s als Übertragungsrate zur Verfügung stehen. In /Stra87/ werden Werte für den Durchsatz auf der Transportschicht von 592 kbit/s ermittelt. In /Svob89b/ wird ein umfassender Überblick über Messungen an Protokollimplementierungen gegeben. Die ermittelten Werte für die Nettodatenrate bewegen sich in einem Bereich von 120 kbit/s bis 2,4 Mbit/s für das OSI-Transportprotokoll. Für TCP/IP (Transportprotokoll der DoD-Protokolle /Lein85/) werden maximal 3 Mbit/s ermittelt. Eine speziell optimierte, nicht kommerziell vertriebene Fassung ermöglicht aber immerhin die erstaunliche Datenrate von 8 Mbit/s über ein 10 Mbit/s Ethernet.

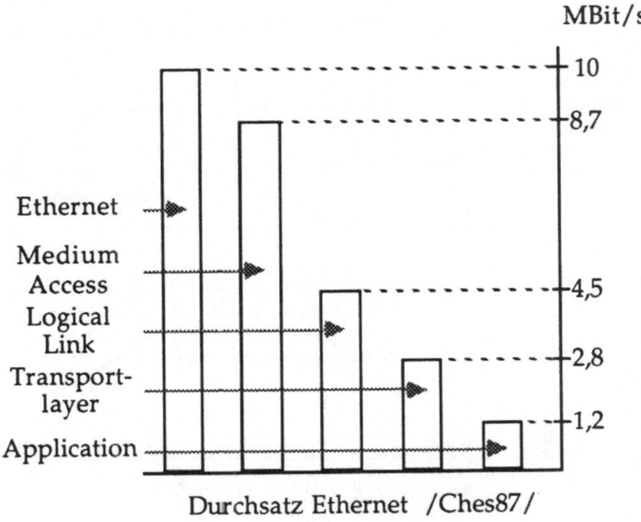

Fig. 2.5.   **Nettodatenrate an einem 10 Mbit/s-Ethernet nach /Ches87/**

Wodurch die so deutlich verringerte Nettodatenrate entsteht, wird durch die in /Krem89a/ vorgestellten Messungen deutlich. Hierbei wurde der Dateitransfer von einem Personal Computer zu einem Unix-Rechner über ein 10 Mbit/s Ethernet protokolliert. Gemessen wurde dabei mit einer dritten speziellen Meßstation, die alle Pakete der beiden Stationen zusammen mit dem Zeitpunkt der Übertragung abspeichern konnte. Die Signallaufzeiten auf dem Medium sind in Relation zu den gemessenen Zeiten so gering, daß sie vernachlässigt werden konnten. Der Transfer der Datei erfolgte mit UDP (User Datagramm Protocol) /Post80/. Dabei wurden Blöcken von 64 k-Byte von der Festplatte in den Speicher geladen und dann in 512 Byte (576 Byte mit Overhead) große Pakete segmentiert. Jedes empfangene Paket wird einzeln auf Ebene 4 quittiert (request/response) (60 Byte pro Quittung). Erst nach dem Erhalt der Quittung wird das nächste Paket von Ebene 4 abgesendet.

In Abbildung 2 ist ein typischer Ausschnitt aus dem zeitlichen Ablauf dieses Transfers dargestellt. Für die Darstellung wurde jeweils die mittlere Reaktionszeit der ansonsten unbelasteten Stationen verwendet. Die Streuung der ermittelten Werte ist niedrig. Man kann deutlich erkennen, daß die Übertragungszeit für eine ganze Datei im wesentlichen durch die Zeit für die Verarbeitung des Protokolls in den beiden Stationen bestimmt wird. Die Datenrate des Mediums spielt praktisch keine Rolle (die Verarbeitungszeit für die Protokolle hat einen Anteil von ca. 99% an der Gesamtübertragungszeit).

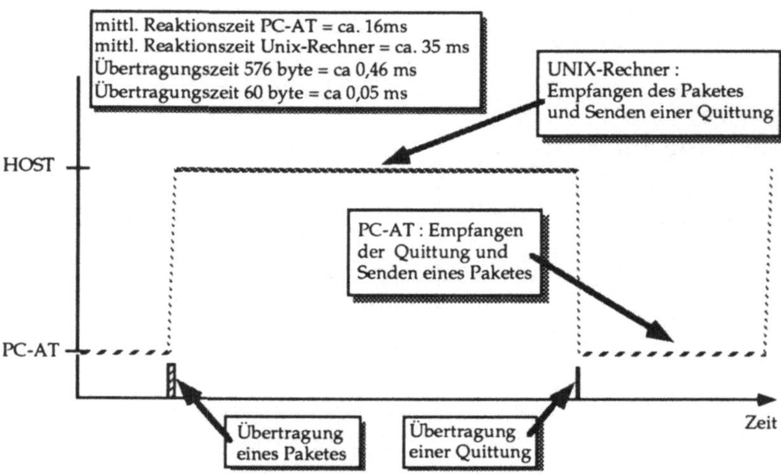

Fig. 2.6.   Zeitlicher Ablauf einer Dateiübertragung

In dem hier gegebenen Beispiel wird eine Übertragungsrate von nur 100 kbit/s (!) erreicht. Obwohl es sich bei dem Beispiel in Fig. 2.6. um einen ausgesprochen langsamen Kommunikationsprozeß handelt, lassen sich an diesem Beispiel die Probleme gut erläutern. Eine wichtige Ursache ist der Quittungsmechanismus des verwendeten Protokolles, der das Absenden eines weiteren Paketes von Ebene 4 erst gestattet, wenn die Quittung für das vorhergehende Paket von Ebene 4 empfangen wurde. Die Zeit für den Durchlauf eines Paketes vom Medium bis auf Ebene 4 und umgekehrt dauert für den PC-AT zusammen 16 Millisekunden.

Wesentlich verbessert werden kann der Durchsatz natürlich durch geeignetere Quittungsmechanismen. So erlauben die meisten Transportprotokolle, daß nach einer Quittung mehr als ein Paket vom Sender übertragen werden darf (Fenstergröße>1). Der Empfänger wartet häufig auch mit dem Senden der Quittung nicht, bis alle möglichen Pakete eingetroffen sind, sondern er quittiert irgendwann vorher alle bis dahin korrekt erhaltenen Pakete ("sliding-window"). Durch den Empfang der Quittung erhöht sich dann beim Sender wieder die Anzahl der Pakete, die noch gesendet werden dürfen. Kommen die Quittungen hinreichend schnell zurück, kann der Sender so schnell senden, wie er aufgrund seiner Rechenleistung Pakete verarbeiten kann. Beispielsweise würden durch die Verwendung größerer Pakete und insbesondere durch die Wahl eines geeigneteren Quittungsmechanismus schon deutlich höhere Übertragungsraten erreicht.

Andererseits kann nicht der Quittungsmechanismus allein für die niedrige Übertragungsrate verantwortlich gemacht werden. Wären nämlich die an der Kommunikation beteiligten Rechner in der Lage, schneller zu reagieren, würde die Übertragungsrate sich ebenfalls drastisch erhöhen. Für solche extremen Verhältnisse zwischen Medienübertragungszeit und Rechnerreaktionszeit wie in Fig. 2.6. ist die mittlere Übertragungsrate mit dem verwendeten Protokoll sogar umgekehrt proportional zur Rechnerreaktionszeit Die Übertragungsrate könnte möglicherweise auch gesteigert werden durch eine verbesserte Implementierung des Protokolls. Wenn das nächste zu sendende Paket in der jeweiligen Station bereits vorbereiten würde, noch bevor die Reaktion (z.B.: Quittung) auf das letzte Paket eingetroffen ist, dann könnte das nächste Paket beim Eintreffen der erwarteten Reaktion schneller abgesendet werden. Eine solche Lösung wird in /Jain90/ vorgeschlagen, ist aber vermutlich sehr schwierig zu implementieren.

Aus dem gezeigten Beispiel folgt, daß auf den höheren Ebenen die Effizienz eines Quittungsmechanismus nicht ohne Einbeziehung der Implementierung sinnvoll bewertet werden kann. Im Prinzip gilt dies für jeden Mechanismus in einem

Protokoll, was aber leider häufig übersehen wird. An dem Beispiel wird auch deutlich, daß eine Erhöhung der Datenrate des physikalischen Mediums die Übertragungsrate, die wirklich netto für einen Benutzer verfügbar ist, nicht unbedingt merklich erhöhen muß.

2.3.2.   Reaktionszeiten

Das Beispiel zeigt weiter, daß eine geringe Nettodatenrate unter anderem verursacht wird durch große Reaktionszeiten auf Ereignisse im Protokoll. So setzt sich die Zeit für den gesamten Transfer einer Datei aus vielen einzelnen Reaktion der beteiligten Rechner zusammen. Beachtet werden müssen daher zur Beurteilung der Leistungsfähigkeit einer Protokollimplementierung nicht nur die Nettoübertragungsrate oder der gesamte Durchsatz, sondern vorallem die Reaktionszeiten der beteiligten Systeme.

Durch direkte Beobachtung des Netzverkehrs können bestimmte Reaktionszeiten einzelner Stationen ermittelt werden. Von besonderem Interesse ist dabei, wie lange eine Netzstation braucht, um auf ein eintreffendes Paket zu reagieren, oder wie klein die Abständen zwischen den Paketen sind, wenn eine Station Pakete sendet, ohne dabei auf Quittungen warten zu müssen. Bei eigenen Messungen an modernern RISC/UNIX-Workstations wurden als Reaktionszeit zwischen dem Eintreffen eines Paketes und dem Absenden der Quittung Werte von etwa 0,5 ms bis 3,5 ms gemessen. Beim Senden einer Datei wurde als kleinster Abstand zwischen zwei Paketen auch etwa 0,3 ms gemessen. Hierbei kam es jedoch immer wieder (nach 3-4 Paketen) zu längeren Pausen. Verursacht werden diese Pausen zum einen vermutlich durch das Warten auf eine Quittung. Zum anderen werden dem Protokollprozessen durch das Betriebssystem immer nur Zeitscheiben zugestanden, was ebenfalls zu Pausen im Protokollprozeß führen kann. Eine weitere Ursache für manche Pausen liegt vermutlich in den gelegentlichen Plattenzugriffen.

Eine Verschärfung des hier dargestellten Problems der Reaktionszeiten ist noch dadurch zu erwarten, daß die Vernetzungsstrukturen an Komplexität zunehmen werden. Wenn die Kommunikation häufig nicht nur zwischen Stationen stattfindet, die innerhalb eines gemeinsamen physikalischen Netzes miteinander direkt verbunden sind, sondern auch über mehrere Netze hinweg, die über Router oder Gateways gekoppelt sind, dann machen sich die zusätzlichen Verzögerungen durch die Verarbeitung der Protokolle besonders bemerkbar. Eine Ethernet-Bridge, die nur Pakete von einem Segment empfängt und dann aufgrund der Zieladresse entscheidet, ob diese Paket auf einem zweiten Segment gesendet werden soll, verzögert beispielsweise ein Paket zusätzlich um weitere 0,3 ms.

Zudem wird die Lücke zwischen der Leistung des physikalischen Übertragungsmediums und der Protokollverarbeitung aber schon allein durch die Einführung von Medien und Medienzugangsprotokollen mit Datenraten von 1 Gbit/s und mehr in Zukunft noch deutlich vergrößert. In /Mart89/ und /Rupp89b/ wurden zum Beispiel die Verzögerungszeiten in einer FDDI-Bridge mit denen beim Medienzugang verglichen und dabei festgestellt, daß bei realistischen Lastszenarien der größere Teil der Verzögerungen durch die Bridge verursacht wird.

2.4. Arbeiten zur Steigerung der Leistungsfähigkeit von Protokollimplementierungen

Mittlerweile gibt es eine ganze Reihe von Veröffentlichungen, die sich mit der Erarbeitung von Konzepten zur Verringerung der Diskrepanz zwischen der Übertragungsrate der Medien und der tatsächlichen Ende-zu-Ende Übertragungsrate befassen. Dabei wird im folgenden zwischen standardkonformen und nicht standardkonformen Ansätzen unterschieden. Die Ansätze zur parallelen Verarbeitung von Protokoll-Software werden im folgenden etwas ausführlicher behandelt werden.

2.4.1. Standardkonforme Ansätze

Geht man davon aus, daß aufgrund der fortgeschrittenen internationalen Standardisierung eine umfassende Änderung der Protokolle nur schwer möglich ist, dann kann eine Steigerung der Leistungsfähigkeit nur über verbesserte Implementierungen erreicht werden.

2.4.1.1. Verbesserung der Methoden bei einer Software-Realisierung

In mehreren Arbeiten (/Clar85/, /Clar89/, /Wats87/, /Wood89/, /Zang90/) wird darauf hingewiesen, daß die zu geringe Leistungsfähigkeit vieler Software-Realisierungen von Protokollen durch ungünstige Methoden bei der Umsetzung verursacht wird. Die Analysen von /Clar89/ zeigen, daß die Verarbeitung der eigentlichen Protokoll-Software nicht allein für die schlechte Leistungsfähigkeit verantwortlich gemacht werden kann. Die Inanspruchnahme des Betriebssystems verursachte in der untersuchten Implementierung größere Verzögerungen als die Verarbeitung der Protokoll-Software. Auch das mehrmalige Kopieren von Daten wird in /Clar89/ für die schlechte Leistung der untersuchten Implementierung verantwortlich gemacht. In /Wood89/ wird eine Methode

("Buffer-Cut-Trough") vorgestellt, bei der die Kopiervorgänge in einer solchen Implementierung im wesentlichen durch die Übergabe von Zeigern minimiert werden. In /Zhan90/ wird die in /Clar85/ entwickelte Methode des "upcalls" mit der von /Wood89/ entwickelten Methode kombiniert. Auch für die Verwaltung der Timer oder das Erzeugen der Kontrollsummen wäre es natürlich sinnvoll, besonders effiziente Algorithmen zu entwickeln. Mit einer Verbesserung der Implementierungsstrategie kann in vielen Fällen sicherlich eine deutliche Leistungssteigerung bewirkt werden. Eine Steigerung um mehrere Größenordnungen allein hierdurch kann jedoch nicht erwartet werden.

2.4.1.2.   Höhere Taktraten, neuere Technologien

Durch die Weiterentwicklung der Technologien zur Herstellung von VLSI-Schaltungen wird auch in Zukunft sicherlich noch eine weitere Steigerung der Taktraten und der Integrationsdichte erreicht werden. Dadurch wird dann auch die Entwicklung von noch erheblich leistungsfähigeren Prozessoren möglich sein. Die Weiterentwicklung der Technologie alleine wird das Problem jedoch nicht lösen. Höheren Taktraten und höhere Integrationsdichten werden auch eine höhere Leistungsfähigkeit der übrigen Komponenten der Datenverarbeitung bewirken, womit deren Kommunikationsbedarf wiederum steigt. Insbesondere die Übertragungsrate in den Hochgeschwindigkeitsnetzen wird im wesentlichen heute nicht durch das Übertragungsmedium begrenzt, sondern durch die Technologie der elektronischen Anschlüsse.

2.4.1.3.   Direkte Umsetzung in VLSI-Schaltungen

Die direkte Umsetzung von Protokollen in eine entsprechende VLSI-Schaltung wurde schon in Kapitel 2.1. erwähnt. Es erscheint jedoch sehr zweifelhaft, ob die komplexen ISO/OSI-Protokoll oberhalb des Logical Link Layers auf diese Weise realisiert werden können. In /AbuA89/ wird ein grobes Konzept für eine universelle Implementierung von Protokollen durch direkte Umsetzung in eine VLSI-Schaltung vorgeschlagen.

Eine vollständige Umsetzung solcher Protokolle in Hardware ist aber auf jeden Fall enorm aufwendig und vor allem nicht hinreichend flexibel. Andererseits darf eine Hardware-Realisierung nicht als klarer Gegensatz zu einer Software-Realisierung gesehen werden. Eine Reihe von Teilaufgaben in Protokollen lassen sich sicherlich durch spezielle Hardware-Bausteine besonders effizient realisieren (z.B. Kontrollsumme /Albe90/, /Wood89/, Kodierung und Dekodierung).

2.4.1.4. Multiprozessorarchitekturen für die Protokollverarbeitung

Zu der Implementierung von Protokollen auf einer Multiprozessorarchitektur sind in den letzten Jahren eine ganze Reihe von Veröffentlichungen erschienen. Diese werden in Kap. 2.4.3. noch eingehender behandelt werden.

2.4.2. Nicht standardkonforme Ansätze

Für bestimmte Anwendungen sind die von den standardisierten Protokollen angebotenen Dienste kaum ausreichend. Fraglich ist auch, ob alleine mit den bisher vorgestellten Methoden die Leistung wirklich um mehrere Größenordnungen gesteigert werden kann. Daher gibt es auch Ansätze, die zusätzlich eine Änderung der Protokollfunktionalität vorschlagen (VMTP /Cher89/; XTP in /Ches88/, /Ches89/ und /Weav89/; NETBLT in /Clar87/). Diese Vorschläge zielen auf:

-	Effizientere Kommunikationsmechanismen

-	mögliche Realisierung mittels spezieller VLSI-Schaltungen

-	Reduzierung der Arbeitslast

Eine Veränderung der standardisierten Protokolle unter dem hier vorgestellten Blickwinkel ist sicherlich sinnvoll. Wenn man aber den enormen Aufwand berücksichtigt, der nötig war, um die heute vorhandenen Standards zu installieren, ist es fraglich, ob nur mit dem Argument der leistungsfähigeren Implementierung solche neuen Protokolle durchgesetzt werden können. Die näherliegende Alternative ist es also, vorhandene Standards mit einer leistungsfähigeren Hardware zu implementieren.

2.4.3. Parallele Verarbeitung von Kommunikationssoftware

Im folgenden sollen Lösungen vorgestellt und verglichen werden, bei denen Protokolle mittels Software implementiert werden. Allen Ansätzen gemein ist der Versuch, durch die parallele Verarbeitung von Protokollen auf einem Multiprozessorsystem eine höhere Leistung zu erreichen. Daneben lassen sich diese Lösungen natürlich auch durch entsprechende spezielle Hardware-Module für Teilaufgaben ergänzen. Verglichen werden sollen die verschiedenen Ansätze hier aber vor allem hinsichtlich ihrer Architektur und ihrer Strategie zur Implementierung der Software.

2.4.3.1.   Pipeline-Controller

Entsprechend der klaren Trennung verschiedener Aufgabenbereiche, wie sie durch die Ebenen im ISO/OSI-Referenzmodell vorgesehen ist, gibt es Vorschläge für HSLAN-Controller, die diese Struktur auf die Architektur abbilden, indem in jeder Ebene für die Protokollbearbeitung dedizierte Hardware vorgesehen wird (z.B. /Jens88/,/Jens90/,/Boil88/). Eine Verarbeitungseinheit führt dann das Protokoll für eine Ebene aus. Die einzelnen Datenpakete werden von Modul zu Modul weitergegeben (vertikale Unterteilung). Da ein Datenpaket nun nicht mehr mit so vielen anderen Aufträgen um den Prozessor konkurriert, wird es nach einer geringeren Wartezeit bearbeitet. Diese Controller-Architekturen können als eine Art Macro-Pipeline-Architektur angesehen werden. Es kann zusätzlich je eine separate Pipeline für die Empfangsrichtung und für die Senderichtung (horizontale Unterteilung) vorgesehen werden.

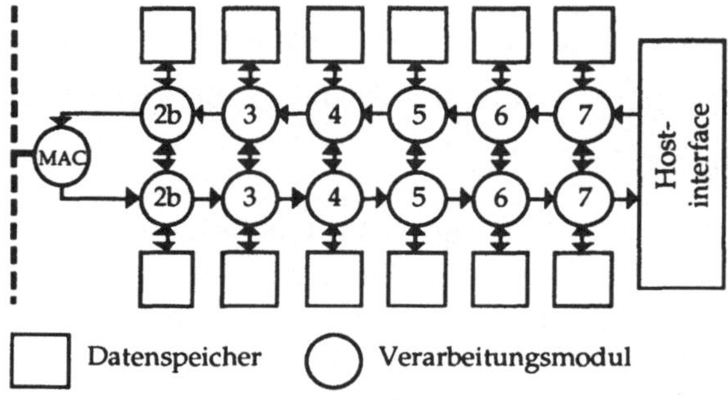

Fig. 2.7.   Prinzip eines Pipeline-Controllers

Der grundsätzliche Nachteil einer solchen Architektur ist darin zu sehen, daß bei einer niedrigen Auslastung des Controllers sich die Durchlaufzeit für einen Auftrag nicht verkürzt, sondern wegen des zusätzlichen Kommunikationsaufwands zwischen den Modulen eher verlängert. Der Gesamtdurchsatz wird nur dann deutlich erhöht, wenn Aufträge möglichst gleichmäßig am Controller eintreffen. Ein Verarbeitungsmodul (z.B. ein normaler Prozessor) ohne Auftrag ist nicht in der Lage, Aufträge eines überlasteten Moduls zu übernehmen. Eine solche Architektur eignet sich also bestenfalls für eine Umgebung, in der eine kurze Reaktionszeit nicht erforderlich ist und die Aufträge gleichmäßig verteilt sind. Sinnvoll wäre eine solche Architektur z.B. als Router oder Gateway in einer Umgebung, in der überwiegend Dateien transferiert und hohe Anforderungen an den Gesamtdurchsatz gestellt werden.

2.4.3.2. Mehrere Prozessoren in einer Ebene

Um eine weitere Leistungssteigerung zu
ermöglichen, wurde in den Arbeiten von
z.B. /Boil88/ und /Zitt89/ vorgeschlagen ,
jede Ebene noch einmal in verschiedene
Teilaufgaben zu gliedern und dann mehrere Prozessoren in jeder Ebene zu verwenden. Dabei sollen jedoch wieder jedem
Prozessor ganz bestimmte Aufgaben fest
zugeteilt werden. Also zum Beispiel einen
Prozessor als Multiplexer und einen als
Demultiplexer oder je einen Prozessor
zum Bearbeiten von je einer speziellen
Information im Protokollkopf. Auch wenn
hier natürlich ein größeres Maß an
Parallelverarbeitung als beim einfachen
Pipeline-Controller erzielt wird, bestehen
die im vorherigen Kapitel beschriebenen
Nachteile weiter.

2.4.3.3. Multiport-Speicher

Ein weiteres Problem bei den bisher vorge-
stellten Architekturkonzepten ist, daß die
Daten (PDUs) zwischen den einzelnen
Verarbeitungsmodulen jeweils übertragen

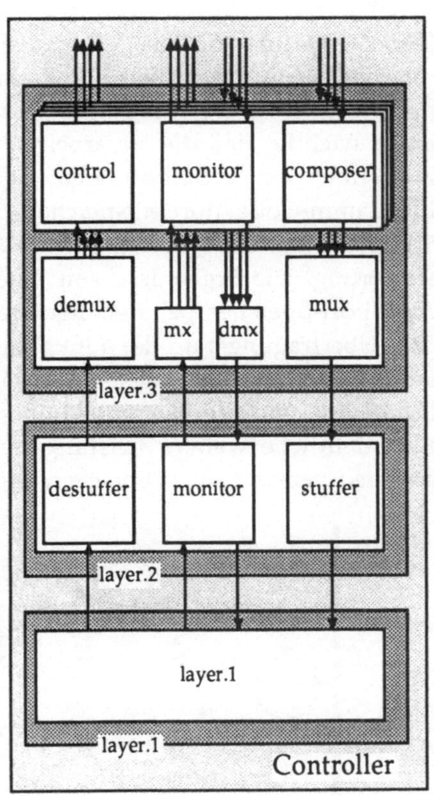

Fig. 2.8. Netz-Controller nach /Boil88/

werden müssen. Für die Realisierung solcher Konzepte wird die Verwendung
von Transputern vorgeschlagen. Die Datenrate von 20 Mbit/s bei der
Übertragung von Daten über die sogenannten Links macht jedoch die Grenzen
solcher Systeme deutlich. Bei einer Paketgröße von z.B. 1024 Byte und z.B. fünf
Übertragungen innerhalb des Controllers summieren sich die reinen
Übertragungszeiten ohne Verarbeitungszeit bereits zu ca. 2 ms und liegen damit
schon in derselben Größenordnung wie schnelle konventionelle Protokoll-
implementierungen. Wird die Anzahl der Prozessoren erhöht, um den
Durchsatz des Controllers zu steigern, erhöht sich sofort auch die Anzahl der
Übertragungen und damit verlängert sich die Reaktionszeit.

Der Zeitverlust für das Übertragen der Daten zwischen den Verarbeitungsmodulen kann durch den Einsatz eines globalen Speichers für die Datenpakete,
auf den alle Verarbeitungsmodule zugreifen können, vermieden werden. Dabei
ist es wichtig, daß die Verarbeitungsmodule auf diesen globalen Speicher nur
zugreifen, um Protokolldaten zu bearbeiten, und nicht etwa auch ihren
Programm-Code dort abspeichern. Natürlich setzt die Zugriffsrate auf den
Speicher eine obere Grenze für die so erreichbare maximal mögliche Leistungssteigerung. Die Ergebnisse von /Joch89/ und /Ulri89/ zeigen jedoch, daß der
Multiport-Speicher bei den heutigen Relationen zwischen Speicherzykluszeit
und Übertragungsrate der Links die günstigere Lösung ist. Zusätzlich sinnvoll
kann die Aufteilung des globalen Speichers in getrennte Speicher für die
Empfangs- und die Senderichtung sein (vorgeschlagen in /Joch89/, /Giar89/).
Eine deutliche weitere Leistungssteigerung wäre durch die Einführung eines
globalen verschränkten Speichers möglich.

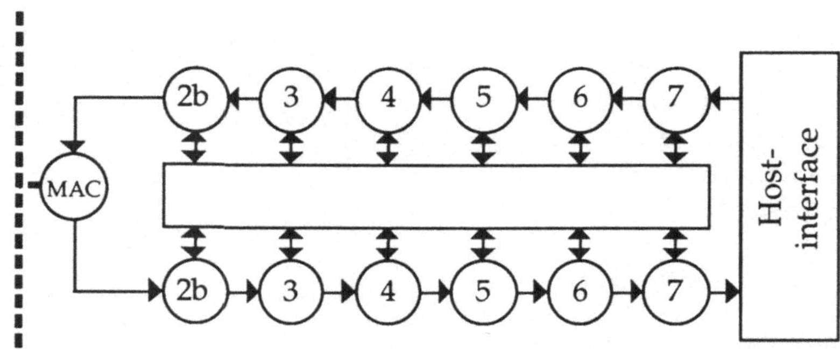

Fig. 2.9.   Prinzip eines Multiport-Speicher-Controllers

2.4.3.4.   Universeller Multiprozessor/Multiport-Speicher-Controller

Ein Verarbeitungsmodul besteht in allen bisher vorgestellten Arbeiten aus
einem normalen Prozessor mit lokalem Speicher. Die Funktionen des Moduls
werden hierbei durch Software realisiert. Für alle bisher genannten
Architekturkonzepte gilt außerdem, daß die Verarbeitungsmodule nur ganz
bestimmte Funktionen ausführen können (z.B. das Protokoll einer Ebene). Dafür
werden im allgemeinen die einzelnen Funktionen aber auch nur exklusiv von
einem Modul erbracht. Diese Vorgehensweise hat den Vorteil, daß die
Programmierung eines solchen Systems relativ einfach und übersichtlich ist.
Wie schon erwähnt, besitzen solche Architekturen jedoch den Nachteil, daß die
vorhandenen Ressourcen schlecht genutzt werden. Mit zunehmender Anzahl

von speziellen Modulen wird die Wahrscheinlichkeit, daß für jedes Modul ein
Auftrag vorhanden ist, immer geringer. Die Ausnutzung der einzelnen Module
wird dadurch sehr schlecht. Ein gerade nicht benutztes Modul kann Funktionen
eines überlasteten Moduls nicht übernehmen.

Der oben eingeführte Multiport-Speicher besitzt neben der Vermeidung von
Übertragungszeiten noch weitere Vorteile. Dadurch, daß nun jedes Verarbeitungsmodul auf alle Protokolldaten jederzeit zugreifen kann, ist ein flexibler
Einsatz der Verarbeitungsmodule möglich. Für eine bessere Ausnutzung der
vorhandenen Ressourcen in einem Controller wäre es nun günstiger, wenn
jedes Modul jeden anfallenden Auftrag ausführen könnte. Voraussetzung dafür
ist, daß alle Prozessoren auf den Programm-Code für alle Funktionen zugreifen
können (z.B. in Form einer lokalen Kopie des Programm-Codes). Der Nachteil
einer solchen Vorgehensweise besteht jedoch in der möglicherweise schwieri-
geren Programmierung eines solchen Systems. Beispielsweise muß eine eindeutige Auftragserteilung gewährleistet werden. Zusätzliche Synchronisations-
probleme müssen gelöst werden. In dieser Arbeit wird ein Konzept zur
Programmierung einer solchen Architektur vorgestellt, das auf der Verwendung
von Petrinetzen als Teil der Programmiersprache basiert.

2.4.3.5. Universeller Multiprozessor Controller

Der Vollständigkeit halber sei noch die Möglichkeit erwähnt, einen Controller
ohne Multiport-Speicher aufzubauen, dabei aber dennoch universelle Verarbeitungsmodule zu verwenden. Dann müßten die zu bearbeitenden Daten über ein
Netzwerk immer zu jeweils weniger belasteten Modulen weitergeleitet werden.
Realisierbar wäre dies z.B. durch ein Transputer-Netzwerk, wobei jeder Transputer jede Protokollfunktion durchführen kann. Wegen der Übertragungszeiten
und wegen der schwierigen Programmierung (z.B. keine global verfügbaren
Daten) wird ein solcher Ansatz bisher jedoch nicht näher untersucht.

2.4.4. Die Verwendung von Transputern für Datenkommunikations-Controller

Wesentliche Merkmale eines Transputers sind die vier sogenannten Links, über
die er statisch mit seinen Nachbarn verbunden ist. Der ausschließlich lokale
Speicher, die RISC-Architektur des Prozessors und die Fähigkeit des Prozessors,
sehr schnelle Task-Wechsel durchzuführen, sind weitere entscheidende
Merkmale.

Für die meisten der oben vorgestellten Konzepte wird die Verwendung von Transputern vorgeschlagen, und zwar mit einer statischen Zuordnung von Funktionen. Dies ist jedoch vermutlich hauptsächlich durch die Verfügbarkeit von Multiprozessor-Boards auf Transputer-Basis als Experimentierplattform begründet. Eine konsequente Umsetzung des Transputer-Konzepts ist mit /Boil88/ und /Zitt89/ gegeben. Damit ist eine lokale Speicherung der Datenpakete und ein mehrmaliges Übertragen über Links mit den schon oben diskutierten Nachteilen verbunden. Bei /Ulri89/ und /Giar89/ wird dieses Konzept durch einen globalen Speicher erweitert, was natürlich der Philosophie des Transputer-Konzepts widerspricht. Dadurch wird aber eine deutliche Verbesserung des Durchsatzes erreicht, wie Messungen von /Ulri89/ belegen. Die Links werden dann nur noch zum Austausch von Kontrollinformationen benötigt. Die Kontrollinformationen haben jedoch verglichen mit dem Volumen der Datenpakete nur ein geringes Volumen. Andererseits ist der Preis für Transputer relativ hoch. Ein Anschluß an einen Multiport-Speicher wird überhaupt nicht unterstützt. Wegen der problemlosen Verfügbarkeit von Multiprozessorsystemen auf Transputer-Basis ist die Verwendung von Transputern also wohl nur für eine Prototypimplementierungen sinnvoll.

Die Verwendung eines RISC-Prozessors für die Protokollverarbeitung kann jedoch wegen der Tatsache, daß Protokollfunktionen im wesentlichen auf einfachen Operationen basieren, befürwortet werden. Ob die Fähigkeit von Transputern zum schnellen Task-Wechsel erforderlich ist, hängt vom dem verwendeten Programmierkonzept ab.

2.4.5. Zusammenfassung

Die vorgestellten Arbeiten stellen Architekturkonzepte für die parallele Verarbeitung von Protokoll-Software vor. Für die Architektur solcher Multiprozessor-Controller gibt es verschiedene typische Eigenschaften, die sich aus den speziellen Anforderungen bei der Verarbeitung von Protokoll-Software ergeben.

1.	Aufteilung der Aufgaben nach Übertragungsrichtung

	(Senden/Empfangen)

2.	Macro-Pipeline

	(Für jede Ebene im ISO/OSI-Referenzmodell ein
	spezialisiertes Verarbeitungsmodul)

3.	Parallele Verarbeitung in jeder Ebene

	(In jeder Ebene können Aufgaben parallel bearbeitet werden)

4.   Multiport -Speicher versus Übertragung von Paketen

5.   Spezialisierte Verarbeitungsmodule
        versus universelle Verarbeitungsmodule

Die meisten der hier vorgestellten Arbeiten vereinigen mehrere Eigenschaften in
einem Konzept. Denkbar sind natürlich auch Mischformen. Als Beispiel sei hier
ein Vorschlag von /Joch89/ angegeben. Dort wird die Verwendung von zwei
Gruppen von Verarbeitungsmodulen vorgeschlagen. Eine Gruppe bearbeitet die
Protokolle der Ebenen 1-4. Die andere Gruppe die Protokolle der Ebenen 5-7.
Innerhalb einer Gruppe kann dann jedes Modul jede Aufgabe übernehmen. Die
Module einer Gruppe arbeiten auf einen gemeinsamen Speicher, aber zwischen
den Gruppen müssen die Daten übertragen werden.

3. Spezifikation von Protokollen

3.1. Methoden zur Spezifikation

Wegen der schon erwähnten Probleme mit der Eindeutigkeit und der Fehler-
freiheit von Protokollspezifikationen für Protokolle oberhalb des Medienzugangs
nimmt die Untersuchung von formalen Methoden zur Protokollspezifikation in
der Literatur einen breiten Raum ein. Die Fragen nach dem Aufwand für eine
Umsetzung der Spezifikationen in ein reales technisches System und nach der
Leistungsfähigkeit (z.B. Durchsatz, Reaktionszeit) eines solchen Systems spielen
dabei zur Zeit leider noch eine etwas untergeordnete Rolle. Andererseits wird bei
der Protokollimplementierung auf Parallelrechnersystemen bisher noch wenig
auf die formalen Methoden zur Spezifikation von Protokollen eingegangen. Die
in Kapitel 2.4.3. vorgestellten Arbeiten beschäftigen sich ausschließlich mit der
Entwicklung von Architekturkonzepten. Die Implementierung der Protokolle
erfolgt mittels manuell erstellter Software. Formale Methoden, die eine
quantitative oder qualitative Analyse der erstellten Software erlauben, oder
durch die Nähe zu den formalen Spezifikationsmethoden eine fehlerfreie und
effiziente parallele Implementierung unterstützen, werden bei diesen Ansätzen
nicht betrachtet.

Der in dieser Arbeit gewählte Ansatz zur Implementierung von Protokollen auf
Parallelrechnern basiert auf einer formalen Methode zur Protokollspezifikation,
den Petrinetzen. Diese Methode gehört zwar nicht zu den international standardisierten Spezifikationsmethoden, bietet dafür aber Vorteile hinsichtlich einer
direkt aus der Spezifikation abgeleiteten effizienten Implementierung auf Paral-
lelrechnerarchitekturen (wie noch gezeigt werden wird). Außerdem sind gerade
zu den Petrinetzen sehr viele Arbeiten erschienen, die sich sowohl mit der quantitativen als auch mit der qualitativen Analyse solcher Systeme beschäftigen.

3.1.1. Nicht formale Protokollspezifikationstechniken

Die heute standardisierten Protokolle sind größtenteils ohne Zuhilfenahme
einer formalen Spezifikationstechnik beschrieben. Große Teile dieser Protokolle
sind dabei umgangssprachlich dargestellt. Die funktionalen Zusammenhänge
werden häufig durch endliche Automaten und die zulässigen Datenformate
durch graphische Darstellungen repräsentiert.

Nicht formale Spezifikationen lassen fast immer einen Interpretationsspielraum,
der dazu führt, daß verschiedene Implementierungen eines Standards häufig in

ihrem Verhalten nicht exakt übereinstimmen. Ein Test der Konformität von Spezifikation und Implementierung eines nicht formal spezifizierten Protokolls ist wegen der schon nicht eindeutigen Spezifikation daher auch nicht sinnvoll durchführbar. Die vollständige Verifikation einer solchen Spezifikation ist ebenfalls nicht möglich. Eine Lösung dieser Probleme erhofft man sich von den formalen Spezifikationstechniken.

3.1.2. Formale Protokollspezifikationstechniken

Eine formale Spezifikationssprache /ISO88a/ zeichnet sich dadurch aus, daß ihr wie einer Programmiersprache eine exakt spezifizierte Syntax zugrunde liegt. Die einzelnen Konstrukte dieser Syntax haben eine genau festgelegte Semantik. Für jede Situation gibt es eine bestimmte Reaktionsweise. In einer formalen Spezifikation muß genau angegeben werden, welche Informationen und Vorbedingungen vorliegen müssen und welche Reaktionen dann zu erfolgen haben. Darüberhinaus lassen sich auch Fälle spezifizieren, in denen mehrere Verhaltensweisen möglich sind. Dafür gibt es Konstrukte zur expliziten Angabe eines Nicht-Determinismus. Die Bandbreite der möglichen Informationen und der hierauf anwendbaren Operationen wird eindeutig mittels abstrakter Datentypen erfaßt. Ein abstrakter Datentyp (/Plet86/) besteht aus einer Menge (Sorte) von Elementen, die zu diesem Datentyp gehören. Außerdem gehört zur Spezifikation eines abstrakten Datentyps die Angabe der Funktionen, die auf die Elemente dieser Menge möglich sind.

Die folgenden formalen Spezifikationssprachen konnten in den letzten Jahren eine größere Bedeutung erlangen:

LOTOS /Bolo87/, /Brin85/, /Eijk89/, /ISO86/, /ISO8807/

ESTELLE /Budk87/, /ISO9074/, /Linn85/

SDL /Beli88/, /CCITT87/

LOTOS und ESTELLE wurden in der ISO seit ca. 1981 entwickelt und standardisiert. SDL ist erheblich älter und wurde von der CCITT weiterentwickelt und standardisiert.

Für Petrinetze (/Baum90/, /Pete81/, /Reis86/) oder für eine aus den Petrinetzkonzepten abgeleitete Sprache gibt es zur Zeit noch keinen internationalen Standard. Es existieren jedoch auch formale Spezifikationsmethoden auf der Basis von Petrinetzen, die speziell zur Protokollspezifikation entwickelt wurden. (/Burk87/, /Burk89/, Ecke84/, /Ecke85/). Mit Hilfe dieser und anderer Petrinetzkonzepte wurden ebenfalls verschiedene Protokolle formal spezifiziert und in ihrem dynamischen Verhalten analysiert (/Bill88/, /Diaz87/, /Hein89/, /Vaut86/). Aus den schon genannten Gründen sollen die Petrinetze im folgenden detaillierter erläutert werden.

3.2.   Petrinetze

Petrinetze wurden 1962 von C. A. Petri im Rahmen seiner Dissertation entwickelt. Gemäß /Reis86/ war dabei sein Ziel, eine begriffliche und theoretische Grundlage zu entwickeln, die möglichst viele Erscheinungen bei der Informationsübertragung und der Informationsverarbeitung in einheitlicher Weise zu beschreiben gestattet. Die Bedeutung der Petrinetze liegt zum einen darin begründet, daß sie es gestatten, auch nebenläufige Prozesse in übersichtlicher Weise zu beschreiben. Gleichzeitig ermöglichen sie die Beschreibung eines System in verschiedenen Abstraktionsebenen, ohne daß dabei das Beschreibungsmittel, nämlich das Petrinetz, gewechselt werden muß. Als dritten wesentlichen Vorteil bieten Petrinetze die Möglichkeit einer formalen Analyse von qualitativen (Lebendigkeit, Verklemmungen, Erreichbarkeit) und quantitativen (Verzögerung, Durchsatz) Systemeigenschaften.

Die veröffentlichten Arbeiten über Petrinetze lassen sich grob in zwei Gruppen unterteilen. Zum einen gibt es Arbeiten, die sich im wesentlichen mit der Erarbeitung der theoretischen Grundlagen von Petrinetzen beschäftigen. In den übrigen Arbeiten werden Petrinetze als ein Hilfsmittel bzw. Werkzeug benutzt, um die Arbeit mit komplexen Systemen zu vereinfachen. Dabei wird dieses Werkzeug mit zum Teil sehr unterschiedlichen Zielsetzungen eingesetzt. Zunächst werden die Petrinetze benutzt, um komplexe Systeme zu beschreiben (Modellbildung). In anderen Arbeiten werden sie direkt zur Spezifikation solcher Systeme verwendet. In diesen Bereichen ist insbesondere das bessere Verständnis des dynamischen Verhaltens des Systems ein wesentliches Argument für den Einsatz von Petrinetzen. Das dynamische Verhalten der durch Petrinetze modellierten oder spezifizierten Systeme wird dann durch Anwendung von verschiedenen Verfahren untersucht. Ein weiteres Anwendungsfeld für Petrinetze ist die Leistungsbewertung ("Stochastische Petrinetze"). Bei diesen Petrinetzen wird z.B. den Transitionen eine Zeit zugeordnet. Die Analyse solcher Petrinetze liefert dann Aussagen über das zeitliche Verhalten des spezifizierten Systems.

In der Datenkommunikation werden Petrinetz verwendet zur

-      Protokollspezifikation

-      Protokollverifikation

- Modellierung und

- Simulation von Kommunikationssystemen und -vorgängen.

(vgl. z.B.: /Bill88/; /Diaz82/; /Diaz87/; /Hein89/; /Jürg85/; /Mata87/; /Ober87/; /Suzu90/; /Wang89/).

Aufgrund der sehr unterschiedlichen Anforderungen und Zielsetzungen wurden neue Petrinetzkonzepte entwickelt, die sich von den ursprünglich von C.A. Petri definierten Netzer teilweise deutlich unterscheiden. Einfache Petrinetzkonzepte ermöglichen die einfache Anwendung mathematischer Verfahren, um Eigenschaften des modellierten Systems zu analysieren, während sehr komplexe Petrinetzkonzepte den Vorteil besitzen, daß mit ihnen sehr kompakte und übersichtliche Modelle auch für komplexe Systeme erstellt werden können. Komplexe Petrinetze ermöglichen damit auch einen höheren Detaillierungsgrad des Modells. Die Konzepte sind häufig ineinander überführbar, das heißt, es lassen sich Vorschriften angeben, nach denen die Beschreibung eines Systems mit einem speziellen Petrinetzkonzept in eine Beschreibung desselben Systems mit einem anderen Petrinetzkonzept überführt werden kann. Im Prinizp sind viele Konzepte also nur eine auf die Behandlung eines speziellen Problems zugeschnittene, kompaktere Schreibweise.

3.2.1. Grundbegriffe

Im folgenden sollen in sehr knapper Form grundsätzliche Eigenschaften von Petrinetzen erläutert und die hier verwendete Terminologie verdeutlicht werden (/Baum90/).

Definition 3.1. :

Ein **Netz** ist ein endlicher, bipartiter Graph $X = (S, T, F)$ mit

einer endlichen Menge $S = \{ s1, s2, \ldots, sm \}$, $m \in \mathbb{N}$

Die Elemente von S werden **Stellen** genannt und graphisch durch Kreise dargestellt.

einer endlichen Menge $T = \{ t1, t2, \ldots, tn \}$, $n \in \mathbb{N}$

Die Elemente von T werden **Transitionen** genannt und graphisch durch Rechtecke dargestellt.

$S \cap T = \emptyset$

Die Mengen S und T sind disjunkte Mengen.

$$F \subseteq (S \times T) \cup (T \times S),$$

Die Elemente von F werden **Kanten** genannt und graphisch durch Pfeile dargestellt.   □

Für jedes $x \in S \cup T$ können außerdem die folgenden Mengen definiert werden:

Definition 3.2. :

Für ein $x \in S \cup T$ sei: $\bullet x = \{ y \mid (y,x) \in F \}$

Die Menge $\bullet x$ wird **Vorbereich** einer Stelle $x \in S$ bzw. einer Transition $x \in T$ genannt. Die Elemente der Menge $\bullet t$ (mit $t \in T$) werden auch **Eingangsstellen** der Transition genannt.   □

Definition 3.3. :

Für ein $x \in S \cup T$ sei: $x^{\bullet} = \{ y \mid (x,y) \in F \}$

Die Menge $x^{\bullet}$ wird **Nachbereich** einer Stelle $x \in S$ bzw. einer Transition $x \in T$ genannt. Die Elemente der Menge $t^{\bullet}$ (mit $t \in T$) werden auch **Ausgangsstellen** der Transition genannt.   □

Definition 3.4. :

Für ein $x \in S \cup T$ sei: $^{-}x = \{ (y,x) \mid (y,x) \in F \}$

Für $t \in T$ werden die Kanten $(s,t) \in {}^{-}t$ auch **Eingangskanten** der Transition t genannt.   □

Definition 3.5. :

Für ein $x \in S \cup T$ sei: $x^{-} = \{ (x,y) \mid (x,y) \in F \}$

Für $t \in T$ werden die Kanten $(t,s) \in {}^{-}t$ auch **Ausgangskanten** der Transition t genannt.   □

$S = \{ s1, s2, s3, s4 \};$

$T = \{ t1, t2 \};$

$F = \{ (s1,t1),(t1,s3),(t1,s4),$

$(s3,t2),(s4,t2),(t2,s2) \}$

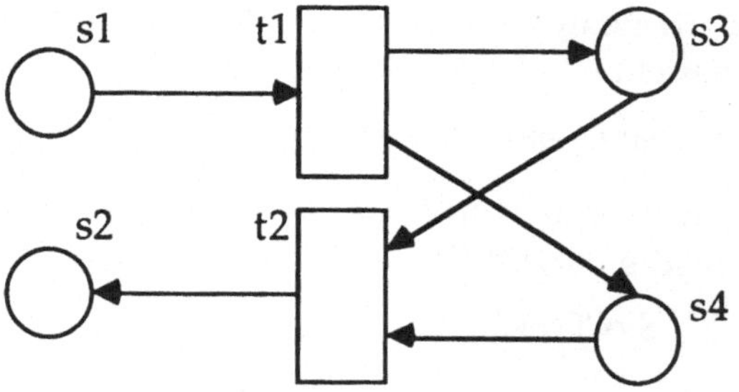

Fig. 3.1.   Einfaches Netz

Durch Angabe der Elemente die in S, T und F enthalten sind, wird ein Netz beschrieben. Ein Beispiel ist in Fig. 3.1. gegeben. Stellen repräsentieren in einem Modell üblicherweise Zustände oder Speicher für Objekte. Die Transitionen stehen für Ereignisse oder Vorgänge. Durch die Kanten werden die Zusammenhänge zwischen Zuständen bzw. Objekten und möglichen Ereignissen bzw. Vorgängen dargestellt.

Ein weiterer wichtiger Begriff ist die Definition des **Teilnetzes**.

Definition 3.6. :

Ein Teilnetz $X' = (S', T', F')$ eines Netz X ist gegeben, wenn

-       $S' \subseteq S, T' \subseteq T, F' = F \cap ((S' \times T') \cup (T' \times S'))$ □

Definition 3.7. :

Es läßt sich außerdem die Menge der **Randstellen** $S'_r \subseteq S'$ und die Menge der **Randtransitionen** $T'_r \subseteq T'$ definieren.

-       $S'_r = \{\ x \in S\ |\ |(({}^\bullet x \cup x^\bullet) \setminus T')|\ > 0\ \}$
-       $T'_r = \{\ x \in T\ |\ |(({}^\bullet x \cup x^\bullet) \setminus S')|\ > 0\ \}$ □

Definition 3.8. :

Ein Teilnetz X' ist ein **stellenberandetes** Teilnetz X'_s, genau dann, wenn

-       $|T'_r| = 0\ \wedge\ |S'_r| > 0$ □

Analog dazu läßt sich ein **transitionsberandetes Teilnetz** definieren. Von Bedeutung ist außerdem noch der Begriff der **Nebenbedingung**, häufig auch als **Schlinge** bezeichnet.

Definition 3.9. :

Eine Stelle $s \in S$ ist bezüglich einer Transition $t \in T$ eine Nebenbedingung, wenn

-       $(\ (s,t) \in F\ \wedge\ (t,s) \in F\ )$ □

Die Nebenbedingungen stellen für viele Eigenschaften von Petrinetzen einen Sonderfall dar, der häufig eine gesonderte Betrachtung erfordert.

Die bisher vorgestellten Begriffe beziehen sich alle auf den rein topologischen Aufbau eines Netzes. Systemzustände oder Übergänge lassen sich mit diesen Mitteln noch nicht darstellen. Es ließen sich nun noch weitere Begriffe wie Einbettung, Restriktion, Isomorphismus, Faltung, Entfaltung, usw. definieren /Baum90/. Darauf soll hier jedoch aus Platzgründen verzichtet werden. Lediglich die Begriffe **Vergröberung** und **Verfeinerung** sollen noch kurz erwähnt werden, da später noch auf sie Bezug genommen wird. Der Begriff Verfeinerung steht für ein Verfahren, bei dem z.B. eine Stelle durch ein stellenberandetes Teilnetz ersetzt wird um so eine genauere Darstellung von Details zu erhalten. Die Umkehrung dieser Vorgehensweise ist die Vergröberung.

$$S = \{ s1, s2, s3, s4 \};$$

$$T = \{ t1, t2 \};$$

$$F = \{ (s1,t1),(t1,s3),(t1,s4),$$

$$(s3,t1),(s4,t2),(t2,s2) \}$$

s3 ist Nebenbedingung für t1,
da (t1,s3) und (s3,t1) exisitieren

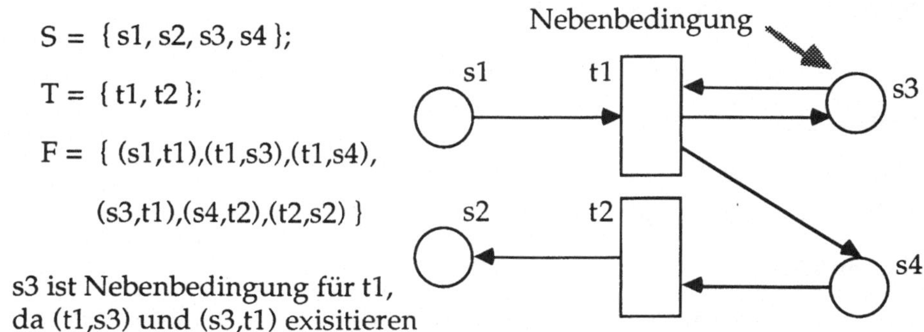

Fig. 3.2.   Beispiel für eine Nebenbedingung

3.2.2.   Stellen/Transitionsnetze

Ein sehr gebräuchliches Petrinetzkonzept sind die Stellen/Transitions-Systeme.

Definition 3.10. :

Ein S/T-System ist ein 6-Tupel $Y = (S, T, F, K, W, M_0)$[4]:

-        (S, T, F) ist ein Netz
-        $K : S \rightarrow \mathbb{N} \cup \{\infty\}$

Durch K wird jeder Stelle eine **Kapazität** zugeordnet

-        $M : S \rightarrow \mathbb{N}$

Durch M wird jeder Stelle eine Anzahl von sogenannten Marken zugeordnet, wobei $\forall s \in S: M(s) \leq K(s)$ erfüllt sein muß. Diese Abbildung wird die **Markierung** von Y genannt. M_0 wird als Anfangsmarkierung bezeichnet.   □

---

[4]   In der Literatur werden gelegentlich auch S/T-Systeme ohne explizite Angabe einer Kapazität oder eines Kantengewichts als S/T-Systeme bezeichnet. Es gilt dann $K = \infty$ und $W = 1$.

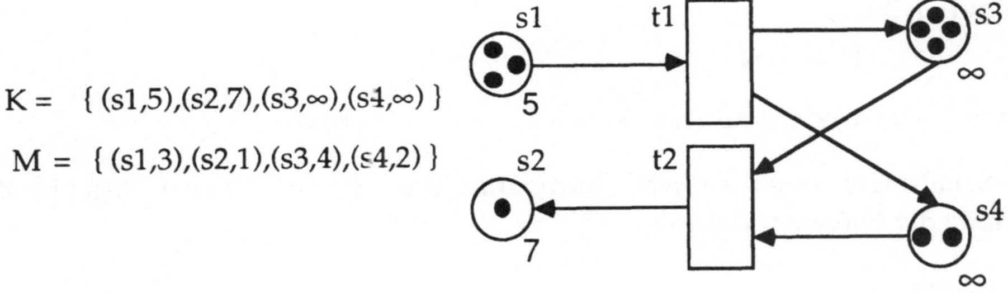

$$K = \{ (s1,5),(s2,7),(s3,\infty),(s4,\infty) \}$$

$$M = \{ (s1,3),(s2,1),(s3,4),(s4,2) \}$$

Fig. 3.3.   Netz aus Fig. 3.2. mit Marken und Kapazitätsangabe

Mit Hilfe der Marken kann nun der Gesamtzustand eines modellierten Systems dargestellt werden. Wenn die Stellen z.B. einen Speicher für ein spezielles Objekt darstellen, kann die Anzahl der Marken die Anzahl der vorhandenen Objekte repräsentieren. Die Kapazität einer Stelle entspricht der Speicherkapazität für diese Objekte. Die Dynamik des Systems (Veränderungen der Markierungen) kann so noch nicht beschrieben werden.

$$W = \{ ((s1,t1)),2),((t1,s3),4),$$
$$((t1,s4),3),((s3,t2),2),$$
$$((s4,t2),4),((t2,s2),4) \}$$

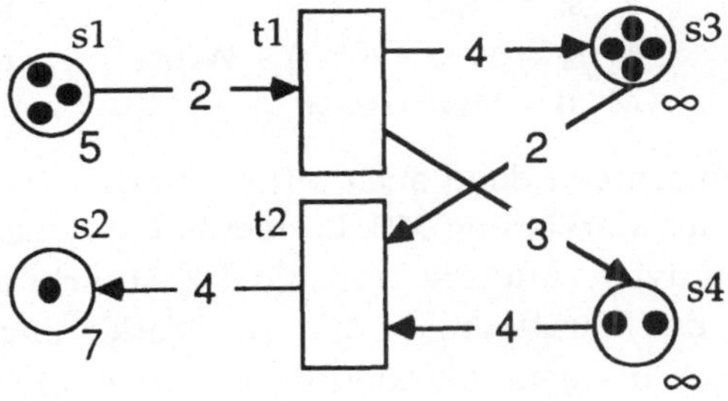

Fig. 3.4.   Netz aus Fig. 3.3. mit Kantengewichten[5]

Durch die Definition eines **Kantengewichts** und einer **Schaltregel** wird das Modellieren der Dynamik eines Systems möglich.

---

5   Die Angabe der Kapazität einer Stelle ist nur für Kapazitäten $K \neq \infty$ und die Angabe des Kantengewichts nur für $W \neq 1$ üblich und entfällt in den folgenden Abbildungen

Definition 3.11. :

-      $W : F \rightarrow \mathbb{N}$

Durch W wird jeder Kante ein Kantengewicht zugeordnet   □

Die **Schaltregel** besteht aus einer **Aktivierungsbedingung** und einer Regel für die Bildung der **Folgemarkierung**.

Definition 3.12. :

Eine Transition $t \in T$ ist **aktiviert** für eine Markierung M, wenn $t \in T_a(M)$[6] mit

-      $T_a(M) = \{\, t \in T \mid \forall\, s \in {}^\bullet t : M(s) \geq W(s,t)$
                        $\wedge\ \forall\, s \in t^\bullet : K(s) \geq M(s) + W(t,s) \,\}$ □

Definition 3.13. :

Wenn $t \in T_a$, dann kann t **schalten**. Es ergibt sich dann aus der Markierung M die sogenannte (unmittelbare) **Folgemarkierung** M' wie folgt

-        $M'(s) = M(s) - W(s,t)$ falls $s \in {}^\bullet t \setminus t^\bullet$
-        $M'(s) = M(s) + W(t,s)$ falls $s \in t^\bullet \setminus {}^\bullet t$
-        $M'(s) = M(s) - W(s,t) + W(t,s)$ falls $s \in t^\bullet \cap {}^\bullet t$
-        $M'(s) = M(s)$ sonst   □

Man schreibt dann auch M[t>M' und meint: " t schaltet unter der Markierung M zu der Markierung M'". In dem in Fig 3.4. angegebenen Beispiel ist die Transition t1 aktiviert, und die Transition t2 ist nicht aktiviert. Wenn t1 schaltet, ergibt sich aus der Markierung M die neue Markierung M[t1>M' = { (s1,1),(s2,1),(s3,8),(s4,5) }. Durch die neue Markierung ist nur t2 aktiviert. Aufgrund der Markierung, die sich aus dem Schalten von t2 ergibt, ist keine Transition mehr aktiviert.

Wird das Beispiel aus Fig. 3.2. betrachtet so kann nun der Begriff Nebenbedingung anschaulich besser verstanden werden. In Fig. 3.2. (alle Kantengewichte=1) kann t1 nämlich nur schalten, wenn in s3 eine Marke liegt. Ist keine Marke vorhanden, kann t1 nicht schalten. Eine weiterer wichtiger Begriff ist das **Komplement** einer Stelle $s \in S$.

---

[6]   Jeder Markierung kann eine Menge $T_a(M)$ zugeordnet werden.

Definition 3.14. :

Eine Stelle s1 $\in$ S ist das Komplement einer Stelle s2 $\in$ S, wenn gilt:

-      $s1^\bullet = {}^\bullet s2 \;\wedge\; {}^\bullet s1 = s2^\bullet$
-      $\wedge\; \forall\, t \in ({}^\bullet s1): W(t,s1) = 1 \;\wedge\; \forall\, t \in (s1^\bullet): W(s1,t) = 1$
-      $\wedge\; \forall\, t \in ({}^\bullet s2): W(t,s2) = 1 \;\wedge\; \forall\, t \in (s2^\bullet): W(s2,t) = 1$ $\square$

Daraus folgt auch, daß wenn s1 das Komplement zu s2 ist, dann ist auch s2 das Komplement zu s1.

In dem Beispiel in Fig. 3.5. hat die Stelle s4 die Transition t2 in ihrem Vorbereich und die Transition t1 in ihrem Nachbereich. Die Stelle s3 hat t1 im Vorbereich und t2 im Nachbereich. Alle Kanten haben das Kantengewicht eins. Daraus folgt, daß gemäß der Def. 3.14 die Stelle s4 das Komplement zu s3 ist.

Wenn ursprünglich in s3 eine Marke und in s4 keine Marke vorhanden war, dann wird durch das Schalten von t2 für die Stelle s4 eine Marke erzeugt und in s3 wird die Marke entfernt. Durch das Schalten von t1 wird wieder der Ursprungszustand hergestellt. Die Stelle s4 wird als Komplement zu s3 bezeichnet, da sich bei entsprechender Anfangsmarkierung M_0 immer nur eine Marke in s4 befindet, wenn in s3 keine Marke ist. Umgekehrt befindet sich immer dann, wenn in s3 eine Marke ist, keine Marke in s4. Außerdem wird auch bei nicht endlicher Kapazität erreicht, daß nie mehr als eine Marke in den Stellen s3 oder s4 vorhanden ist[7].

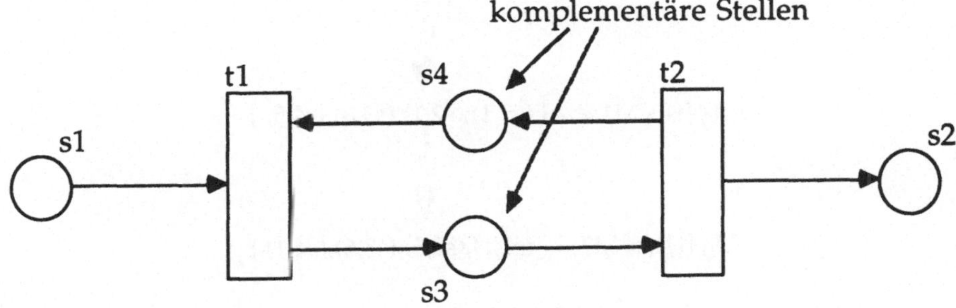

Fig. 3.5. Beispiel mit komplementären Stellen

---

[7]   Man spricht dann auch davon, daß die Stellen **1-sicher** sind.

Ein wichtiges Hilfsmittel zur Analyse von Petrinetzen sind die Erreichbarkeits-menge E_Y und der Erreichbarkeitsgraph G_Y.

Definition 3.15. :

Erreichbar ist eine Markierung M" von M, wenn:

-        $\exists$ t1t2t3....tn $\in$ T*, n $\in$ N$_0$: M[t1>M1[t2>M2 ......[tn>M" $\square$

Man schreibt dann auch M[ω>M" mit ω $\in$ T*. M" wird auch als Folgemarkierung von M bezeichnet (vgl. Def. 3.13., M' ist die unmittelbare Folgemarkierung von M (n=1)).

Definition 3.16. :

Die **Erreichbarkeitsmenge** ist:

-        [M$_0$> = { M" | $\exists$ ω $\in$ T* : M$_0$[ω>M" } $\square$

Die Erreichbarkeitsmenge enthält also die Anfangsmarkierung M$_0$ (da auch die leere Folge $\in$ T*) und alle Markierungen des Netzes, die sich aus einer gegebenen Anfangsmarkierung M$_0$ ergeben können. Der Erreichbarkeitsgraph verbindet die Elemente der Erreichbarkeitsmenge über Kanten. Als Kantenanschrift wird die Transition angegeben, deren Schalten die entsprechende Änderung der Markie-rung des Netzes verursacht. In Fig. 3.6. ist der Erreichbarkeitsgraph für das Netz aus Fig. 3.5. dargestellt.

$$M_0 = \qquad \{ (s1,3),(s2,1),(s3,4),(s4,2) \}$$
$$\downarrow t1$$
$$M_0 \, [t1> M1 = \quad \{ (s1,1),(s2,1),(s3,8),(s4,5) \}$$
$$\downarrow t2$$
$$M_0 \, [t1t2> M2 = \{ (s1,1),(s2,5),(s3,6),(s4,1) \}$$

Fig. 3.6.   Erreichbarkeitsgraph des Netzes aus Fig. 3.5.

Anhand des Erreichbarkeitsgraphen können nun verschiedene Eigenschaften des Petrinetzes - und damit des modellierten Systems - ermittelt werden. Wichtige Begriffe in diesem Zusammenhang sollen hier nur informell definiert werden.

Ist eine Markierung M $\in$ E$_Y$ nicht von jeder anderen Markierung aus erreichbar (über das Schalten mindestens einer beliebigen Folge von Transitionen), spricht man von einer **teilweisen Verklemmung**. Wenn es sogar für eine Markierung $M \in E_Y$ gar keine Nachfolgemarkierung M' mit M [t> M' gibt, dann spricht man von einer **Verklemmung** oder einem **Deadlock**. Ist eine Transition unter keiner Markierung $M \in E_Y$ aktiviert, so spricht man von einer **toten Transition**. Die Transitionen t1 $\in$ T steht im **Konflikt** mit t2 $\in$ T unter einer Markierung M wenn {t1,t2} $\subseteq T_a(M)$ aber t1 $\notin T_a(M')$ mit M[t2>M'.

Die hier eingeführten Begriffe werden in verschiedenen Netzkonzepten teilweise mit etwas unterschiedlicher Bedeutung verwendet. Sie können bestimmte Eigenschaften des modellierten Systems beschreiben. Dabei ist es durchaus eine Frage des Kontextes, ob die Eigenschaften als erwünscht oder unerwünscht gelten. Werden mit Transitionen zum Beispiel Programmteile dargestellt, dann kann ein Deadlock im hier definierten Sinne auch das erwünschte Terminieren eines Programms bedeuten. Eine tote Transition kann in diesem Sinne z.B. ein Stück überflüssige Software darstellen. Ein Konflikt kann die Modellierung eines tatsächlich vorhandenen Nicht-Determinismus sein, aber auch auf ein unzureichend spezifiziertes System hinweisen.

3.3.   Erweiterungen

Die bisher vorgestellten Stellen/Transitionsnetze sind nun bei einer Reihe von Aufgaben, die man mit Petrinetzen lösen möchte, noch relativ umständlich zu handhaben oder für manche Aufgaben schlicht unbrauchbar. Daher wurden eine Reihe von Erweiterungen vorgeschlagen, die im folgenden kurz und teilweise nur informell vorgestellt werden sollen.

3.3.1.   Verbotskanten

In einem Stellen/Transitionsnetz ist es nicht möglich, eine Transition genau dann zu aktivieren, wenn eine Stelle keine Marke enthält. Um dies zu ermöglichen, sind die normalen S/T-Netze um **Verbotskanten** erweitert worden.

Definition 3.17. :

Für die Menge der Verbotskanten V gilt:

-     $V \subseteq (S \times T)$
-     $V \cap F = \emptyset$
-     Für ein $x \in T$ sei : $^v x = \{ y \mid (y,x) \in V \}$

Außerdem wird die Aktivierungsbedingung (Def. 3.12.) so modifiziert, daß eine Transition nur aktiviert ist, wenn zusätzlich die Stellen (**Verbotsstellen**), die über Verbotskanten zum Vorbereich der Transition gehören, keine Marken enthalten.

Definition 3.18. :

Für ein $t \in T_a^*(M)$ in einem S/T-System mit Verbotskanten gilt:

-        $T_a^*(M) = T_a(M) \setminus \{ x \in T \mid \forall s \in {}^v t : M(s) = 0 \}$

Petrinetze mit einer solchen Erweiterung besitzen im Gegensatz zu den normalen S/T-Systemen die gleiche Mächtigkeit wie eine Turing Maschine /Pete81/.

3.3.2.   Abräumkanten

In einem Stellen/Transitionsnetz ist es relativ schwierig, eine bestimmte Markierung für eine Stelle oder eine Menge von Stellen zu erreichen, wenn eine bestimmte Transition schaltet. Insbesondere ist es häufig wünschenswert, ein Teilnetz so zu deaktivieren, so daß alle Marken in diesem Teilnetz entfernt werden. Um dies mit den bisher definierten Mitteln zu erreichen, müßte für jede erreichbare Markierung des Teilnetzes eine Transition angegeben werden. Um diese aufwendige Darstellung zu vereinfachen, wurden die **Abräumkanten** eingeführt.

Definition 3.19. :

Für die Menge der Abräumkanten A gilt:

-        $A \subseteq (S \times T)$
-        $A \cap F = \varnothing$
-        Für ein $t \in T$ sei: ${}^a x = \{ y \mid (y , x) \in A \}$

Außerdem muß die Schaltregel (Def. 3.13) durch Hinzufügen einer zusätzlichen Vorschrift modifiziert werden. (Die Aktivierungsbedingung bleibt unverändert).

Definition 3.20. :

Die Schaltregel für ein S/T-System lautet:

-        $M'(s) = M(s) - W(s,t)$ falls $s \in {}^\bullet t \setminus t^\bullet$
-        $M'(s) = M(s) + W(t,s)$ falls $s \in t^\bullet \setminus {}^\bullet t$
-        $M'(s) = M(s) - W(s,t) + W(t,s)$ falls $s \in t^\bullet \cap {}^\bullet t$
-        $M'(s) = 0$ falls $s \in {}^a t$
-        $M'(s) = M(s)$ sonst   □

Um ein Teilnetz zu deaktivieren, ist jetzt nur noch die Angabe einer zusätzlichen Transition und je einer Abräumkante für jede Stelle (**Abräumstelle**) des Teilnetzes erforderlich (also unabhängig von der Anzahl der erreichbaren Markierungen des Teilnetzes).

3.3.3.   Zeitbehaftete Petrinetze

Eine besonders interessante Erweiterung der Petrinetze ist durch die Zuordnung einer Zeit gegeben. Damit werden auch Aussagen über das gesamte Zeitverhalten des modellierten Systems möglich. Üblich ist die Zuordnung einer Zeit zu einer Transition (festes Zeitintervall /Sifa77/; exponentiell verteiltes Zeitintervall /Mars84/; feste und exponentiell verteilte Zeitintervalle /Mars87/, /Mars90/).

In /Mars84/ wird jeder Transition eines Petrinetzes eine Intensität i zugeordnet. Der Wert 1/i kann dabei interpretiert werden als der Erwartungswert für die Zeit, die vergeht, bis die Transition t nach ihrer Aktivierung schaltet. Schaltet in der Zwischenzeit eine Transition t' (t'≠t), die mit t in Konflikt stand, wird die "innere Uhr" von t gestoppt, ohne daß t schaltet. Ist die Schaltzeit der Transitionen expotentiell verteilt, dann ist der Erreichbarkeitsgraph dieser stochastischen Petrinetze mit exponentiell verteilter Schaltzeit isomorph zu einer homogenen Markovkette, die mit den bekannten Methoden zur Berechnung von Zustandswahrscheinlichkeiten analysiert werden kann. Die Erreichbarkeitsmenge Eγ entspricht nämlich genau den Zuständen der homogenen Markovkette und die Kanten des Erreichbarkeitsgraphen entsprechenden den Übergangsintensitäten zwischen den Zuständen. In /Mars87/ und /Mars90/ werden verschiedene weitere Formen von stochastischen Petrinetzen vorgestellt. Insbesondere wird eine analytische Lösung für ein Petrinetz mit zeitbehafteten Transitionen vorgestellt, wobei die Zeiten entweder exponentiell verteilt oder konstant sind. Unter bestimmten Voraussetzungen ist es dann möglich, das Petrinetz in eine Semi-Markovkette umzuwandeln. In anderen Konzepte werden auch sofort schaltende Transitionen erlaubt.

Eine weitere Möglichkeit besteht darin, das ganze Petrinetz als mit $f = 1/\Delta\tau$ getaktetes System aufzufassen und dann eine Wahrscheinlichkeit p für das Schalten einer Transition in einem Zyklus $\Delta\tau$ anzugeben /Moll 85/. Der Wert p kann dabei so interpretiert werden, als sei das durch das Petrinetz beschriebene System getaktet. In jedem Zyklus schaltet eine aktivierte Transition t mit der Wahrscheinlichkeit p. Schaltet sie nicht, dann kann sie im folgenden Zyklus immer noch aktiviert sein, oder aber, sie ist nicht mehr aktiviert, weil eine Transition t' (t'≠t), die mit t in Konflikt stand, im letzten Zyklus geschaltet hat. Damit erhält man dann eine geometrisch verteilte Zeit mit

-       $E\,(t) = \Delta\tau/p$

für eine Transition und kann für die Berechnung von Zustandswahrscheinlichkeiten eine diskrete Markovkette angeben. Die Abbildung eines solchen stochastischen Petrinetzes mit Schaltwahrscheinlichkeiten auf eine diskrete Markovkette mit Übergangswahrscheinlichkeiten ist nicht mehr ganz so einfach, wie die Abbildung eines stochastischen Petrinetzes mit exponentiell verteilter Verzögerung auf eine homogenen Markovkette. Es gibt nämlich jetzt nicht mehr nur die direkten Übergänge von einer Markierung zu einer Folgemarkierung M' mit M [t> M'. Sind unter einer Markierung M mehrere Transitionen aktiviert ($|T_a(M)| > 1$), ohne daß sich diese im Konflikt miteinander befinden, dann schalten mit einer gewissen Wahrscheinlichkeit im nächsten Zyklus mehrere Transitionen gleichzeitig. Außerdem gibt es für jeden Zustand im Erreichbarkeitsgraphen eine gewisse Wahrscheinlichkeit, daß im nächsten Zyklus ein Zustand nicht verlassen wird (vorausgesetzt $\forall$ t $\in$ $T_a(M)$: p < 1). Dadurch sind in der Markovkette mehr Zustandsübergänge möglich, als im Erreichbarkeitsgraphen. Die Erreichbarkeitsmenge E_γ eines Petrinetzes entspricht also den Zuständen der diskreten Markovkette, die Kanten des Erreichbarkeitsgraphen sind jedoch nur eine Teilmenge der entsprechenden Übergangswahrscheinlichkeiten in der diskreten Markovkette.

Die zuvor erläuterten Petrinetze mit exponentiell verteilten Schaltzeiten sind im Prinzip der Sonderfall der getakteten Petrinetze mit Schaltwahrscheinlichkeiten für $\Delta\tau \to 0$. Die einfachen Zustandsübergänge (damit ist das Schalten nur einer Transition gemeint) erfolgen nämlich für $\Delta t \to 0$ mit i = p / Δt. Für die Zustandsübergänge, die durch das Schalten mehrerer Transitionen verursacht wird, gilt daß i $\to$ 0 für $\Delta t \to 0$. Dadurch reduziert sich die diskrete Markovkette mit $\Delta t \to 0$ wieder auf nur die Zustandsübergänge, die durch das Schalten nur einer Transition verursacht werden, und somit auf den Erreichbarkeitsgraphen.

Läßt man schließlich beliebige Verteilungen für die zufällige Schaltzeit einer Transition zu, dann ist eine analytische Lösung nicht mehr möglich. Für diesen Fall sind die Petrinetze jedoch immer noch ein sinnvolles Mittel zur Beschreibung auch des zeitlichen Verhaltens komplexer Systeme. In /Chio91/ wird ein seit mehreren Jahren bewährtes Werkzeug vorgestellt - GreatSPN -, das neben einem graphischen Editor zur Eingabe von stochastischen Petrinetze eine ganze Reihe von analytischen und simulativen Methoden zur Auswertung von Petrinetzen anbietet.

3.3.4.   Individuelle Marken und Prädikate

In vielen Fällen ist eine kompaktere Schreibweise erwünscht. Ein wesentlicher Fortschritt wurde hier erreicht durch die Arbeiten über:

-       Coloured Petri Nets /Jens81/
-       Predicate/Transition Nets /Genr87/

-        Numerical Petri Nets /Bill88/
-        Product Nets /Burk89/

Im Prinzip werden bei diesen Netzkonzepten statt der einheitlichen schwarzen Marken **individuelle Marken** zugelassen. Die Belegung einer Stelle besteht dann aus möglicherweise mehreren verschiedenen oder auch gleichen Marken. Für diese Netzkonzepte mit individuellen Marken ist natürlich auch die Angabe von komplexeren Aktivierungsbedingungen und Schaltregeln erforderlich. Dazu werden den Transitionen z.B. sogenannte **Prädikate** zugeordnet. Diese geben in Form von booleschen Ausdrücken an, welche Marken im Vorbereich der Transition vorhanden sein müssen, damit die Transition aktiviert ist. Die Schaltregeln geben in Form von z.B. arithmetischen Gleichungen an, für welche Stellen im Nachbereich welche individuellen Marken erzeugt werden. Diese zunächst sehr allgemeine Beschreibung der Konzepte für die sogenannten höheren Petrinetze ("high-level petri nets") wird im folgenden Kapitel für das Produktnetzkonzept präzisiert.

Für diese Arbeit wurden die Produktnetze und die numerischen Petrinetze eingehender untersucht. Diese beiden Konzepte sind insbesondere für die Spezifikation und Analyse von Datenübertragungsprotokollen entwickelt und verwendet worden und in etwa gleichwertig. Die Produktnetze sind aus einer Erweiterung der Prädikat/Transitionsnetze um Abräum- und Verbotskanten entstanden. Diese Erweiterungen sind insbesondere bei der Spezifikation von Protokollen nützlich. Zu den Produktnetzen sind gerade zur Protokoll-spezifikation relativ viele Veröffentlichungen erschienen. Da diese Arbeiten die vorliegende Arbeit stärker beeinflußt haben, wird dieses Konzept in Kapitel 3.4. eingehender vorgestellt. Eine Wertung der Konzepte ist damit ausdrücklich nicht verbunden.

3.4.   Produktnetze

Die Produktnetze wurden von der GMD Darmstadt im Rahmen des Projekts PROSIT (Protokoll Spezifikation Implementierung und Test) entwickelt und stellen ein Hilfsmittel zur formalen Spezifikation von Kooperationen dar, wie sie insbesondere in Kommunikationsprotokollen auftritt. Formal setzen die Produktnetze auf den S/T-Netzen auf, die jedoch in wesentlichen Punkten erweitert werden. Eine präzise formale Definition der Produktnetze, ist in /Burk87/ bzw. /Burk89/ gegeben. Daher sollen hier nur die wesentlichen Konzepte und Elemente der Produktnetze informell vorgestellt werden.

3.4.1.   Individuelle Marken

In den Produktnetzen wird jeder Stelle $s \in S$ ein sog. **Definitionsbereich D(s)** zu-geordnet. Marken in dieser Stelle können nur Elemente sein, die aus dem Defini-tionsbereich sind. Die Definitionsbereiche selbst werden aus Kreuzprodukten über Grundmengen gebildet. Aus dieser Eigenschaft leitet sich auch der Name der Produktnetze ab. Eine Marke, die in einer Stelle abgelegt werden darf, besteht demzufolge aus einem d-Tupel des Definitionsbereichs. Der Definitionsbereich aller Stellen wird einzeln in einem **Vorspann**, der zu jedem Produktnetz gehört, angegeben. Dort müssen auch alle verwendeten Grundmengen sowie alle auf diesen Mengen verwendeten Funktionen aufgeführt werden.

3.4.2.   Markierung

Die Markierung eines Produktnetzes wird bestimmt, indem für jede Stelle $s \in S$ die **Markierungsfunktion M(s)**: $D(s) \rightarrow \mathbb{N}_0$ angegeben wird. Mit der Markierungs-funktion $M_y(s)$ wird jedem Element y (jeder Marke) des Definitionsbereichs $D(s)$ eine natürliche Zahl (die Anzahl des Vorkommens) zugeordnet. Die Markierung einer Stelle ist also eine Multimenge von Tupeln.

3.4.3.   Kapazität

Die explizite Angabe einer Kapazität ist in den Produktnetzen nicht vorgesehen; d.h. von einem Element des Definitonsbereichs kann sich eine beliebige Anzahl $n \in \mathbb{N}_0$ in einer Stelle befinden. Allerdings wird eingeschränkt, daß nur eine endliche Zahl von verschiedenen Elementen in einer Stelle erlaubt ist.

3.4.4.   Kantenanschrift

Jeder Kante ist eine sogenannte **Kantenanschrift** zugeordnet. Eine Kantenanschrift ist eine formale Summe aus d-Tupeln. Jedes Tupel kann mit einem Linearfaktor[8] $c \in \mathbb{N}$ versehen werden. Die Komponenten eines Tupels in einer Kantenanschrift sind Terme.

---

[8]   Falls der Linearfaktor $c=1$, dann entfällt die Angabe von c.

Eine gültige Kantenanschrift an einer Eingangskante ist:

$$K(s,t) = \quad c_{st1}\langle z_{st1_1}, z_{st1_2}, \ldots, z_{st1_{d_s}}\rangle +$$
$$c_{st2}\langle z_{st2_1}, z_{st2_2}, \ldots, z_{st2_{d_s}}\rangle +$$
$$\ldots\ldots\ldots + c_{stu_{st}}\langle z_{stu_{s1}}, z_{stu_{s2}}, \ldots, z_{stu_{sd_s}}\rangle$$

$K(x,y)$	Kantenanschrift an einer Kante von x nach y
s	Stelle eines Produktnetzes
t	Transition eines Produktnetzes
c_{xyp}	Linearfaktor am p-ten Tupel von $K(x,y)$
z_{xyp_q}	Term der q-ten Komponente des p-ten Tupels von $K(x,y)$
d_s	Dimension des Definitionsbereichs der Stelle s
u_{xy}	Anzahl der Tupel in der Kantenanschrift $K(x,y)$

Die Terme z werden unterteilt in **einfache Terme v** und **komplexe Terme w**. Falls ein Term z_{xyp_q} ein einfacher Term ist, wird er im folgenden auch durch v_{xyp_q} dargestellt. Ebenso kann der Term z_{xyp_q} durch den Term w_{xyp_q} dargestellt werden, wenn es sich um einen komplexen Term handelt. Zunächst werden nur einfache Terme v betrachtet.

Ein einfacher Term v_{xyp_q} besteht nur aus einem Variablennamen. Die Bedeutung einer Kantenanschrift an einer Eingangskante einer Transition $t \in T$ (Def. analog zu 3.4.) ist eine andere als die einer Kantenanschrift an einer Ausgangskante von t (Def. analog zu 3.5.). Mit einem einfachen Term in einer Kantenanschrift an einer Eingangskante einer Transition t werden **gebundene Variablen** definiert. Gebundene Variablen werden also mindestens einmal in einem einfachen Term an einer Eingangskante einer Transition verwendet. Durch die Zuweisung von Werten zu den gebundenen Variablen erhält man eine **Interpretation** δ (z.B. der Variablen u wird durch die Interpretation δ ein Wert δ(u) zugewiesen). Wird der Variablenname mehrmals in den Kantenanschriften an den Kanten einer Transition t verwendet, so bedeutet dies, daß innerhalb einer Interpretation δ für diese Variablennamen immer dieselbe Einsetzung vorgenommen wird.

Ein komplexer Term w_{xyp_q} ist eine beliebige Funktion über eine oder mehrere gebundene Variablen oder eine Konstante. Handelt es sich bei w_{xyp_q} um eine Funktion, dann kann durch das Einsetzen von Werten in die Variablen der Funktionswert zu einer Interpretation bestimmen. Für eine bestimmte Interpretation lassen sich durch die Terme also die Werte für die einzelnen Komponenten der Tupel bestimmen. Diese Tupel repräsentieren Marken. Der Linearfaktor c_{xyp} bestimmt die Anzahl der entsprechenden Marke. Durch eine Kantenanschrift werden also Elemente des Definitionsbereichs der entsprechenden Stelle s und ihre Häufigkeit bestimmt.

An einer Eingangskante ist das Vorhandensein einer entsprechenden Anzahl von Marken in der Stelle eine notwendige Bedingung für die Aktiviertheit der Transition t. Schaltet die Transition t, dann werden die entsprechenden Marken, durch welche die Aktiviertheit der Transition t erreicht wurde, aus den entsprechenden vorliegenden Stellen entfernt.

An einer Ausgangskante wird durch die Kantenanschrift spezifiziert, wieviele und welche Marken in der entsprechenden Ausgangsstelle erzeugt werden. Durch komplexe Terme kann also jede Komponente einer neuen Marke als Funktion beliebiger gebundener Variabeln erzeugt werden.

Wenn Konstanten in Kantenanschriften verwendet werden und wenn es sich nicht um eine numerische Angabe handelt, dann werden diese zur deutlichen Unterscheidung von Variablen und Linearfaktoren in Hochkommata gesetzt.

3.4.5.   Zulässige Interpretationen

Von einer **zulässigen Interpretation δt der gebundenen Variablen von t** wird gesprochen, wenn die folgenden Bedingungen erfüllt sind. Die den gebundenen Variablen zugeordneten Werte müssen Elemente von Mengen sein, die im Vorspann für die entsprechende Stelle der Komponente des Definitionsbereichs definiert wurden. Außerdem müssen die in den Termen auf die Variablen angewendeten Funktionen für die eingesetzten Werte definiert sein und natürlich dürfen auf den Ausgangskanten keine Werte erzeugt werden, die nicht im entsprechenden Definitionsbereich der Ausgangsstellen (Def. analog zu 3.3.) liegen.

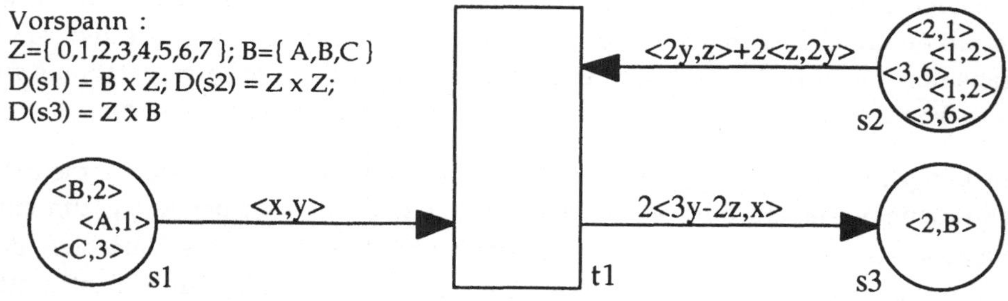

Fig. 3.7.   Einfaches Produktnetz

3.4.6.   Schwellenmarkierung

Durch die Kantenanschrift wird für jede Stelle und jede gültige Interpretation δt eine sogenannten **Schwellenmarkierung** $M(s)^{\delta t}$ definiert. Jede Schwellenmarkierung $M(s)^{\delta t}$ für eine Stelle ist eine Menge von Marken mit $M(s)^{\delta t} \subseteq D(s)$.

Für das Beispiel in Fig. 3.7. ist die Interpretation δt mit x=A, y = 1 und z = 1 eine zulässige Interpretation. Insbesondere entstehen auf der Ausgangskante (t1,s3) keine Marken (erzeugt werden für $\delta t1$ 2<1,A>) mit nicht definierten Komponenten für die Stelle s3.

Für das Beispiel in Fig. 3.7. ist die Schwellenmarkierung für s1 und s2 für die Interpretation δt gegeben durch:

- $\quad M(s1)^{\delta t1}=\{<A,1>\}$
- $\quad M(s2)^{\delta t1}=\{<2,1>,<1,2>,<1,2>\}$.

Die tatsächliche Markierung $M(s)$ für alle Eingangsstellen muß nun mindestens die Marken der jeweiligen Schwellenmarkierung $M(s)^{\delta t1}$ enthalten, damit die **erste Teilbedingung** erfüllt ist. Läßt sich also eine zulässige Interpretation $\delta t1$ der gebundenen Variablen von t finden, so daß dann die durch die Kantenanschriften definierten Marken in der geforderten Anzahl in den jeweiligen Stellen vorhanden sind, dann ist diese erste Teilbedingung erfüllt.

Da in den Stellen die entsprechenden Anzahlen von Marken vorhanden sind (s1 enthält <A,1>; s2 enthält <2,1> und zweimal <1,2>), ist hier mit der Interpretation $\delta t1$ die erste Teilbedingung erfüllt. Durch die Kantenanschrift K(t1,s3) würden beim Schalten der Transition t1 in s3 zwei Marken <1,A> erzeugt. In den Termen der Kantenanschriften können beliebige, im Vorspann definierte Funktionen über die Variablen verwendet werden.

3.4.7.   Prädikate

Die **Prädikate** (auch **Transitionsinschriften** genannt) P(t) sind eine zusätzliche Möglichkeit, eine Bedingung für die Aktiviertheit einer Transition anzugeben. Ein Prädikat ist ein boolescher Ausdruck mit den gebundenen Variablen, der einer Transition zugeordnet werden kann. Ist die durch das Prädikat spezifizierte Bedingung durch die Interpretation δt erfüllt ($\delta t(P(t))$=wahr), dann ist die **zweite Teilbedingung** zur Aktivierung erfüllt. Üblicherweise wird ein Prädikat in konjunktiver Normalform angegeben. Die einzelnen Teilausdrücke werden ohne Verknüfungssymbol untereinander in die Transition geschrieben und gelten implizit als logisch mit UND verknüpft.

Bevor weitere Eigenschaften von Produktnetzen vorgestellt werden, soll zunächst noch einmal das Beispiel aus Fig. 3.4. betrachtet werden. Mit den bisher vorgestellten Komponenten kann das System, welches in Fig. 3.4. mit Hilfe eines S/T-Netzes dargestellt wurde, auch durch ein Produktnetz ausgedrückt werden.

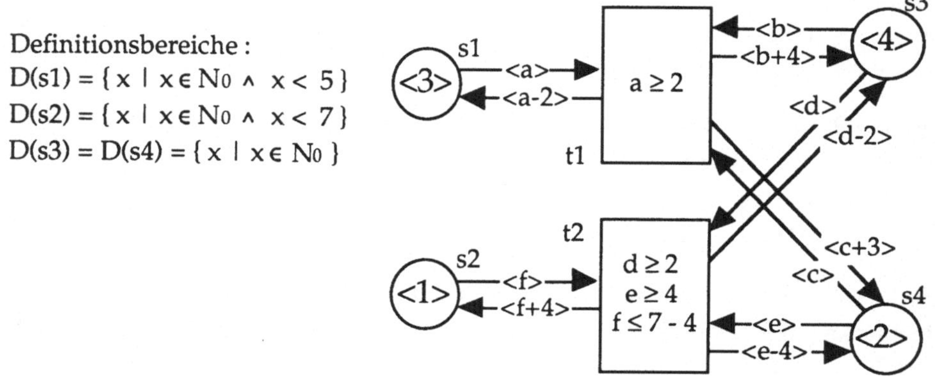

Fig. 3.8.   System aus Beispiel in Fig. 3.4. als Produktnetz dargestellt

Das in Fig. 3.8. mit einem Produktnetz dargestellte System wirkt zunächst aufwendiger als die Darstellung aus Fig. 3.4., obwohl exakt derselbe Sachverhalt dargestellt wird. Dies ist jedoch nur in der Tatsache begründet, daß im Stellen/Transitionsnetz sowohl die Aktivierungsbedingung als auch die Schaltregeln implizit für jede Transition definiert sind. Im Produktnetz dagegen müssen fast alle Regeln explizit angegeben werden. Ersetzt man die Konstanten in den Prädikaten und Kantenanschriften durch die entsprechenden Kantengewichte und die Kapazitäten, dann erhält man exakt die Aktivierungsbedingungen und Schaltregeln aus Def. 3.12. und Def. 3.13. .

Unmittelbar einsichtig ist daher auch, daß die Produktnetze auch ohne Verbotskanten turingmächtig sind. Wenn man nämlich z.B. im Prädikat von t2 die Bedingung $d \geq 2$ durch $d = 0$ und die Kantenanschrift K(t2,s3)=<d-2> durch K(t2,s3)=<d> ersetzt, dann hat die Kante (s3,t2) exakt die gleiche Semantik wie eine Verbotskante im S/T-Netz, ohne daß sie eine Verbotskante im Sinne des Produktnetzes ist.

3.4.8.   Spezielle Kanten

In den Produktnetze werden drei verschiedene Arten von Kanten unterschieden. Neben den normalen Eingangs- und Ausgangskanten gibt es:

- Verbotskanten (Def. analog zu 3.17.)

- Abräumkanten (Def. analog zu 3.19.)

Werden in einer Kantenanschrift an einer dieser Kanten in einem einfachen Term neue, bisher nicht verwendete Variablen benutzt, so werden diese als **freie Variablen** bezeichnet. Vor einer freien Variablen wird das Zeichen '#' eingefügt. Der Name einer freien Variablen darf nur einmal in den Kantenanschriften einer Transition verwendet werden. Durch die Kantenanschrift werden sogenannte **Verbots- bzw. Abräummengen** $N(s)^{\delta t}$ definiert. Ein Kantenanschrift, die nur aus freien Variablen besteht, spezifiziert alle Elemente des Definitonsbereichs für die Verbots- bzw. Abräummenge. Werden auch gebundene Variablen verwendet, dann müssen auch an den Verbots- bzw. Abräumkanten die Werte gemäß der aktuellen Interpretation δt eingesetzt werden. Dies bedeutet, daß dann nur eine Teilmenge des Definitionsbereichs als Verbots- bzw. Abräummenge definiert wird (Der Inhalt der Teilmenge ist somit abhängig von der gewählten Interpretation). Durch die Angabe einer formalen Summe aus Tupeln, in denen verschiedene gebundene Variablen verwendet werden, können kompliziertere Teilmengen definiert werden.

Obwohl die Produktnetze im Gegensatz zu den S/T-Netzen, wie schon erwähnt wurde, auch ohne Verbotskanten Turingmächtig sind, wurden Verbotskanten auch für die Produktnetze definiert, da dies in bestimmten Fällen eine kompaktere Schreibweise ermöglicht. Eine Verbotskante besagt dann, daß kein Element der Verbotsmenge in der Verbotsstelle ^{v}t vorhanden sein darf. Diese Bedingung ist die **dritte Teilbedingung** für die Schaltfähigkeit einer Transition $t \in T$.

Fig. 3.9.   **Graphische Repräsentation**

Um komplette Teilnetze deaktivieren zu können, wurden auch für die Produktnetze Abräumkanten eingeführt. Eine Abräumkante bewirkt, daß beim Schalten einer Transition alle Elemente, die Element der Abräummenge sind, aus der Abräumstelle entfernt werden.

Ist auch nur eine Marke, die identisch ist mit einem Element der Verbotsmenge, in der betreffenden Stelle, dann ist die dritte Teilbedingung bereits nicht erfüllt. In einer Abräumstelle werden immer alle Marken, die identisch mit Elementen der Abräummenge sind, entfernt. Die Angabe des Linearfaktors c in den Kantenanschriften für die Verbotskanten und die Abräumkanten ist daher überflüssig und entfällt.

3.4.9.   Die Aktiviertheit einer Transition

Wenn eine zulässige Interpretation δt für die gebundenen Variablen gefunden werden kann, so daß die Teilbedingungen (Schwellenmarkierung, Prädikate, Verbotskanten) für $t \in T$ erfüllt sind, dann ist die Transition t aktiviert für die Interpretation δt.

3.4.10.   Das Schalten einer Transition

Das Schalten einer aktivierten Transition t in einem Produktnetz ist eine atomare Aktion, die jedoch, um in allen Fällen eindeutig zu sein, in zwei sequentielle Teile gegliedert werden muß. Zunächst wird die Markierung der Eingangsstellen $^\bullet t$ um die Marken der entsprechenden Schwellenmarkierung $M(s)^{\delta t}$ und die Markierung der Abräumstellen $^a t$ um die Marken der entsprechenden Abräummenge $N(s)^{\delta t}$ verringert. Dann werden für die Ausgangsstellen $t^\bullet$ Marken aufgrund der entsprechenden Kantenanschriften und der Werte der gebundenen Variablen erzeugt.

3.4.11.   Beispiel

Mit Bild 3.10. ist eine vollständige graphische Darstellung für eine komplexe Transition, wie sie in einem Produktnetz spezifiziert werden kann, gegeben. Das Beispiel soll hier eingehender vorgestellt werden, um die komplexen Möglichkeiten eines Produktnetzes zu verdeutlichen. Die Eingangskante (s3,t1) verlangt drei Marken.

Die Interpretation $\delta t1$ mit x=3 , y="A" und z="B" ergibt für s3 die Schwellenmarkierung

$$M(s3)^{\delta t1} = \{<3,A>,<2,B>,<2,B>\}$$

Diese Schwellenmarkierung ist Teilmenge der tatsächlichen Markierung in s3. Damit erfüllt diese Interpretation die erste Teilbedingung. Aber auch die Interpretation $\delta t1'$ mit x=3 , y="B" und z ="B" ergibt mit der Schwellenmarkierung

$$M(s3)^{\delta t1'}=\{<3,B>,<2,B>,<2,B>\}$$

für s3 eine Teilmenge von M(s3). Beide Interpretationen sind gültige Interpretationen. Insbesondere wird auf der Ausgangskante für $\delta t1$ entweder die Marke "<6>" $\subseteq$ Ds4 oder für $\delta t1'$ '<7>" $\subseteq$ Ds4 erzeugt.

Das Prädikat x > f(z) liefert für beide Interpretationen den Wert wahr und damit ist auch die zweite Teilbedingung erfüllt. Nun müssen noch die Verbotsmengen für s2 bestimmt werden.

$$N(s2)^{\delta t1}=\{<y,u> \in D(s2) \mid y=A \}$$
$$N(s2)^{\delta t1'}=\{<y,u> \in D(s2) \mid y=B \}$$

Da nur für $N(s2)^{\delta t1} \cap M(s3) = \emptyset$ erfüllt ist, kann die dritte Teilbedingung nur durch $\delta t1$ erfüllt werden. Die Transition ist also durch die Interpretation $\delta t1$ aktiviert.

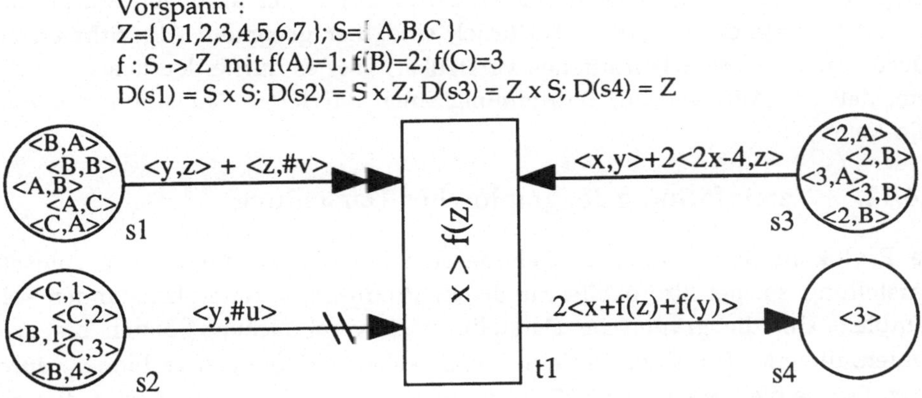

Fig. 3.10   Aktivierte Transition in einem Produktnetz

Wenn die Transition $t1$ schaltet, dann werden die Marke <3,A> und zwei Marken <2,B> aus der Stelle s3 entfernt. Aus der Abräumstelle s1 wird die Marke <A,B> und alle Marken, die auf der ersten Komponente den Wert "B" haben (also: <B,A> und <B,B>) entfernt. In der Stelle s4 wird die Marke "<6>" erzeugt. In Bild 3.11. ist die so entstandene Folgemarkierung dargestellt.

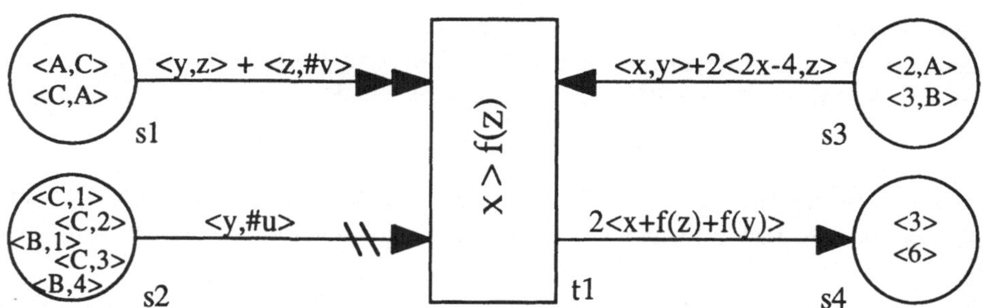

Fig. 3.11.   Transition aus Fig. 3.10. nach dem Schalten

Aus dem Beispiel in Fig. 3.10 ist zu ersehen, daß eine Transition sogar unter mehreren Interpretationen aktiviert sein kann. Würden in der Stelle $s2$ die Marken <B,1> und <B,4> fehlen, dann wäre die Transition auch mit der Interpretation $\delta t1'$ aktiviert. Ebenfalls deutlich wird, daß zur Ermittlung einer Interpretation, durch welche die Transition aktiviert wird, ein großer Aufwand erforderlich ist. Im Prinzip müssen zunächst alle gültigen Interpretationen in die Kantenanschriften eingesetzt werden, dann müssen für alle Stellen die entsprechenden Mengen bestimmt werden und mit der aktuellen Markierung der Stelle verglichen werden. Natürlich sind hier geeignete Algorithmen zur Suche von aktivierten Transitionen vorstellbar, aber es dürfte deutlich geworden sein, daß der Aufwand zur Bestimmung einer aktivierten Transition sehr hoch sein kann.

3.4.12.   Vereinfachung der graphischen Darstellung

Da Protokolle sehr komplexe Gebilde sein können, ist auch die graphische Darstellung solcher Protokolle durch ein Produktnetz unter Umständen sehr komplex. Um die graphische Darstellung zu vereinfachen, können die zwei Kanten, die eine Transition mit einer ihrer Nebenbedingungen verbinden, durch einen Doppelpfeil wie in Fig 3.12. dargestellt werden. In /Burk89/ wird dies nur für identische Anschriften erlaubt. Davon abweichend werden im folgenden nicht identische Kantenanschriften an der Eingangskante von der Kantenanschrift an der Ausgangskante durch zwei Schrägstriche getrennt ("//"). Befindet sich nur eine Anschrift an einer solchen Doppelkante ohne Schrägstriche, dann ist sie für Eingangs- und Ausgangskante identisch.

In /Burk89/ sind weitere graphische Vereinfachungen dargestellt. Diese werden im folgenden jedoch nicht benutzt und werden daher hier nicht vorgestellt.

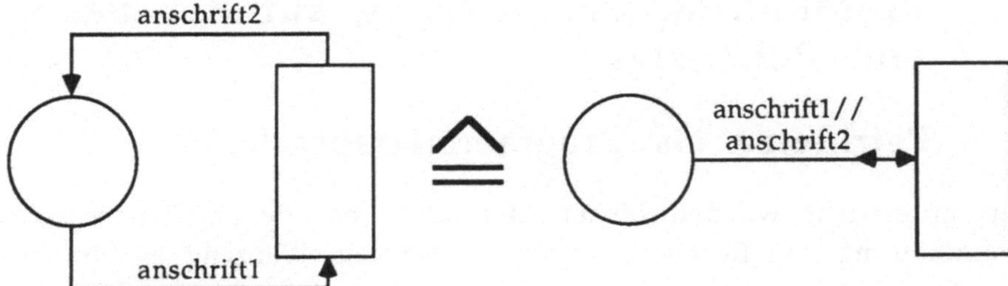

Fig. 3.12.   Vereinfachung der Darstellung von Nebenbedingungen

Wenn stellenberandete Teilnetze dargestellt werden, dann können den
Randstellen auch Marken durch nicht dargestellte Transitionen entnommen
oder hinzugefügt werden. Um dies zu verdeutlichen, können diese Stellen durch
einen gestreiften Ring umgeben werden (Fig 3.13.).

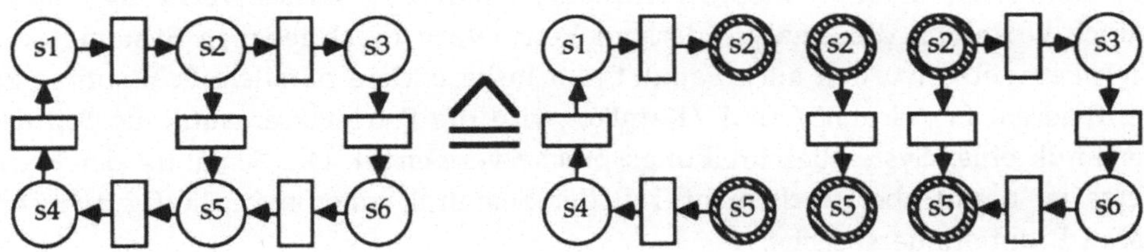

Fig. 3.13   Mehrfache graphische Repräsentation einer Stelle

4. Protokollimplementierung auf der Basis von Petrinetzen

4.1. Petrinetze als Programmiersprache

Wenig untersucht wurden bisher Methoden, bei denen Petrinetze zur Programmierung von Rechnern verwendet werden. Während es für andere formale Spezifikationsmethoden eine Reihe von Arbeiten gibt, die sich mit der Erzeugung von sequentiell ablauffähigem Programm-Code aus einer Spezifikation befassen, sind für Petrinetze nur wenige Arbeiten bekannt. Für ESTELLE existiert ein Pre-Compiler (/Chan87/, /Vuon88/). Für LOTOS gibt es eine Reihe von Vorarbeiten zu einem Compiler (/Bria86/, /Bria87/, /Brin86/, /Diaz86/, /Hipp88/, /Last88/, /Sclo88/). Für die Petrinetze sind zwar eine ganze Reihe von Werkzeugen entwickelt worden, die den Ablauf des Markenspiels in einem Petrinetz nachbilden (/Bill88/, /Gruh88/, /Taub87/). Diese Werkzeuge haben jedoch vor allem die Analyse der mit Petrinetzen beschriebenen Systeme zum Ziel. Petrinetze wurden auch benutzt, um insbesondere parallele Programme zu verifizieren. In /Gruh88/ und /Kern86/ wird die Petrinetzsemantik als Teil der Semantik einer Systembeschreibungssprache verwendet. Die Semantik der Petrinetze ist damit aber noch nicht Teil der Semantik einer nebenläufig ausführbaren Programmiersprache.

Eine Integration der Petrinetzsemantik in die Semantik einer Programmiersprache ist bisher nur in wenigen Arbeiten (/Hein88/, /Hart87/, /Sonn90/) versucht worden. Wegen der Anschaulichkeit der Petrinetze und der Möglichkeit der Analyse erscheint es jedoch sinnvoll, bei der Entwicklung einer speziellen Programmiersprache zur parallelen Verarbeitung auch die Integration einer solchen Petrinetzsemantik zu prüfen. Die Entwicklung und der Einsatz einer solchen Sprache gerade zur Implementierung von Protokoll-Software bietet sich aufgrund der umfangreichen Erfahrung (vgl. Kap. 3.2.) mit Petrinetzen im Bereich der Datenkommunikation an. Im folgenden sollen Ansätze zur Integration der Petrinetzsemantik in eine nebenläufig ausführbare Programmiersprache untersucht werden.

Ausgegangen wird dabei von der Hypothese, daß die heute besonders effizient ausführbaren Programmiersprachen in ihrem zugrundeliegenden Ausführungsmodell der physikalischen Arbeitsweise der verwendeten Rechner besonders nahe kommen (von-Neumann-Prinzip: streng sequentielle Ausführung mit bedingten Sprunganweisungen). Andere vielversprechende Sprachkonzepte (wie z.B. PROLOG) leiden häufig an einer sehr arbeitsaufwendigen Ausführung auf diesen Rechnern, da ihr Ausführungsmodell auf von-Neumann-Rechnern simuliert werden muß. Daraus leitet sich die Forderung ab, daß sich die physikalische Arbeitsweise des Rechners im Einklang mit dem Ausführungsmodell der Sprache befinden muß. Einer der sehr intensiv verfolgten Ansätze auch zur Veränderung der physikalischen Arbeitsweise ist das Datenflußkonzept, auf das hier aus Platzgründen nicht weiter eingegangen werden soll[9]. Ein wesentliches Problem dieses Ansatzes ist jedoch der hohe Aufwand für den internen Datentransfer, der durch das Datenflußkonzept bedingt ist. Ein wesentlicher Vorteil des Konzeptes ist die Vermeidung von Seiteneffekten. Dadurch wird es möglich, in einem komplexen System lokal mit einer begrenzten Menge von Informationen über die Ausführbarkeit von Operationen zu entscheiden. Auch Vektorrechner stellen in diesem Sinn eine Veränderung der physikalischen Arbeitsweise dar. Diese Rechner sind für eine spezielle Klasse von Problemen ja auch besonders leistungsstark.

Grundsätzlich wäre auch ein Sprachkonzept für die Implementierung von Protokollen auf einem Multiprozessorsystem denkbar, bei dem man von einer der standardisierten formalen Spezifikationssprachen ausgeht. Die enorme Komplexität der formalen Sprachen macht jedoch schon die Implementierung auf konventionellen sequentiellen Rechnern nicht einfach. Besondere Beachtung bei dem im folgenden vorgestellten Ansatz fand der Aspekt, daß das Ausführungsmodell der Sprache der realen Ausführung in dem benutzten Rechner möglichst nahe kommen soll. Eine physikalische Arbeitsweise zu finden, die dem Ausführungsmodell der standardisierten formalen Sprachen nahe kommt, und eine effiziente parallele Verarbeitung gewährleistet, erscheint insbesondere für LOTOS jedoch schwierig. Für SDL, ESTELLE werden ansatzweise in Kap. 6.1. ff Möglichkeiten zur Umsetzung dieser Sprachen in das hier vorgestellte Sprachkonzept untersucht.

4.1.1.   S/T-Netze

Will man einfache S/T-Netze in einer nebenläufig ausführbaren Programmiersprache verwenden, so bietet sich folgende Verwendungsweise an. Die Stellen im Petrinetz repräsentieren die Variablen eines Programms. Das Vorhandensein einer Marke entspricht der Verfügbarkeit der Variablen. Eine Transition repräsentiert dann eine Funktion, die auf die Variablen angewendet werden kann. Ist

---

[9]   vgl. /Rupp87/, dort werden die Konzepte "Datenfluß" und "Petrinetze" verglichen.

eine Transition aktiviert, entspricht dies der Tatsache, daß alle Voraussetzungen zur Ausführung der Funktion erfüllt sind. Das Schalten einer Transition entspricht der Ausführung einer Funktion mit den Variablen. Diese relativ einfache Betrachtungsweise entspricht weitgehend dem Datenflußkonzept, aber auch der grundsätzlichen Arbeitsweise des hier vorgestellten Konzeptes.

4.1.2.   Produktnetze

Die im folgenden geschilderte Verwendung von Produktnetzen als Teil der Semantik einer parallelen Programmiersprache läßt sich in ähnlicher Weise auch auf andere höhere Netzkonzepte übertragen.

Die Marken in den Stellen eines Produktnetzes repräsentieren in der Regel entweder den aktuellen Wert einer Variablen oder aber einen Pointer auf eine Variable. Wenn die Definitionsbereiche der Stellen aus d-Tupeln (mit $d>1$) bestehen, repräsentieren sie inhomogene Verbundtypen, die z.B. in PASCAL und MODULA als "record" und in C als Strukturen "struct" auftreten. Elemente des Produktnetzes werden also in folgender Weise auf Elemente von Programmiersprachen abgebildet.

Stellen	$\rightarrow$	Variablen
Marken	$\rightarrow$	Werte der Variablen
Definitionsbereiche	$\rightarrow$	Typ der Variablen
mehrdimensionaler Def.	$\rightarrow$	inhomogene Verbundtypen

<u>Anmerkung:</u> Ein beliebiges Netzes Y_1 mit endlichem Erreichbarkeitsgraphen könnte mit einem Produktnetz im Prinzip auch durch eine einzige Stelle s_1 repräsentiert werden, indem jede erreichbare Markierung $z \in [M_0>$ des Netzes Y_1 abgebildet wird auf genau ein Element des Definitionsbereich $D(s_1)$ der Stelle. Das zu Y_1 äquivalente Produktnetz bestände nur aus einer Stelle s_1 und einer Transition t_1. Die Transition würde ein entsprechend umfangreiches Prädikat enthalten, welches immer erfüllt ist, wenn eine beliebige Transition t_1 aus Y schaltfähig ist. Auf der Ausgangskante (t_1, s_1) müßte ein Funktion einen neuen Stelleninhalte generieren, der dann einer gültigen und möglichen neuen Markierung entspricht.

Es läßt sich also eine boolesche Aktivierungsfunktion $f^a(z,t)$ für das ganze Netz angeben ($t \in T$ des Netzes Y_1) mit :

-        f^a : $[M_0> \times T \rightarrow \{$ wahr, falsch $\}$

Falls f^a für ein $z \in [M_0>$ und ein $t \in T$ den Wert 'wahr' liefert, kann die Transition t schalten, womit sich dann eine neue Markierung $z' \in [M_0>$ ergibt. Es läßt sich dafür eine Schaltfunktion $f^s(z,t)$ angeben:

-    f^s : $[M_0> \times T \rightarrow [M_0>$

Diese Betrachtungsweise macht deutlich, daß die verschiedenen Teilbedingungen für die Aktiviertheit einer Transition $t \in T$ im Prinzip auch zu einer Funktion (**Aktivierungsfunktion**) f^a_t (z) zusammengefaßt werden können. Die Aktivierungsfunktion bildet alle Markierungen $M(s)$ der Stellen $s \in {}^\bullet t \cup {}^v t$ auf die Menge {aktiviert, nicht aktiviert} ab. Die Schaltregel für $t \in T$ besteht dann aus einer Funktion (**Schaltfunktion**) f^s_t, welche die Markierungen der Stellen $s \in {}^\bullet t \cup t^\bullet \cup {}^a t$ auf eine neue Markierung für alle diese Stellen s abbildet. Durch die Aktivierungsfunktionen werden ausführbare Teile eines Programms bestimmt. Die Ausführbarkeit hängt nur von einem Teil der Komponenten des gesamten Zustandsraum ab. Die Funktionswerte von f^s_t können dann durch sequentiell ausgeführte Programme bestimmt. Verglichen mit einem Knoten in einem Datenflußgraphen sind in einem Produktnetz deutlich detailliertere Aktivierungsbedingungen und insbesondere wesentlich umfangreichere Schaltregeln möglich.

Aktivierungsfunktion	→ Ausführbarkeit einer Funktion
Schaltfunktion	→ sequentielle Realisierung einer Funktion
gleichzeitig aktivierte Transitionen	→ parallel ausführbare Teile eines Programms

4.1.3.   Scheduler/Task-Konzept

Transitionen, die in einem solchen Produktnetz gleichzeitig aktiviert sind und die nicht im Konflikt miteinander stehen, sind in dieser Interpretation parallel ausführbare Teile eines Programms. Durch das Produktnetz wird also spezifiziert, welche Teile des Programms (entspr. Funktionen) nebenläufig ausführbar sind. Das Produktnetz übernimmt damit eine ähnliche Funktion wie ein Scheduler in einem Multi-Tasking Betriebssystem. Durch das Produktnetz wird entschieden, wann welche Task ausführbar ist und ob die Ausführung dieser Task nebenläufig zu anderen möglich ist. In diesem Sinne kann also eine Funktion auch als eine Task angesehen werden, für die exakt spezifiziert wird, welche Nachrichten und Randbedingung vorliegen müssen, damit die Task ausführbar ist. Diese Arbeitsweise entspricht einer hierarchisch gegliederten Organisation der Abarbeitung. Durch das Produktnetz (den Scheduler) werden ausführbare Tasks bestimmt. Die Task selbst wird sequentiell (als quasi atomare Einheit) ausgeführt. Bei dem vorgestellten Konzept handelt es sich also um einen hybriden Ansatz aus Datenfluß- und Kontrollflußkonzept.

Aktivierungsfunktion/Schaltfunktion   →   Scheduler/Task

4.1.4.   Zusammenfassung

Im folgenden soll die hier eingeführte Idee, Produktnetze bei der Programmierung eines Parallelrechners in der Art des vorgestellten Scheduler/Task-Konzepts zu verwenden, weiter verfolgt werden. Dabei soll keineswegs unbedingt ein völlig neues Verfahren zur Programmierung einer völlig neuen Rechnerarchitektur entwickelt werden. Es soll lediglich aufgezeigt werden, daß mit Hilfe der Produktnetze, die sich ja als formales Beschreibungsmittel für Protokolle bereits bewährt haben, auch eine effiziente Implementierung von Protokollen auf einem Mehrprozessor-Kommunikations-Controller möglich ist. Ein wichtiger Vorteil, der sich bei dieser Vorgehensweise ergibt, ist die Anwendbarkeit von zum Teil schon vorgestellten Methoden zur Analyse des dynamischen und zeitlichen Verhaltens auf die so erstellte Software. Durch die größere Nähe zu anderen gängigen Spezifikationsmethoden (insbesondere zu den erweiterten endlichen Automaten) wird auch die Erstellung der Software vereinfacht. Es lassen sich darüberhinaus bestimmte formale Methoden zur Optimierung der so entwickelten Software angeben um insbesondere eine effiziente parallele Verarbeitung zu ermöglichen.

4.2.   Funktionales Konzept der MDMA-Architektur

Schon in Kapitel 4.1. wurde auf die erforderliche Nähe von physikalischer Ausführungsweise und zugrundeliegendem Ausführungsmodell der Sprache hingewiesen. Daher soll zunächst das funktionale Modell einer Rechnerarchitektur, die auf die Ausführung von Petrinetzen spezialisiert ist, vorgestellt werden. Diese Architektur wird in Anlehnung an die Flynnsche Klassifikation **MDMA**-Architektur (Multiple Decision Multiple Action) genannt. Diese Bezeichnung besagt, daß eine solche Architektur dezentral, auch in mehreren Prozessoren, Entscheidungen über die Aktivierbarkeit von wiederum parallel ausführbaren, quasi atomaren Aktionen fällen kann. Die wesentlichen Grundzüge des Konzeptes wurden in /Rupp87/ und /Fehl88/ entwickelt. In /Engb90/ wurde dieses Konzept funktional simuliert und seine Funktionsfähigkeit für ein Beispielprogramm nachgewiesen. Die MDMA-Architektur ähnelt einem in /Hein88/ vorgestellten Konzept zur Programmierung eines Multiprozessorsystems für die Steuerung von Robotern.

Ziel des Konzeptes war es, aus den schon in Kapitel 2.4.3. dargelegten Gründen mehrere gleichartige Hardware-Module zur Verarbeitung von Protokollen flexibel für Aufgaben in jeder Ebene des ISO/OSI Referenzmodells einsetzen zu können. Die Organisation der parallel arbeitenden Module erfolgt dabei durch ein Produktnetz. Die Ausführung der Protokolle ist also hierarchisch in zwei Stufen gegliedert. Auf der oberen Stufe bestimmt ein Produktnetz, wann welche Task auf der unteren Stufe ausgeführt werden kann. Die untere Stufe besteht aus sequentiell zu verarbeitendem Programm-Code (sogenannten **Protokollmodulen (POMs)**), welche die Tasks realisieren. Im Allgemeinen sind POMs Funktionen, die mit den empfangenen bzw. zu versendenden Datenpakete (PDU-Protocol Data Unit) durchgeführt werden. Es kann sich dabei aber auch um Betriebssystemfunktionen, z. B. allokieren oder deallokieren von Speicherplatz, Starten oder Stoppen eines Timers, handeln. Diese POMs werden als kleinste unteilbare Einheiten eines implementierten Protokolls angesehen. Wenn eine Transition aktiviert ist, wird das entsprechende POM zur sequentiellen Ausführung auf einer sogenannten **Aktionseinheit** (action unit) freigegeben. Als Parameter werden dem POM die Inhalte der Stellen im Vor- und Nachbereich übergeben. Eine Aktionseinheit ist ein eigenständiges konventionelles Prozessormodul (z.B.: Microcomputer) mit einem privaten Speicher für die Ablage von Programmen und temporären Variablen. Die Abarbeitung des Produktnetzes, also die Verwaltung der Stelleninhalte, und das Suchen von schaltfähigen Transitionen erfolgt in den **Entscheidungseinheiten** (decision unit).

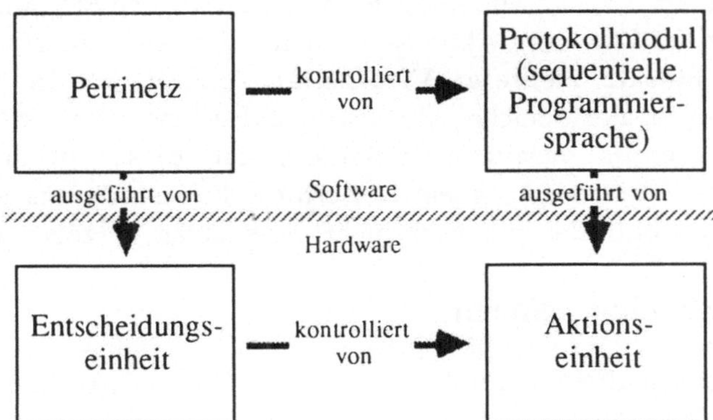

**Fig. 4.1.	Zweistufige Hierarchie in der MDMA-Architektur**

Aktionseinheiten und Entscheidungseinheiten kommunizieren über eine Auftragswarteschlange (order queue) und eine Quittungswarteschlange (ack queue). In der Auftragswarteschlange werden Aufträge für die Ausführung von

Protokollmodulen (aktivierte Transitionen) von der Entscheidungseinheit gespeichert. Alle Aktionseinheiten sind identisch und können jedes Protokollmodul ausführen. Eine Aktionseinheit bearbeitet immer nur exklusiv ein POM. Ist die Bearbeitung eines POMs abgeschlossen, wird dies von der Aktionseinheit in der Quittungswarteschlange quittiert (geschaltete Transition). Anschließend kann die Aktionseinheit wieder einen neuen Auftrag aus der Auftragswarteschlange entnehmen.

4.2.1.   Aktionseinheiten

Die Aktionseinheiten bestehen aus einem normalen, sequentiell arbeitenden Prozessor, der über einen lokalen Speicher verfügt, in dem der Programm-Code der Tasks abgelegt ist. Hier kann der Prozessor auch temporäre, nur zur Laufzeit einer Task benötigte Variablen ablegen. Die einzige Besonderheit besteht in speziellen Bus-Interfaces. Ein Bus-Interface ermöglicht über den **Datenbus** den Zugriff mehrerer Aktionseinheit auf ein oder mehrere gemeinsame Speichermodule. Ein anderes Bus-Interface ermöglicht über den **Kontrollbus** den Zugriff auf Auftragswarteschlange und Quittungswarteschlange.

4.2.2.   Globaler Datenspeicher

Ein drittes wichtiges Modul in der MDMA-Architektur ist der globale Datenspeicher. Ein Protokollmodul, das von einer Aktionseinheit ausgeführt wird, führt im Allgemeinen zu Veränderungen an den PDUs. Die PDUs müssen daher so abgelegt sein, daß mehrere Aktionseinheiten auf diese zugreifen können. Für den flexiblen Einsatz mehrerer Verarbeitungsmodule ist in der MDMA-Architektur ein globaler Speicher also zwingend erforderlich. In Kapitel 2.4.3. wurde jedoch bereits darauf hingewiesen, daß dieser in einem Datenkommunikations-Controller in jedem Fall erforderlich ist, da das Kopieren von Datenblöcken im Controller immer zu nicht akzeptablen Verzögerungen führt.

4.2.3.   Entscheidungseinheit

Die Aufgabe der Entscheidungseinheit ist es, aufgrund der aktuellen Markierung des gesamten Netzes die schaltfähigen Transitionen zu ermitteln. Da es nicht um die Ermittlung eines vollständigen Erreichbarkeitsgraphen geht, kann für jede aktivierte Transition direkt der Auftrag für eine entsprechende Task formuliert werden. Wird nur eine Entscheidungseinheit verwendet, dann muß diese Einheit aktivierte Transitionen in kürzeren Zeitabständen ermitteln, als Zeit für die Bearbeitung einer Task benötigt wird. Nur dann können Protokollaktivitäten nebenläufig ausgeführt werden. Die Leistung der gesamten MDMA-Architektur wird also wesentlich von der Entscheidungseinheit beeinflußt. Die parallele Bearbeitungen des Petrinetzes durch mehrere Entscheidungseinheiten wurde in /Rupp89c/ behandelt. Prinzipiell ist diese parallele Verarbeitung möglich. Dabei können zwei Ansätze verfolgt werden. Entweder alle Entscheidungseinheiten können alle Transitionen auswerten, dann sind jedoch aufwendige Synchronisationsmaßnahmen nötig, oder man reduziert den Synchronisationsaufwand indem man Teilnetze bildet und diese jeweils auf dedizierten Entscheidungseinheiten bearbeitet, dann können diese Einheiten aber ungleichmäßig ausgelastet sein. In der vorliegenden Arbeit wird die parallele Verarbeitung des Produktnetzes jedoch nicht weiter verfolgt. Insofern wird im folgenden nur noch ein Sonderfall der MDMA-Architektur, die **Single Decision Multiple Action** Architektur behandelt.

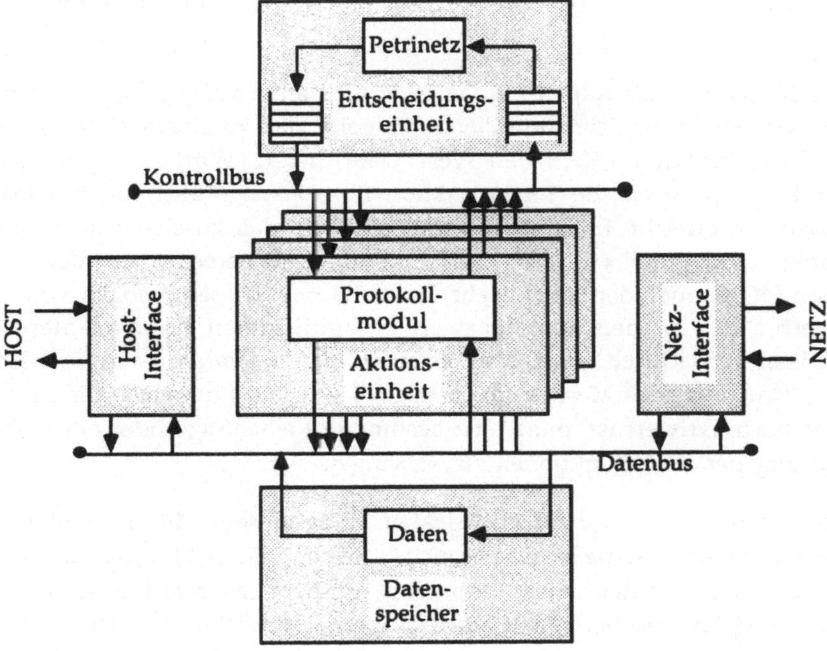

Fig. 4.2.   Graphische Darstellung der MDMA-Architektur

Die Funktionen, die Module und die internen Abläufe in einer Entscheidungseinheit sollen im folgenden skizziert werden.

4.2.4.   Markenspeicher

Hier werden die Stelleninhalte gespeichert. Jede Stelle im Netz wird durch eine physikalische Adresse repräsentiert. Der Inhalt der Speicherzelle ist der Inhalt der Stelle. In einem Petrinetz ist das Schalten einer Transition t im allgemeinen eine atomare Aktion. Dies bedeutet, daß die Inhalte aller zur Transition inzidenten Stellen sich quasi gleichzeitig ändern müssen. Bei einer sequentiellen Änderung der Stelleninhalte besteht die Möglichkeit, daß dabei zeitweilig Markierungen vorliegen, bei der Transitionen t' (t≠t') aktiviert sind, die weder bei der ursprünglichen Markierung noch bei der Folgemarkierung aktiviert sind. Um dies zu verhindern, werden alle zur Transition t **inzidenten**[10] Stellen $s \in {}^\bullet t \cup t^\bullet \cup {}^a t \cup {}^v t$ während des Schaltens von t gesperrt. Dieses pauschale Sperren aller zu t inzidenten Stellen garantiert in jedem Fall eine korrekte Verarbeitung des Netzes.

Mit der Sichtweise aus Kap. 4.1.2. läßt sich die Notwendigkeit des Sperrens der Stellen noch etwas präziser formulieren. Es gelte, daß zu einem Zeitpunkt x_1 die Aktivierungsfunktion $f^a(z,t)$ den Wert 'wahr' liefert. Wird zu einem späteren Zeitpunkt x_2 ($x_1 < x_2$) die Schaltfunktion $f^s(z,t')$ ausgeführt, dann wird eine Markierung z' erreicht. Es ist dann nicht gesichert, daß zu einem noch späteren Zeitpunkt x_3 ($x_1 < x_2 < x_3$), wenn die Funktion $f^s(z',t)$ berechnet werden soll, die Funktion $f^a(z',t)$ auch den Wert 'wahr' liefern würde. Dieses Problem wird durch das Sperren der für den Funktionswert f^a signifikanten Komponenten von z gewährleistet. Dadurch wird also erreicht, daß nachdem eine Transition t aktiviert war, nur noch Markierungen erreicht werden, für welche die Transition t immer noch aktiviert ist, ohne eine bestimmte Reihenfolge oder eine sofortige Ausführung der Schaltfunktionen zu erzwingen.

Aus Gründen der Effizienz kann es aber sinnvoll sein, diese Regel weniger pauschal zu fassen. Beispielsweise brauchen Stellen, die nicht durch das Schalten von t verändert werden, nicht unbedingt gesperrt zu werden. Eine präzise Untersuchung, in welchen Fällen auf das Sperren verzichtet werden kann, steht jedoch noch aus.

---

[10]   Die in einem Petrinetz direkt über eine Kante verbundenen Elemente $x \in S \cup T$ werden auch als inzident zueinander bezeichnet.

4.2.5.   Suchmodul

Aufgabe des Suchmoduls (Searcher) ist es, aus der Menge aller Transitionen
diejenigen herauszusuchen, welche aufgrund der aktuellen Markierung aktiviert
sind. Dazu verfügt es über eine **Liste der Aktivierungsbedingungen**. Diese Liste
wird aufgrund der Kantenanschriften erzeugt und enthält Pointer auf die Stellen
im Markenspeicher und logische Verknüpfungen. Das Suchmodul stellt fest, ob
die aktuelle Belegung der Stellen die Aktivierungsbedinung erfüllt und keine
Stelle gesperrt ist. Wird eine Widerspruch zu den Aktivierungsbedingungen
oder eine gesperrte Stelle gefunden, wird der **Test der Transition** abgebrochen.
Wird eine aktivierte Transition t gefunden, dann sperrt das Suchmodul die
entsprechenden Stellen und legt einen Auftrag für die Ausführung eines
Protokollmoduls in die Auftragswarteschlange. Dabei kann es nicht zu einer
Blockierung kommen, weil das Suchmodul das einzige Modul ist, welches das
Recht zum Sperren einer Stelle hat.

4.2.6.   Sortierer

Der Sortierer (Sorter) hat zwei Aufgaben. Er bestimmt zunächst zu den
Quittungen in der Quittungswarteschlange mit der **Stellenliste** die Adressen der
Stellen, die verändert und deren Sperrung aufgehoben werden muß. Durch diese
Veränderungen können nun andere Transitionen aktiviert werden. Der
Sortierer bestimmt daher auch direkt die Transitionen, die möglicherweise jetzt
zusätzlich aktiviert sind. Es sind dabei verschiedene **Suchalgorithmen** denkbar.
Der Suchalgorithmus muß gewährleisten, daß alle $t \in T_a(M)$ in endlicher Zeit zur
Untersuchung an das Suchmodul übergeben werden. Der Anteil der weiter-
gegebenen, aber nicht aktivierten, Transitionen ist ein Maß für die Effizienz des
Suchalgorithmus. Ein einfacher Suchalgorithmus, der in /Engb90/ verwendet
wurde, bestimmt zu einer Quittung über die **Transitionsliste** einfach alle
Transitionen $t \in T$, deren Stellen $s \in {}^\bullet t \cup {}^v t$ verändert werden. Damit ist die
Bedingung, daß alle aktivierten Transitionen erkannt werden, erfüllt.
Insbesondere werden durch diesen Mechanismus Transitionen, deren
Überprüfung vorher abgebrochen werden mußte, weil eine ihrer Stellen gesperrt
war, automatisch erneut überprüft. Eine Verbesserung des Suchalgorithmus
kann beispielsweise erreicht werden, wenn vor der Übergabe der gefundenen
Transitionen noch überprüft wird, ob der neue Inhalt der Stellen die
entsprechenden Transitionen überhaupt aktivieren kann.

4.2.7.   Suchspeicher

Der Suchspeicher dient zur Übergabe der vom Sorter ermittelten aktivierten Transitionen an den Searcher. Die durch den Suchalgorithmus bestimmten Transitionen werden in einer oder mehreren Warteschlangen abgespeichert und nur für diese Transitionen wird vom Suchmodul bestimmt, ob sie zur Zeit aktiviert sind.

4.2.8.   Zusammenfassung

Das vorgestellte spezielle Architektur-Konzept zur Verarbeitung von Programmen, die auf einer Petrinetzsemantik aufbauen, ist nicht ausschließlich

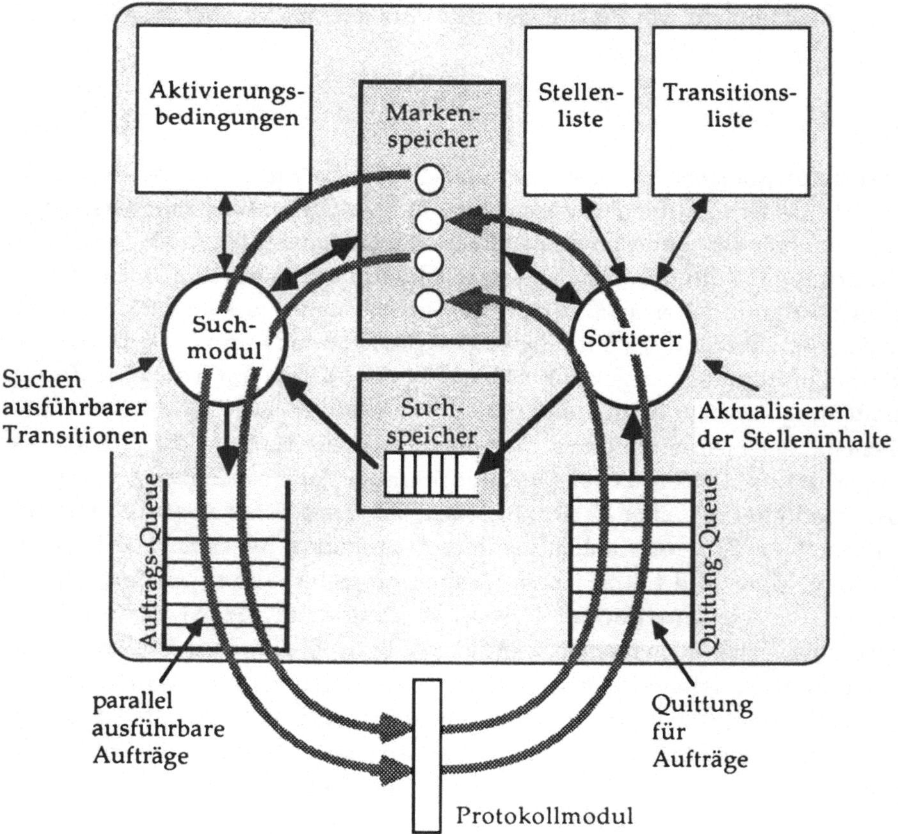

Fig. 4.3.   Graphische Darstellung der Entscheidungseinheit

auf die Verarbeitung der schon vorgestellten Produktnetze beschränkt. Ähnliche Architektur-Konzepte werden auch für andere Petrinetzkonzepte in /Hein88/ und /Hart87/ für die Steuerung von Robotern vorgestellt. Auch der in /Rupp87/ ursprünglich vorgestellte Ansatz für ein etwas anderes Petrinetzkonzept ähnelt der hier vorgestellten Architektur. Ähnlichkeiten sind natürlich auch zu den bekannten Datenflußarchitekturen vorhanden. Die Verwendung eines gemeinsamen globalen Speichers für alle Aktionseinheiten ist ein Zugeständnis an den angestrebten Verwendungszweck als Datenkommunikations-Controller und an die flexible Verwendbarkeit der Aktionseinheiten für alle möglichen Aufgaben.

4.3.   Eingeschränktes Produktnetz

In den folgenden Kapiteln soll das grundlegende Konzept für die Programmiersprache PENCIL (Petri Net based Communication Protocol Implementation Language - PENCIL) vorgestellt werden. Das Konzept basiert auf einer Reihe von Arbeiten, die sich mit der Umsetzung von Protokollen (/IEEE802.2/, /ISO8072a/, /ISO8072b/, /ISO8073a/, /ISO8073b/) in Petrinetze beschäftigt haben (/Dres87/, /Atas89/ und /Gerh90/). Die Sprache PENCIL ist dabei auf das funktionale Konzept der im vorherigen Kapitel vorgestellten MDMA-Architektur zugeschnitten. Die der Syntax zugrundeliegende Semantik orientiert sich dabei an den Produktnetzen.

Die Produktnetze wurden aber nun nicht entwickelt, um als Teil einer Programmiersprache eine möglichst effiziente parallele Implementierung zu unterstützen, sondern um komplexe Systeme modellieren, spezifizieren und untersuchen zu können. Die Produktnetze unterstützen dabei eine sehr kompakte Schreibweise. Diese kompakte Schreibweise kann aber unter Umständen einer effizienten Implementierung im Wege stehen. Es werden daher zunächst die für eine effiziente Bearbeitung sinnvollen Restriktionen beim Gebrauch der Produktnetze unter Berücksichtigung des Konzeptes der MDMA-Architektur abgeleitet.

4.3.1.   Problem : Testen aller gültigen Interpretationen

Besonders kritisch ist in der MDMA-Architektur das Feststellen von aktivierten Transitionen. In einem normalen S/T-System (Siehe Kap.-3.2.2.) ist durch eine einfache mehrstellige Funktion, welche die Kantengewichte und die Kapazitäten berücksichtigt, durch Einsetzen der aktuellen Markierung der Stellen direkt berechenbar, ob die jeweilige Transition aktiviert ist. In Kapitel 3.4.11. wird deutlich, daß ein Produktnetz aber durch mehrere verschiedene Kombinationen von Marken aktiviert sein kann. Dies bedeutet, daß in einem Produktnetz alle aufgrund der aktuellen Markierung in den normalen Eingangsstellen und in den Verbotsstellen möglichen und gültigen Interpretationen getestet werden müssen. Dies bedingt einen komplexen, zeitintensiven Algorithmus zur Bestimmung einer Interpretation, durch welche die Transition aktiviert ist.

4.3.2.   Problem : dynamische Speicherverwaltung

Ein weiteres Problem ist die Tatsache, daß die Anzahl der verschiedenen Marken in einer Stelle praktisch nicht beschränkt ist (die Beschränkung auf eine endliche Anzahl ist für die Praxis unzureichend). Es wäre damit eine dynamische Verwaltung des Speicherplatzes für die Stellen erforderlich. Dies bedeutet aber einen erhöhten Verwaltungsaufwand für die Realisierung der Speicherverwaltung. Außerdem kann der Zugriff auf Stelleninhalte nicht mehr direkt über feste Speicheradressen erfolgen, sondern nur über mindestens einen zusätzlichen Zeiger. Dieser Aufwand wirkt sich besonders negativ bei dem zeitkritischen Suchen nach aktivierten Transitionen aus.

4.3.3.   Lösung : Kapazität = 1

Eine grundsätzliche Beschränkung der Kapazität auf eins für alle Stellen würde die beiden genannten Probleme lösen. Es ist dann keine dynamische Verwaltung mehr erforderlich. Um eine Transition zu testen, müßte auch nur noch die eine jeweils aktuelle Markierung untersucht werden. In den Produktnetzen ist die Angabe einer Kapazität jedoch nicht vorgesehen. Andererseits kann durch einen einfachen Mechanismus erreicht werden, daß die Anzahl der Marken in einer bestimmten Stelle für jede erreichbare Markierung des Netzes immer ≤ 1 bleibt. Ein solcher Mechanismus ist für die S/T-Netze als Komplementärstelle in Kapitel 3.2.1. vorgestellt worden. Für die Produktnetze ist ein ähnlicher Mechanismus sogar ohne eine zusätzliche Stelle möglich. Dafür muß jede Stelle des Netzes, die mit einer Transition verbunden ist, sowohl im Vorbereich als auch im Nachbereich dieser Transition liegen. Durch die Kantenanschrift muß dabei an der Eingangskante immer genau eine Marke erzeugt und an der Ausgangskante eine Marke entfernt werden. Das Schalten einer Transition ersetzt dann nur eine Marke in der Stelle durch eine andere. Die Anzahl der Marken in einer Stelle bleibt beim Schalten einer Transition unverändert. Wenn aus semantischen Gründen keine Marke für eine solche Stelle erzeugt wird, dann muß eine speziell für diesen Zweck definierte Marke erzeugt werden. Dazu wird jede Grundmenge, die bei der Festlegung des Definitionsbereichs verwendet wird, um ein spezielles Element erweitert (z.B. '◊'), das eine "leere" Stelle repräsentiert.

Betrachtet man das Beispiel aus Fig. 4.4., so wird deutlich, daß in der Stelle s3 im linken Teilnetz die Anzahl der Marken bei entsprechender Anfangsmarkierung immer 1 bleibt. Beim rechten Teilnetz ist die Kapazität der Stelle definitionsgemäß 1, sie enthält also maximal eine Marke. Das Verhalten der beiden Teilnetze bzgl. der Stellen s1 und s2 ist völlig identisch. Der Vorteil der im linken Teilnetz verwendeten Methode gegenüber der Einführung einer Kapazität für eine Stelle besteht darin, daß die Definition des Produktnetzkonzeptes nicht modifiziert werden muß. Verfügbare Werkzeuge bleiben also einsetzbar. In der Implementierung unterscheidet sich der Aufwand für beide Lösungen nicht wesentlich. Eine Stelle, die sich verhält wie die Stelle s3 in Fig. 4.4. wird im eingeschränkten Produktnetz als "Einfach-Marken-Stelle" (Single Token Place) oder kurz "Einfachstelle" (Single Place) bezeichnet.

Vorspann[11]:
-       D(s1)=D(s2)=D(s3)=DD

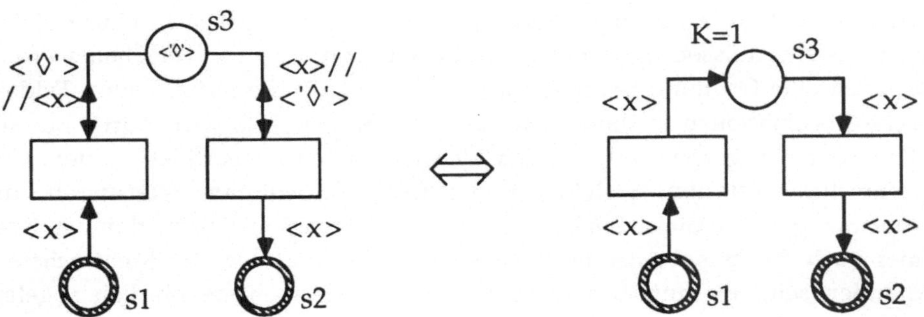

Fig. 4.4.   Begrenzung der Marken in einer Stelle

4.3.4.   Lösung : Kapazität > 1

Gerade bei der Beschreibung von Protokollen ist es häufig wünschenswert, auch eine größere Anzahl von Marken in einer Stelle speichern zu können. Dafür werden im eingeschränkten Produktnetz auch Stellen mit mehreren Marken zugelassen. Diese werden "Mehrfach-Marken-Stelle" (Multiple Token Place) oder

---

11   Die Menge DD ist eine beliebige , nicht näher definierte Grundmenge vereinigt mit der Menge {<'◊'>}. Sie wird im Folgenden in der Festlegung von Definitionsbereichen ohne explizite Definition als Grundmenge verwendet.

kurz "Mehrfach-Stelle" (Multiple Place) genannt. Sie dürfen aber nur mit bestimmten Einschränkungen verwendet werden, so daß dennoch eine effiziente Bearbeitung des gesamten Produktnetzes möglich bleibt.

Die Einfachstellen haben aus programmiersprachlicher Sicht bei der Darstellung von Algorithmen in etwa die Bedeutung von normalen Variablen oder auch von inhomogenen Verbundtypen. Eine Stelle mit mehreren Marken hat dann in etwa die Bedeutung von Feldern (arrays). In einem Feld werden normalerweise mehrere Variablen des gleichen Typs abgelegt. Diese Speicherung der Variablen in einem Feld erfolgt aber fast immer sortiert. Durch diese Sortierung soll gewährleistet werden, daß auf die gespeicherten Informationen wieder gezielt zugegriffen werden kann. In normalen Variablen werden die signifikanten Informationen der Sortierung abgelegt.

Genau dieselbe Vorgehensweise muß bei den Mehrfachstellen im eingeschränkten Produktnetz angewendet werden. Jede Form von Markierung für eine solche Stelle muß also in irgendeiner Weise sortiert sein. Die Marken in einer solchen Mehrfachstelle müssen dazu mit zusätzlichen Komponenten versehen werden, mit denen eine Ordnung festgelegt werden kann (z.B. die Indizes eines Feldes). Welche Informationen in dieser Ordnung vorhanden sind, wird durch Marken in Einfachstellen gespeichert, die den Mehrfachstellen zugeordnet werden. Gibt es eine Interpretation, welche die richtigen Schwellenmarkierungen und Verbotsmengen für diese Einfachstellen einer Transition liefert, dann müssen immer auch die entsprechenden Schwellenmarkierungen in der Mehrfachstelle vorhanden sein. Es muß also für Stellen, in denen mehrere Marken abgelegt werden können, garantiert sein, daß die Schwellenmarkierung in der entsprechenden Stelle vorhanden ist, wenn alle anderen Teilbedingungen erfüllt sind. Dies bedeutet jedoch nicht, daß die Kantenanschrift überflüssig ist. Sie ist zur Bestimmung der Komponenten einer Marke und zur Festlegung des jeweiligen Linearfaktors unbedingt erforderlich. Diese Vorgehensweise wird anhand des Beispieles in Fig. 4.5. erläutert.

Die Transitionen t1 und t2 und die Stelle s2 stellen eine Speicherverwaltung für Speicherblöcke fester Größe dar. Die freien Blöcke sind durch Marken in der Stelle s2 dargestellt. Jede Marke repräsentiert einen Zeiger auf einen freien Block. Ein Kunde (eindeutig identifiziert durch die zweite Komponente in s1) kann nun x Blöcke für sich beantragen, indem er eine entsprechende Marke in Stelle s1 legt. Die Transition t1 schaltet dann x-mal und erzeugt dabei x Marken vom Typ $\langle x,p,i\rangle$ mit Zeigern auf Blöcke in Stelle s3 (die Kantenanschrift $\langle y,y,y\rangle$ hat die Funktion der Anschrift $\langle '\lozenge'\rangle$ in Fig. 4.4.). Über die Transition t2 können nicht mehr benötigte Blöcke zurückgegeben werden. Die Transition t1 kann schalten, wenn eine Marke mit x > 0 in Stelle s1 und eine beliebige Marke in s2 vorliegt. Die Ordnung der Marken in s2 ist für die Aktiviertheit der Transition nur insofern von Bedeutung, als daß mindestens eine Marke vorhanden sein muß. Daher wird eine Stelle s2' eingeführt, in der eine Marke die Anzahl der in s2 vorhandenen Marken verwaltet (richtige Anfangsmarkierung vorausgesetzt). Bei jeder Interpretation mit x>0 und c>0 ist durch die Erweiterung des Prädikats um "c>0" sichergestellt, daß für p eine Interpretation existiert, so daß dann alle Teilbedingungen erfüllt sind. Die Entscheidung, ob die Transition aktiviert ist, kann also ohne Kenntnis der Markierung der Stelle s2 erfolgen. Nur die Markierung der Einfachstellen muß berücksichtigt werden.

Vorspann:

- $D(s1)=N_0 \times N; \ D(s2)=N; \ D(s2')=N_0;$
  $D(s3)=N \cup \{\lozenge\} \times N \cup \{\lozenge\} \times N \cup \{\lozenge\}$

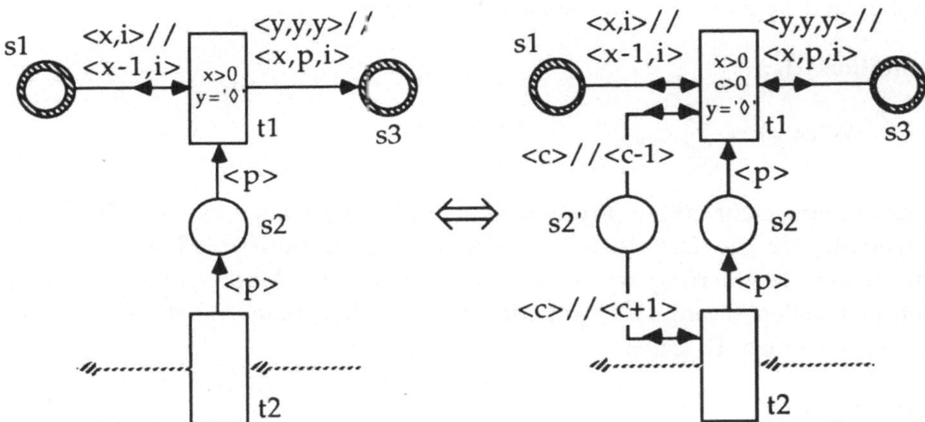

Fig. 4.5.   Beispiel einer Stelle mit mehreren Marken

Aus der Sicht der Produktnetzspezifikation ist die Stelle s2' eine Überspezifikation. Durch das Weglassen von s2' und des entsprechenden Teils im Prädikat ändert sich das Verhalten des Teilnetzes bzgl. der Stellen s1 und s3 nicht. Für die Implementierung hat diese Vorgehensweise aber nun entscheidende Vorteile. Die Stellen s1, s2' und s3 können im Markenspeicher in der Entscheidungseinheit durch eine feste Speicherstelle realisiert werden. Für den Test einer Transition braucht nur die aktuelle Markierung der Einfachstellen untersucht werden. Für die Stelle s2 verbleibt nur ein Repräsentant der Stelle im Markenspeicher. Dieser enthält einen Pointer auf die Datenstruktur mit den tatsächlichen Stelleninhalten im globalen Datenspeicher. Durch das Sperren des Repräsentanten wird ein überlappender Zugriff durch verschiedene Tasks (z.B. t1 und t2) verhindert. Die eigentliche Stelle s2 dagegen braucht nicht im Markenspeicher realisiert zu werden. Weder Searcher noch Sorter benötigen eine Zugriffsmöglichkeit auf diese Stelle. Dadurch ist es möglich, diese Stelle im globalen Speicher mit den Aktionseinheiten zu verwalten. Dort können aufgrund der Flexibilität dieser Einheiten auch komplizierte Datenstrukturen und komplexe Zugriffsfunktionen problemlos verwaltet werden. Insbesondere ist damit die Verwaltung einer Stelle nebenläufig zu beliebigen anderen Aufgaben möglich.

4.3.5.   Formale Definition

Für PENCIL wird aus den genannten Gründen ein eingeschränkter Gebrauch des Produktnetzes vorgeschrieben. Zunächst wird für die Kanten des Produktnetzes ein **Kantengewicht** eingeführt. In Ergänzung zu Def. 3.11. wird das Kantengewicht zu einer Kantenanschrift definiert.

Definition 4.1. :

$$- \qquad W'(x,y) = \sum_{k=1}^{u_{xy}} c_{xyk} \qquad\qquad \Box$$

In einem **eingeschränkten Produktnetz** werden die Stellen in zwei Teilmengen aufgeteilt. Für die Einfachstellen (Menge S^e) muß gelten, daß sie unter jeder erreichbaren Markierung des Netzes immer genau eine Marke enthalten. Für die Mehrfachstellen (Menge S^m) gilt, daß sie eine beliebige Anzahl von Marken enthalten können. Es gelte:

Definition 4.2. :

$$- \qquad S^e \cap S^m = \emptyset$$
$$- \qquad S^e \cup S^m = S \qquad\qquad \Box$$

4.3.5.1.   Einfach-Marken-Stelle

Für die Menge S^e der Einfachstellen gelte:

Definition 4.3. :

$$- \qquad S^e = \{\, s \in S \mid \forall\, t \in T : s \notin {}^a t$$
$$\wedge\ {}^{\bullet}s = s^{\bullet}$$
$$\wedge\ \forall\, y \in {}^{\bullet}s : W'(s,y) = 1 \wedge W'(y,s) = 1 \,\}$$

$$- \qquad \forall\, s \in S^e : \mid M_0(s) \mid = 1 \qquad\qquad \Box$$

Durch diese Definition wird zunächst festgelegt, daß die Anfangsmarkierung einer Einfachstelle aus genau einer Marke ihres Definitionsbereichs besteht. An jeder der normalen Kanten (s,t) und (t,s) mit $s \in {}^\bullet t \cup t^\bullet$, die mit einer Einfachstelle verbunden ist, dürfen nur Kantenanschriften mit einem Kantengewicht von 1 verwendet werden. Weil es immer eine Eingangskante und eine Ausgangskante geben muß, bleibt die Anzahl der Marken in der Einfachstelle für alle Markierungen des Netzes gleich eins. Da durch eine Verbotskante weder Marken in einer Stelle entfernt noch erzeugt werden, kann eine Verbotskante an einer Einfachstelle ohne Einschränkung verwendet werden. Eine Einfachstelle darf nie Abräumstelle für irgendeine Transition sein. Diese Einschränkung ist nötig, da eine Abräumkante die Anzahl der Marken in einer Stelle verändert. Für die Praxis ist diese Einschränkung allerdings ohne Bedeutung.

Bei dieser Betrachtungsweise entfällt für die Einfachstellen die Unterscheidung in Eingangs- und Ausgangsstellen. Vielmehr werden alle diese Stellen insofern gleichbehandelt, als daß ihr Inhalt beim Schalten der Transition in geeigneter Form modifiziert wird. Eingangs- und Ausgangsstellen stellen dann nur Spezialfälle dieser Sichtweise dar. Eine Eingangsstelle zeichnet sich dadurch aus, daß sie vor dem Schalten eine Marke ungleich $\langle \Diamond \rangle$ besitzt und dann von der Schaltfunktion die Marke $\langle \Diamond \rangle$ zugewiesen bekommt. Eine Ausgangsstelle verhält sich genau umgekehrt, d.h. vor dem Schalten muß sie die Marke $\langle \Diamond \rangle$ enthalten und ihr wird durch das Schalten eine Marke ungleich $\langle \Diamond \rangle$ zugewiesen.

4.3.5.2.   Mehrfach-Marken-Stelle

Für die Menge S^m der Mehrfachstellen gelte:

Definition 4.4. :

$$
\begin{aligned}
S^m = \{ s \in S \mid\; &\forall\, t \in T : (\, s \not\Subset {}^v t \\
&\wedge\, \forall\, M \in [M_0> :\, \forall\, \delta t : \\
&(\, \delta t(P(t)) \wedge \forall\, s^s \in S^e \cap {}^\bullet t : M(s^s)^{\delta t} \subseteq M(s^s)) \\
&\Rightarrow M(s)^{\delta t} \subseteq M(s) \,) \, \}
\end{aligned}
$$

$\qquad\qquad\qquad\qquad\qquad\qquad\qquad\qquad\qquad\qquad\qquad\qquad\qquad\qquad\qquad\square$

Die Definition fordert, daß in einer Mehrfachstelle für jede erreichbare Markierung mindestens die Schwellenmarkierung $M(s)^{\delta t}$ vorhanden ist, wenn die Interpretation δt alle übrigen Teilbedingungen erfüllt. Wenn also eine Interpretation δt das Prädikat erfüllt und wenn dann auch für alle Einfachstellen der Transition in den entsprechenden Stellen mindestens die Schwellenmarkierung vorhanden ist, dann muß für alle erreichbaren Markierungen die Schwellenmarkierung auch in den Mehrfachstellen vorhanden sein. Durch die Definition der Mehrfachstelle wird gefordert, daß diese Bedingung erfüllt ist. Derjenige, der ein Protokoll mit dem eingeschränkten Produktnetz spezifiziert, muß also die Einhaltung dieser Forderung gewährleisten. Die Einhaltung dieser Forderung kann durch einen entsprechenden Erreichbarkeitsgraph überprüft werden.

Da die dritte Teilbedingung immer erfüllt sein müßte, macht die Angabe einer Verbotskante für eine Mehrfachstelle keinen Sinn. Die Definition fordert daher außerdem, daß eine Mehrfachstelle für keine Transition des Netzes Verbotsstelle sein darf. Damit hat die Verbotsstelle für PENCIL allerdings nur noch eine untergeordnete Bedeutung, da sich für Stellen mit maximal einer Marke immer direkt ein entsprechendes Prädikat und Kanten mit Kantenanschriften angeben lassen, so daß dann die Stelle die gleiche Semantik hat, wie eine Verbotsstelle (vgl. Anmerkungen zu Fig. 3.8.).

4.3.6.   Beispiele

Im folgenden wird anhand von zwei Beispielen die Verwendung des eingeschränkten Produktnetzes und insbesondere der Mehrfachstelle diskutiert. Mit Hilfe eines Feldes läßt sich praktisch jede andere sortierte Speicherung von Variablen über die Indizes realisieren. In Fig. 4.6. wird ein 2-dimensionales Feld mit 3*3 Speicherplätzen für die natürlichen Zahlen durch ein eingeschränktes Produktnetz dargestellt. Das mehrdimensionale Feld besteht im Prinzip nur aus der Stelle s2. Die Transitionen t1 und t2 simulieren den korrekten Gebrauch der Stelle s2. Das Teilnetz bildet die zwei Grundoperationen, die man üblicherweise mit einem solchen Feld durchführen kann, nach.

-    Abspeichern einer Information an einer durch Indizes festgelegten Adresse (ältere Informationen werden dabei überschrieben). Dieses Abspeichern erfolgt durch das Ablegen einer entsprechenden Marke in s1.

-    Lesen einer Information an einer festgelegten Adresse (die Information wird dabei nicht gelöscht). Dieses Lesen erfolgt durch das Ablegen einer entsprechenden Marke in s5.

Die Anfangsmarkierung sei:

-    $M_0(s1)=$ <0,1,1,'A'>;
     $M_0(s2)=$ <0,1,1>+<0,1,2>+<0,1,3>+<0,2,1>+<0,2,2>
         + <0,2,3>+<0,3,1>+<0,3,2>+<0,3,3>;
     $M_0(s3)=$ <3>; $M_0(s4)=$<3>; $M_0(s5)=$<0,1,1,'A'>

Die Stelle s2 hat dabei die Funktion des Speichers für das 2-dimensionale Feld. (Das Feld ist mit 0 vorbesetzt). Über s1 können neue Werte in diesem Feld gespeichert werden. Voraussetzung ist dabei, daß die Marke, die in s1 ist, auf der letzten Komponente mit 'S' für 'Speichern' belegt ist. Die zweite und dritte Komponente haben dabei die Funktion von Indizes. Die Angabe der richtigen Indizes wird dabei durch die Stellen s3 und s4 kontrolliert. Durch die Anfangsmarkierung ist sichergestellt, daß immer, wenn t1 schaltet, die Marke vorhanden ist, die durch die Kantenanschrift (s2,t1) verlangt wird. Wurde vorher bereits ein Wert auf dem entsprechenden Element plaziert, dann wird dieser überschrieben. Über s5 kann ein Element des Feldes wieder gelesen werden. Dazu muß in s5 die vorhandene Marke durch eine Marke mit 'L' auf der letzten Komponente und den entsprechenden Indizes auf der zweiten und dritten Komponente ausgetauscht werden. Dann liefert die Transition t2 eine Marke mit dem Inhalt des entsprechenden Elements und ein 'A' für 'Ausgeführt' auf der letzten Komponente.

Vorspann:

-      $D(s1)=D(s5)=N \times N \times N \times \{A,S,L\}$;
       $D(s2)=N \times N \times N$; $D(s3)=D(s4)=N$

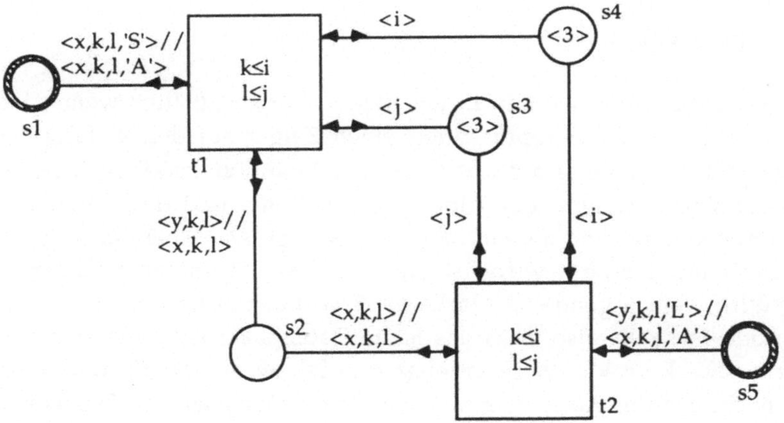

Fig. 4.6.   Zweidimensionales Feld

Mit dem zweiten Beispiel soll eine spezielle sortierte Speicherung von Variablen verdeutlicht werden. Eine wichtige Funktion, die man bei der Implementierung eines Protokolls realisieren muß, ist das Speichern von Paketen oder Nachrichten, die nicht sofort vollständig bearbeitet werden können. Diese Daten müssen hinterher dann auch häufig in der Reihenfolge ihres Eintreffens bearbeitet werden (**FIFO** - First In First Out oder auch **FCFS** - First Come First Serve). Die Realisierung eines solchen FIFO-Speichers ist in Fig. 4.7. dargestellt.

Vorspann:
-        $D(s1)=D(s5)=DD;\ D(s2)=DD \times N_0;\ D(s3)=N_0 \times N_0;\ D(s4)=N_0 \times N_0$

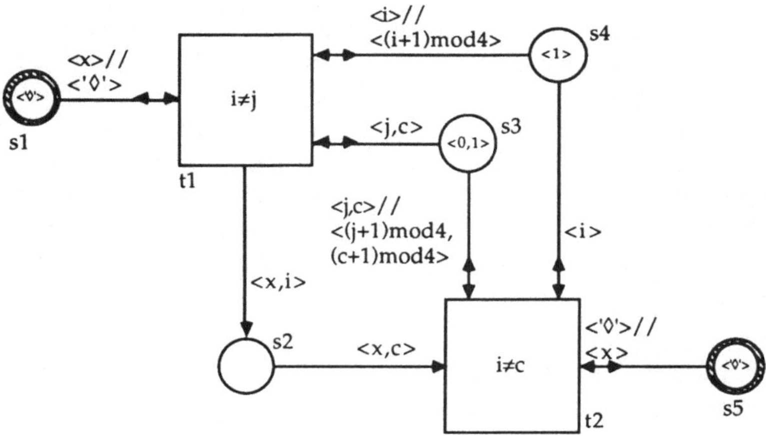

Fig. 4.7.   FIFO-Speicher

Neu eintreffende Daten werden in der Stelle s1 abgelegt (nur wenn s1 mit <◊>
belegt ist). Die Stelle[12] s3 repräsentiert einen Zeiger auf den Anfang des FIFO-
Speichers und die Stelle s4 auf das Ende (Die Funktion "mod" realisiert eine Art
Ringpuffer). Durch t1 wird ein Tupel aus den Daten und dem aktuellen Zeiger
auf das Ende erzeugt und als Marke in s2 abgelegt. Da dabei der Zeiger auf das
Ende jeweils um 1 erhöht wird, ist die Transition t2 immer aktiviert (P(t2) ist
dann erfüllt), wenn irgendeine Marke in s2 vorhanden ist und die Stelle s5 mit
<◊> markiert ist. Falls also in s5 das letzte Datenpaket entnommen wurde (und
die Marke <◊> korrekterweise erzeugt wurde), wird von t2 automatisch das
nächste nachfolgende Paket (wenn vorhanden) "nachgeladen". Die Transition t1
wird nicht mehr durch Ablegen neuer Daten aktiviert, wenn 3 Marken in s2
vorhanden sind (P(t1) ist dann nicht erfüllt). Durch k in der Funktion (x)mod k
kann also die Aufnahmefähigkeit der Stelle s2 bestimmt werden.

---

[12]   Durch die Verwendung eines 2-Tupels in s3, wird erreicht, daß die Berechnung der Funktion
"mod" nur auf den Ausgangskanten , aber nicht in den Prädikaten oder auf den Eingangskanten,
nötig ist.

Die Funktionsweise des Teilnetzes in Fig. 4.7. läßt sich durch einen stark vereinfachten Erreichbarkeitsgraphen darstellen. Die Anfangsmarkierung ist:

-       $M_0(s1)=\langle\Diamond\rangle$; $M_0(s2)=\emptyset$; $M_0(s3)=\langle0,1\rangle$; $M_0(s4)=\langle1\rangle$; $M_0(s5)=\langle\Diamond\rangle$

Der Graph in Fig. 4.8. stellt nur die erreichbaren Zustände der Stellen s3 und s4 dar und die dabei möglichen Übergänge (die natürlich noch von der Markierung der Stellen s1 und s5 abhängen). Dabei sei:

-       M10 $\Leftrightarrow$ M(s4)=$\langle1\rangle$; M(s3)=$\langle0,1\rangle$
        M20 $\Leftrightarrow$ M(s4)=$\langle2\rangle$; M(s3)=$\langle0,1\rangle$
        M30 $\Leftrightarrow$ M(s4)=$\langle3\rangle$; M(s3)=$\langle0,1\rangle$
        M00 $\Leftrightarrow$ M(s4)=$\langle0\rangle$; M(s3)=$\langle0,1\rangle$
        M21 $\Leftrightarrow$ M(s4)=$\langle2\rangle$; M(s3)=$\langle1,2\rangle$
        M31 $\Leftrightarrow$ M(s4)=$\langle3\rangle$; M(s3)=$\langle1,2\rangle$
        usw.

Jeder dieser Zustände repräsentiert mehrere Zustände des gesamten Teilnetzes (der Zustand M10 entspricht M_0). In jedem Zustand kann jeweils in den Stellen s1 und s5 entweder die Marke $\langle\Diamond\rangle$ oder Daten vorhanden sein. Immer wenn t1 geschaltet hat, muß zunächst eine andere Transition, die ebenfalls mit der Stelle s1 verbunden ist, schalten und dabei die Marke $\langle\Diamond\rangle$ wieder gegen neue Daten austauschen. Erst dann kann t1 erneut aktiviert sein. Analog gilt dies auch für t2 und s5.

Jeder Zustand in diesem Graphen repräsentiert darüberhinaus die Anzahl, der in s2 vorhandenen Marken. Es gilt :

-       $|M(s2)|$ = 0 für M10, M21, M32, M03
        $|M(s2)|$ = 1 für M20, M31, M02, M13
        $|M(s2)|$ = 2 für M30, M01, M12, M23
        $|M(s2)|$ = 3 für M00, M11, M22, M33

4.3.7.   Entflechtung

Durch die Kantenanschriften, wie sie im Produktnetz verwendet werden dürfen, findet aus programmiertechnischer Sicht ein Vermischung von zwei Funktionen statt. Zunächst sollen nur die Eingangskanten betrachtet werden. Einerseits erhalten die Komponenten durch die Kantenanschriften einen Namen, nämlich dann, wenn dieser Name in einem einfachen Term verwendet wird (dadurch werden gebundene Variablen definiert). Andererseits kann die Kantenanschrift auch komplexere Terme enthalten. D.h. der Wert der entsprechenden Komponente wird durch eine Funktion über die gebundene

Variablen bestimmt. Für die betreffende Stelle wird also die zur Aktivierung der Transition erforderliche Komponente einer Marke aus den gebundenen Variablen berechnet. Die Kantenanschriften führen also einerseits Variablennamen ein, andererseits wird eine logische Beziehung zwischen verschiedenen Komponenten von Marken hergestellt.

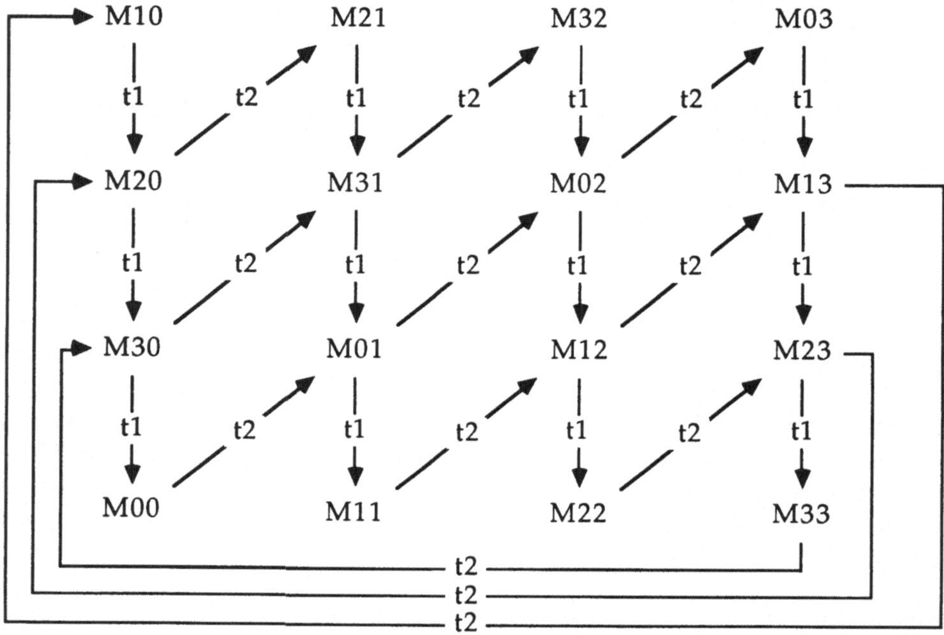

Fig. 4.8.   Die erreichbaren Markierungen der Stellen s3 und s4 in Fig. 4.7.

4.3.7.1.   Entflechtung einer Eingangskante

Die Definition des Produktnetzes verbietet nicht, in Kantenanschriften nur einfache Terme v (vgl. Kap. 3.4.4.) zu verwenden und auch nicht eine Identitätsrelation zwischen zwei gebundenen Variablen als Teilausdruck des Prädikats. Es ist daher auch möglich, grundsätzlich an jeder Eingangskante einer Transition t die Kantenanschrift K(s,t) so zu verändern, daß ein **komplexer Term** w_{stpq} durch einen **einfachen Term** v_{stpq} ersetzt wird. Für jeden Term, welcher derart modifiziert wird, muß dann das Prädikat P(t) der Transition t durch ein zusätzliches Prädikat $P_{stpq}(t)$ nach folgendem Schema erweitert werden:

$$P_{stpq}(t) \quad = (v_{stpq} = w_{stpq})$$

$$P'(t) \quad = P(t) \wedge P_{stpq}(t)$$

Außerdem kann jeder einfache Term $v_{s_m tpq}$, der identisch ist mit einem anderen einfachen Term $v_{s_n tp'q'}$ (mit $p \neq p' \vee q \neq q' \vee m \neq n$) durch einen neuen einfachen Term $v'_{s_m tpq}$ ersetzt werden. Dazu muß das Prädikat erneut für jeden Term, der ersetzt wird, nach folgendem Schema erweitert werden:

$$P'_{s_m tpq}(t) \quad = (v_{s_m tpq} = v'_{s_m tpq})$$

$$P'(t) \quad = P(t) \wedge P'_{s_m tpq}(t)$$

Diese Vorgehensweise soll im folgenden als **Entflechtung** bezeichnet werden.

4.3.7.2. Entflechtung einer Ausgangskante

In etwa mit der gleichen Vorgehensweise lassen sich auch die Ausgangskanten entflechten. Die Terme in Kantenanschriften an Ausgangskanten sind Berechnungsvorschriften über gebundene Variable und Konstanten, durch die Werte für Komponenten von neu zu erzeugenden Marken bestimmt werden. An den Ausgangskanten können nun alle Terme in den entsprechenden Kantenanschriften durch neue einfache Terme ersetzt werden. Dadurch werden neue Variablen, sogenannte **ungebundene Variablen**[13] eingeführt. Dann muß den Transitionen zusätzlich zu dem Prädikat ein **Zuweisungsteil Z(t)** zugeordnet werden. In dem Zuweisungsteil werden die Werte der ungebundenen Variablen durch entsprechende Funktionen über die gebundenen Variablen bestimmt. In der graphischen Darstellung wird der Zuweisungsteil genau wie das Prädikat in die Transition geschrieben. Die beiden Teile werden durch einen Strich getrennt.

4.3.7.3. Entflechtung der Verbots- und Abräumkanten

Ähnlich wie die Ausgangskanten können auch die Komponenten einer Kantenanschrift an Verbots- bzw. Abräumkanten behandelt werden. Die Komponenten, in denen freie Variablen verwendet werden, bleiben dabei unverändert. Die übrigen Terme werden durch neue ungebundene Variablen ersetzt. Über den Zuweisungsteil werden dann die entsprechenden Terme zur Berechnung der entsprechenden Abräum- oder Verbotsmenge angegeben.

---

[13] Ungebundene Variable erhalten durch eine Funktion über gebundene Variable einen bestimmten Wert. Sie haben also eine völlig andere Bedeutung als freie Variablen.

4.3.7.4.   Beispiel

In Fig. 4.10. wird ein normales Produktnetz dargestellt (Auf die Darstellung des Vorspannes und der Markierung wird hier verzichtet). In Fig. 4.11. wird dasselbe Produktnetz vollständig entflochten dargestellt.

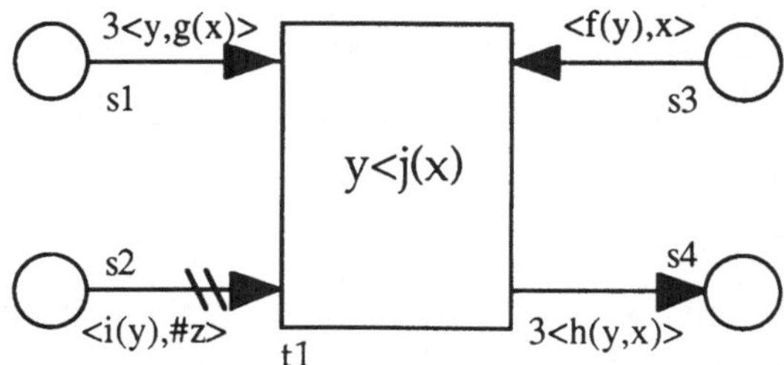

Fig. 4.10.   Normales Produktnetz

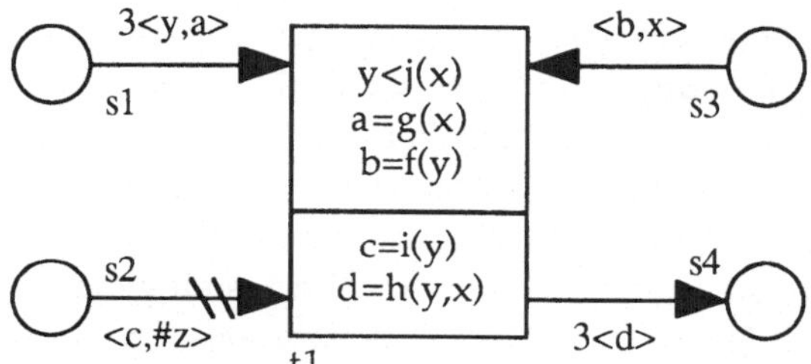

Fig. 4.11.   Produktnetz aus Fig. 4.10. entflochten dargestellt

4.3.7.5.   Schematisierte Kantenanschrift

Die Entflechtung hat im Zusammenhang mit dem eingeschränkten Produktnetz nun nicht nur den Vorteil, daß sie in manchen Fällen übersichtlicher ist. Wird ein eingeschränktes Produktnetz entflochten dargestellt, dann bestehen alle Kantenanschriften von und zu Einfachstellen nur aus einfachen Termen. Außerdem gibt es keine einfachen Terme mit identischen Variablennamen. Die Namen in den Termen können also auch schematisch gewählt werden, wenn gewährleistet ist, daß dabei in jedem Term ein individueller Name entsteht. Dies ist aber bei der in Kap. 3.4.4. eingeführten Schreibweise zur Darstellung des Aufbaues einer Kantenanschrift der Fall. Im Prinzip wird diese Schreibweise für die schematische Kantenanschrift übernommen.

An den Kanten von und zu Einfachstellen dürfen definitionsgemäß immer nur Kantenanschriften mit einem Gewicht von eins stehen. Daher kann auf die Angabe des Index p und der Anzahl c verzichtet werden. Die Kantenanschrift in Fig. 4.11.

k(s3,t1) = <b,x>

würde nach diesem Schema lauten:

k(s3,t1) = <s3-t1-1,s3-t1-2>

Die Angabe der Transition in einem solchen schematisch erstellten Variablenname wird nur benötigt, um zwischen Ein- und Ausgangskanten zu unterscheiden. Ist diese Unterscheidung anderweitig gewährleistet, dann kann auch auf die Angabe der Transition verzichtet werden, da durch die Verwendung des Variablennamens in dem Prädikat oder dem Zuweisungsteil einer Transition die Zuordnung bereits eindeutig ist.

Für eine Einfachstelle ist die Zuordnung von Variablen zu Termen auf Ein- und Ausgangskanten jedoch anderweitig möglich. Wird dem schematisch erstellten Variablenname im Zuweisungsteil ein Wert zugewiesen (linke Seite der Zuweisung), dann handelt es sich um eine freie Variable aus einer Ausgangskantenanschrift. Bei Verwendung der Variablen auf der rechten Seite einer Zuweisung oder im Prädikat handelt es sich um eine gebundene Variable aus einer Eingangskantenanschrift.

Das bedeutet aber, daß man für Einfachstellen auf die Angabe einer Kantenanschrift auch vollständig verzichten kann. Statt dessen benutzt man für die Stellen und die Komponenten deskriptive Namen. Eine Angabe "stellenname.komponentenname" referenziert, wenn sie im Prädikat oder im rechten Teil einer Zuweisung einer Transition verwendet wird, eindeutig eine Komponente der aktuell in der Stelle vorhandenen Marke. Die vorhandene Marke in der Stelle wird beim Schalten immer entfernt. Es sei vereinbart, daß die auf der Ausgangskante neu erzeugte Marke identisch ist mit der entfernten Marke. Jeder Komponente der neuen Marke kann jedoch durch Zuweisung im Zuweisungsteil ein neuer Wert zugeordnet werden.

Zu beachten ist, daß bei dieser Verwendungsweise der Namen die Beschriftung der Eingangskante identisch mit der Ausgangskante ist, ohne daß damit immer dieselben Marke entfernt und erzeugt wird. Eine Zuweisung im Zuweisungsteil überschreibt also diese implizite Bestimmung einer Komponente einer neuen Marke. Insbesondere bei einer rein textuellen Darstellung hat diese schematische Kantenanschrift Vorteile. Sowohl im Prädikat als auch im Zuweisungsteil können dann nämlich direkt die Namen von Einfachstellen bzw. deren Komponenten verwendet werden. Die Behandlung der Einfachstellen ähnelt damit sehr der Verwendung von Variablen in einer Programmiersprache.

Auch für Mehrfachstellen kann im Prinzip diese schematisierte Kantenanschrift verwendet werden. Es muß dazu nur zunächst die Angabe des Linearfaktors c, die in einer Kantenanschrift an einer Mehrfachstelle ja auch größer als eins sein darf, durch c-mal wiederholte Angabe derselben Kantenanschrift ersetzt werden. Da es in einer solchen Kantenanschrift auch mehrere Tupel geben kann, muß zusätzlich der Index p mit angegeben werden. Die Kantenanschriften in Fig. 4.11.

k(s1,t1) = 3<y,a>
k(t1,s4) = 3<d>

würden nach diesem Schema lauten:

k(s1,t1)=<s1-t1-1-1,s3-t1-1-2>+<s1-t1-2-1,s3-t1-2-2>+<s1-t1-3-1,s3-t1-3-2>
k(t1,s4)=<t1-s4-1-1>+<t1-s4-2-1>+<t1-s4-3-1>

Natürlich können auch hier Stellennamen und Komponentenname verwendet werden. Es muß jedoch beachtet werden, daß die Anzahl der Marken, die entfernt oder erzeugt werden, nicht implizit durch die Definition des eingeschränkten Produktnetzes bekannt ist. Die Angabe der Kantenanschrift ist also für Mehrfachstellen, auch wenn sie nach dem hier beschriebenen Verfahren erfolgt, zwingend erforderlich. Werden die Stellennamen und Komponentennamen wie für Einfachstellen verwendet (stellennamen.komponentenname) dann ist das Hinzufügen der Information ".in" für Eingangskanten und ".out" für Ausgangskanten also sinnvoll.

Natürlich muß bei allen schematischen Änderungen der Kantenanschrift auch jeweils das Prädikat P(t1) und der Zuweisungsteil Z(t1) in Fig. 4.11. entsprechend modifiziert werden.

4.3.7.6.   Verbotsstellen im eingeschränkten, entflochtenen Produktnetz

Die Verbotskante hat als Erweiterung zu den Prädikat/Transitionsnetzen in einem eingeschränkten Produktnetz ihren Sinn größtenteils verloren, weil im eingeschränkten Produktnetz Verbotsstellen einer Transition definitionsgemäß immer auch Einfachstellen sein müssen. Da man dann statt einer Verbotsmenge auch direkt das Prädikat so erweitern kann, daß damit festlegt ist, welche Marke nicht in der entsprechenden Stelle vorhanden sein darf. Durch die zusätzliche

Angabe einer Ausgangskante kann man dann dieselbe Semantik wie bei einer Verbotskante erreichen.

Eine Kantenanschrift $K(s,t)$ an einer Verbotskante kann durch die Kantenanschriften $K'(s,t)$ und $K(t,s)$ an einer normalen Kante ersetzt werden. Dabei wird für die neuen Kantenanschriften direkt die schematische Kantenanschrift gewählt.

$$K(s,t) = \begin{array}{l} \langle z_{st1_1}, z_{st1_2}, \ldots, z_{st1_{d_s}} \rangle - \\ \langle z_{st2_1}, z_{st2_2}, \ldots, z_{st2_{d_s}} \rangle + \\ \ldots\ldots\ldots \\ \langle z_{stu_{st1}}, z_{stu_{st2}}, \ldots, z_{stu_{std_e}} \rangle \end{array}$$

$$K'(s,t) = K(t,s) = \langle s\text{-}t\text{-}1, s\text{-}t\text{-}2, \ldots, s\text{-}t\text{-}d_s \rangle$$

das Prädikat $P(t)$ der Transition t muß dann durch ein zusätzliches Prädikat $P_v(t)$ nach folgendem Schema erweitert werden:

$$P_v(t) = \begin{array}{l} ((\; s\text{-}t\text{-}1{=}z_{st1_1} \wedge s\text{-}t\text{-}2{=}z_{st1_2} \wedge \ldots\ldots \wedge s\text{-}t\text{-}r{=}z_{st1_{d_s}}) \vee \\ (\; s\text{-}t\text{-}1{=}z_{st2_1} \wedge s\text{-}t\text{-}2{=}z_{st2_2} \wedge \ldots\ldots \wedge s\text{-}t\text{-}r{=}z_{st2_{d_s}}) \vee \\ \ldots\ldots\ldots \\ (\; s\text{-}t\text{-}1{=}z_{stu_{st1}} \wedge s\text{-}t\text{-}2{=}z_{stu_{st2}} \wedge \ldots\ldots \wedge s\text{-}t\text{-}r{=}z_{stu_{std_s}})) \end{array}$$

$$P(t)' = \quad P(t) \wedge \neg \, P_v(t)$$

Ein beliebiger Teilausdruck $s_m{=}z_{s_m tpq}$ ist immer erfüllt, wenn der Term z aus einer freien Variablen besteht (vgl. 3.4.8.). Dieser Teilausdruck kann dann entfallen. Einfache und komplexe Terme können beide nach demselben Schema behandelt werden. Das Prädikat $P_v(t)$ kann noch in die konjunktive Normalform gebracht werden und lautet dann:

$$P_v(t) = \begin{array}{l} ((s\text{-}t\text{-}1{\neq}z_{st11} \vee s\text{-}t\text{-}2{\neq}z_{st12} \vee \ldots\ldots \vee s\text{-}t\text{-}r{\neq}z_{st1_{d_s}}) \wedge \\ (\; s\text{-}t\text{-}1{\neq}z_{st21} \vee s\text{-}t\text{-}2{\neq}z_{st22} \vee \ldots\ldots \vee s\text{-}t\text{-}r{\neq}z_{st2_{d_s}}) \wedge \\ \ldots\ldots\ldots \\ (\; s\text{-}t\text{-}1{\neq}z_{stu_{st1}} \vee s\text{-}t\text{-}2{\neq}z_{stu_{st2}} \vee \ldots\ldots \vee s\text{-}t\text{-}r{\neq}z_{stu_{std_s}})) \end{array}$$

Durch das so erweiterte Prädikat wird direkt festgelegt, wie die Marke in der Verbotsstelle (die ja zugleich Einfachstelle ist) bei einer gegebenen Interpretation der gebundenen Variablen nicht beschaffen sein darf. Durch die Identität von Eingangs- und Ausgangskantenanschrift bleibt die Marke in der Verbotsstelle beim Schalten unverändert. Für die Funktionalität macht es also keinen Unterschied, ob in einem eingeschränkten Produktnetz Verbotskanten verwendet werden oder nach dem hier dargestellten Verfahren ersetzt werden. In einem eingeschränkten und entflochtenen Produktnetz wird die Darstellung durch die Ersetzung allerdings übersichtlicher.

Betrachtet man das Beispiel in Fig. 4.11. , dann ist diese entflochtene Darstellung für die Verbotskante unbefriedigend. Im Zuweisungsteil Z(t) befindet sich die Zuweisung c=i(y). Durch diese Zuweisung kann die ungebundene Variable c als Funktion der gebundenen Variable y berechnet werden. Daraus kann dann die Verbotsmenge ermittelt werden. Im Zuweisungsteil einer Transition ist also noch eine Bedingung für die Aktiviertheit der Transition enthalten. Erst nach Berechnung des entsprechenden Zuweisungsteils kann entschieden werden, ob die Transition mit einer Interpretation schaltfähig ist. Falls die Stelle s2 nach der in Kap. 4.3.5.1. gegebenen Definition eine Einfachstelle ist, kann die Verbotskante in Fig. 4.11. nach dem hier vorgestellten Verfahren jetzt dargestellt werden wie in Fig. 4.12. . Durch die Umwandlung der Verbotskanten in normale Kanten ist in einem eingeschränkten, entflochtenen Produktnetz also nur noch das Prädikat für die Aktiviertheit der Transition wesentlich.

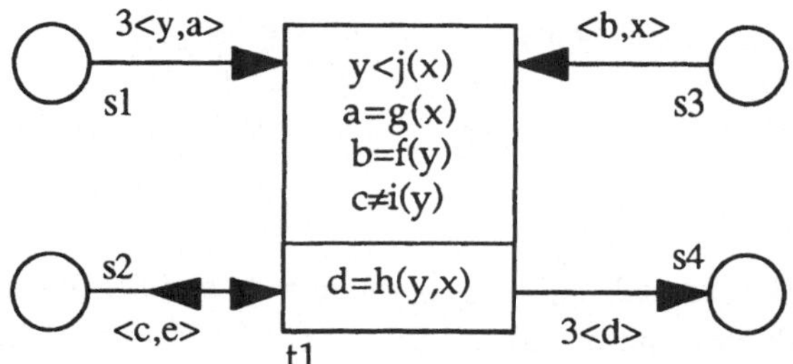

Fig. 4.12.   Entflochtenes Produktnetz aus Fig. 4.11. ohne Verbotsstelle

Wie die Verbotskante ist auch die Abräumkante eine Eingangskante. Die Tatsache, daß auch Terme aus einer Abräumkantenanschrift im Zuweisungsteil auftauchen ist jedoch kein Problem. Die Markierung der entsprechenden Stellen hat nämlich keine Relevanz für die Aktiviertheit der Transitionen. Vielmehr wird durch die Abräumkante spezifiziert, welche Marken beim Schalten der Transition aus der Stelle entfernt werden. Von daher hat die Abräumkante also eher eine ähnliche Bedeutung wie eine Ausgangskante. Die zugehörigen Terme sind also im Zuweisungsteil sinnvoll untergebracht.

4.3.8.   Beispiel

Wendet man die hier vorgestellten Verfahren, also Entflechtung und schematisierte Kantenanschrift, auf das in Fig. 4.6. gegebenen Beispiel an, dann gelangt man zu der Darstellung in Fig. 4.13. . Dabei wurden den Stellen und den Komponenten Namen zugeordnet:

s1	heißt	array_in	mit den Komponenten daten, k, l, cntrl
s2	heißt	array_mem	mit den Komponenten daten, k, l
s3	heißt	max_l	
s4	heißt	max_k	
s5	heißt	array_out	mit den Komponenten daten, k, l

In der Darstellung in Fig. 4.13. müßte die schematische Kantenanschrift für die Kanten (s2,t1)//(t1,s2) und (s2,t2)//(t2,s2) eigentlich lauten

<array_mem.daten.in, array_mem.k.in,array_mem.l.in>//

<array_mem.daten.out, array_mem.k.out,array_mem.l.out>

Diese umständlich lange Schreibweise wurde in der graphischen Darstellung verkürzt. Die Prädikate und die Zuweisungsteile werden aus Gründen der Übersichtlichkeit außerhalb der graphischen Darstellung angegeben.

Vorspann:
-     $D(array\_in)=D(array\_out)=N \times N \times N \times \{A,S,L\}$;
      $D(array\_mem)=N \times N \times N$; $D(max\_k)=D(max\_l)=N$

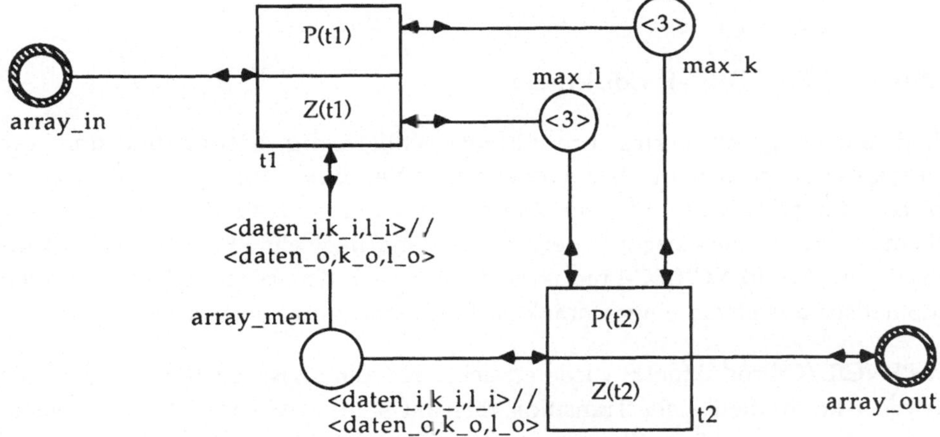

Fig. 4.13. Produktnetz aus Fig. 4.6.
(alle Kanten entflochten, schematische Kantenanschriften)

P(t1) =　　　(array_in.k ≤ max_k) ∧
　　　　　　　(array_in.l ≤ max_l) ∧
　　　　　　　(array_in.cntr = 'S') ∧
　　　　　　　(array_in.k = k_i) ∧
　　　　　　　(array_in.l = l_i)

Z(t1) =　　　array_in.cntr := 'A'
　　　　　　　daten_o := array_in.daten
　　　　　　　k_o := k_i
　　　　　　　l_o := l_i

P(t2) =　　　(array_out.k ≤ max_k) ∧
　　　　　　　(array_out.l ≤ max_l) ∧
　　　　　　　(array_in.cntr = 'L') ∧
　　　　　　　(array_in.k = k_i) ∧
　　　　　　　(array_in.l = l_i)

Z(t2) =　　　array_out.cntr := 'A'
　　　　　　　array_out.daten := daten_i
　　　　　　　daten_o := daten_i
　　　　　　　k_o := k_i
　　　　　　　l_o := l_i

4.3.9.　　PENCIL/C-Produktnetz

Wird ein eingeschränktes Produktnetz vollständig entflochten und die
Verbotskanten nach dem oben vorgestellten Verfahren durch normale Kanten
ersetzt und wird dann für die Kanten von und und zu Einfachstellen die
schematisierte Kantenanschrift verwendet, dann liegt ein **PENCIL/C-Produkt-
netz**[14] vor. Das PENCIL/C-Produktnetz kann nach den vorgestellten Verfahren
automatisch aus einem eingeschränkten Produktnetz erzeugt werden.

Im PENCIL/C-Produktnetz wurde erreicht, daß alle logischen Beziehungen, die
für die Aktiviertheit einer Transition relevant sind, direkt im Prädikat stehen.
Betrachtet man nur Transitionen, für die gilt, daß alle inzidenten Stellen auch
Einfachstellen sind, dann kann durch Einsetzen der in den Einfachstellen augen-

---

[14]　Die Gründe für die Bezeichnung als PENCIL/C-Produktnetz werden im Kapitel 5. deutlich
　　　werden.

blicklich vorhandenen Marken direkt die Aktiviertheit der Transition berechnet werden. Das Prädikat bestimmt nun, wie es das Scheduler/Task-Konzept aus Kap. 4.1.3. vorsieht, direkt die Ausführbarkeit einer Transition (Task). Die Task ist dann die Berechnung der entsprechenden Funktionen aus dem Zuweisungsteil und das Erzeugen bzw. Entfernen der Marken in den inzidenten Stellen.

Betrachtet man zusätzlich die Mehrfachstellen, dann tauchen diese bei einem PENCIL/C-Produktnetz natürlich auch jeweils sowohl im Prädikat, als auch im Zuweisungsteil auf. Die Inhalte der Mehrfachstellen müssen nun definitionsgemäß so beschaffen sein, daß, wenn alle anderen Bedingungen erfüllt sind, auch in den Mehrfachstellen die richtigen Marken vorhanden sind.

Ein Prädikat in konjunktiver Normalform im PENCIL/C-Produktnetz besteht nun aus einer Reihe von Disjunktionen die konjunktiv verknüpft sind. Die Disjunktionen selbst sind immer Relationen über die durch die schematisierte Kantenanschrift eingeführten Variablen. Es gibt Relationen R_e, die nur aus Komponenten von Einfachstellen und Konstanten bestehen (Im Beispiel Fig. 4.13. in P(t1) und P(t2) jeweils die ersten drei Teilausdrücke), und es gibt Relationen R_m, die auch Komponenten von Mehrfachstellen enthalten. Die Relationen R_m müssen definitionsgemäß immer erfüllt sein, wenn alle konjunktiv verknüpften Relationen R_e erfüllt sind. Damit können die Relationen R_m, die sich auf Inhalte von Mehrfachstellen beziehen als Bedingung für die Aktiviertheit entfallen. Für die Verwendung in einer Programmiersprache müssen also diese Relationen im Scheduler, der die Aktivierung einer Transition veranlaßt, nicht bekannt sein.

Im Zuweisungsteil werden die Marken, die an der Aktivierung beteiligt waren, aus den Stellen entfernt. Dazu gehören dann natürlich auch die Marken in den Mehrfachstellen. Die Relationen mit Mehrfachstellen müssen also bei der Ausführung des Zuweisungsteils dann doch bekannt sein. Der Zuweisungsteil hat dann die Aufgabe, die entsprechenden Marken in den Mehrfachstellen zu suchen und zu entfernen. Wird eine Marke dann in der entsprechenden Stelle nicht aufgefunden, so liegt ein Fehler bei der Spezifikation des eingeschränkten Produktnetzes vor. Es muß dann eine entsprechende Laufzeitfehlerbehandlung aktiviert werden. Im Zuweisungsteil werden außerdem die Marken berechnet, die aus Abräumstellen entfernt oder die für Einfach- und Mehrfachstellen neu erzeugt werden müssen.

4.3.10. Zusammenfassung

Die in den Kapiteln 4.3.1. - 4.3.5. eingeführten Restriktionen für den Gebrauch des Produktnetzes sind nicht unerheblich. Das **eingeschränkte Produktnetz** ist jedoch weiterhin turingmächtig, wie man anhand des Beispiels von Fig. 3.8. leicht ersehen kann, da dort die Bedingungen für ein eingeschränktes Produktnetz (es werden nur Einfachstellen verwendet) eingehalten werden. Gelitten hat natürlich in manchen Fällen die Unterstützung einer kompakten Schreibweise. Dafür ist das eingeschränkte Produktnetz für eine effiziente Implementierung in jedem Fall geeigneter. Anhand von Beispielen haben wir gesehen, daß die Erfüllung der einschränkenden Bedingungen in der Praxis nicht so schwierig ist, wie es zunächst den Anschein hat. Die Implementierung eines Algorithmus zur Erstellung eines Erreichbarkeitsgraphen dürfte ebenfalls einfacher geworden sein.

Es wäre auch möglich gewesen, ein gleichartiges neues Netzkonzept zu definieren. Durch die Verwendung des Produktnetzes als Grundlage ist jedoch die Anwendung von Werkzeugen und Analyseverfahren für PENCIL/C möglich, ohne alle Verfahren und Definitionen erneut zu definieren. Das eingeschränkte Produktnetz könnte prinzipiell auch z.B. mit einem Produktnetz-Editor, wie er in /Ochs91/ vorgestellt wird, erstellt werden. Auch die durch dieses Werkzeug angebotene Erstellung eines Erreichbarkeitsgraphen könnte genutzt werden. Ein zusätzliches Werkzeug würde natürlich benötigt, um die Einhaltung der oben gemachten Einschränkungen zu überprüfen.

Ein eingeschränktes Produktnetz ist auch im Sinne der Definition in /Burk89/ ein richtiges Produktnetz. Die Entflechtung bedeutet im Gegensatz zu den Restriktionen aus Kap. 4.3.1. bis 4.3.5. eine Abkehr von dieser Definition. Andererseits kann aus einem eingeschränkten Produktnetz jederzeit automatisch ein eingeschränktes, entflochtenes Produktnetz ohne Verbotskanten und mit schematisierter Kantenanschrift erzeugt werden. Für die textuelle Darstellung und eine mehr programmiersprachliche Sichtweise hat sich diese Darstellung jedoch bewährt. Durch die Entflechtung, den Verzicht auf Verbots-stellen und die neuen Kantenanschriften wird also nicht ein neues Netzkonzept definiert, sondern eine andere, äquivalente graphische Darstellung eingeführt. Allerdings entspricht die so entstandene Darstellung nicht mehr der Definition des Produktnetzes. Verzichtet man zusätzlich auf die Abräumkanten, dann können die hier vorgestellten Einschränkungen und Verfahren analog auch für die Prädikat/Transitionsnetze vereinbart werden.

5.   Die Programmiersprache PENCIL

Für die Implementierung von Protokollen genügt es nicht, eine exakt definierte Spezifikationstechnik zu entwickeln. Weder die bekannten nicht formalen, noch die formalen Spezifikationen von Protokollen haben das Ziel, fertige und vollständige Implementierungen von Protokollen zu sein. Die automatische Umsetzung dieser Spezifikationen kann bestenfalls wichtige Teile der Kommunikationssoftware liefern. Insbesondere um effiziente, vielleicht sogar nebenläufig ausführbare Kommunikationssoftware zu erstellen, ist das Hinzufügen weiterer Konstrukte unumgänglich. Die Sprache PENCIL soll in erster Linie Programmiersprache und nicht etwa Protokollspezifikationssprache sein. Wenn dabei eine größere Nähe zu gängigen Spezifikationsmethoden als bisher üblich erreicht wird, so ist dies ein erwünschter Nebeneffekt. Ein Protokoll muß in PENCIL also vollständig dargestellt werden können, und zwar so, daß ein Compiler in der Lage ist, daraus einen effizient abarbeitbaren Maschinencode zu erstellen. Für das in dieser Arbeit verfolgte Konzept von einer Entscheidungseinheit, die Petrinetze verarbeitet und Aktionseinheiten, die normalen sequentiellen Programmcode verarbeiten, heißt dies, daß der Compiler aus einem PENCIL-Quelltext sowohl den sequentiellen Code für die Aktionseinheit liefern muß, als auch eine maschinenspezifische Darstellung der Petrinetze, so daß diese von der Entscheidungseinheit verarbeitet werden können. Grundzüge der Sprache PENCIL sowie eine Anwendung finden sich bereits in /Gerh90/.

Bei der Definition der Syntax von PENCIL sind zwei Ansätze denkbar. Der formal sauberste Weg ist sicherlich eine eineindeutige Abbildung der graphischen Darstellung der eingeschränkten Produktnetze in eine textuelle Darstellung durch PENCIL. Es müßten dann entsprechende Konstrukte für die Definition von Transitionen, Kantenanschriften, Einzel- und Mehrfachstellen sowie Prädikaten festgelegt werden. Die weitere Verarbeitung wäre dann Aufgabe des Compilers. Der Aufwand für die Spezifikation einer völlig neuen Sprache und damit verbunden die Entwicklung eines völlig neuen Compilers wäre sicherlich sehr hoch. Außerdem wird noch gezeigt werden, daß diese eineindeutige Abbildung in der Implementierung bei den Mehrfachstellen zu unnötig laufzeitintensiven Vorgängen führen kann. Daher soll hier ein anderer Ansatz für die Definition der Syntax von PENCIL vorgestellt werden, der sich an der sequentiellen Programmiersprache C orientiert.

5.1.   PENCIL/C als Erweiterung von C

5.1.1.   Syntax - Definition

Die im folgenden vorgestellten Syntax-Erweiterungen sollen grundsätzliche Elemente von PENCIL/C vorstellen. Die PENCIL/C-Syntax wird dabei durch Ergänzung zur in /Kern88/ (S.234-S.239) für C definierten Syntax eingeführt. Die in /Kern88/ definierte *external-declaration* wird durch folgende Definition ersetzt.

external-declaration::
    function-definition
    declaration
    transition-definition
    state-definition

Die im folgenden vorgestellten Erweiterungen stellen keinen Anspruch auf Vollständigkeit. Insbesondere eine Strukturierung eines PENCIL/C-Programms durch Teilprogramme (gemäß dem in Kap. 3.2.1. vorgestellten Begriff der Teilnetze) wird hier nicht behandelt. Auch möglicherweise nötige, weitergehende Einschränkungen, die sich aus der Implementierung ergeben können, werden hier nicht vollständig behandelt.

5.1.1.1.   Transitionen

Wie schon erwähnt, lehnt sich die Syntax für eine Transition an die Syntax für eine Funktion in C an. Sie kann an den Stellen definiert werden, an denen auch Funktionen definiert werden dürfen. Die Definition einer Transition beginnt mit dem Schlüsselwort "**trans**" gefolgt von einem deskriptiven Namen der zur eindeutigen Identifikation der Transition im Netz dient. Alle Stellen, die einer Transition zugeordnet sind (inzident zur Transition sind), müssen dann in der Parameterliste aufgeführt werden. Im Gegensatz zu einer C-Funktion folgt dann zunächst eine Bedingung wie sie z.B.: in C hinter einem if-Statment folgt. Diese Bedingung (Aktivierungsfunktion) darf nur Einfachstellen enthalten und zwar nur solche, die in der Parameterliste aufgeführt sind. Ist die Aktivierungsbedingung erfüllt, dann ist die Transition aktiviert. Die in C obligatorische Funktion mit dem Namen "main" entfällt. Es kann jedoch eine Funktion mit dem Namen "init" angegeben werden, die automatisch beim Start eines PENCIL-Programms durchlaufen wird. Diese wird benötigt um Initialisierungsroutinen (z.B: für verkettete Listen) realisieren zu können.

Die Syntax für die Definition einer Transition lautet dann wie folgt:

transition-definition :
    transition-header *compound-statement*

transition-header :
    trans *identifier* (*identifier-list*) (*expression*)

Die "identifier-list" wird im Zusammenhang mit der Definition einer Transition auch als Inzidenzliste bezeichnet, da sie alle Stellen enthält, die zur betreffenden Transition inzident sind.

5.1.1.2.   Stellen

Jede Stelle erhält einen deskriptiven Namen. Die Deklaration von Stellen des Produktnetzes erfolgt global[15]. Innerhalb eines PENCIL/C-Programms müssen daher alle benutzten Stellennamen verschieden sein. Unterschieden wird bei der Deklaration zwischen Einfachstellen (Schlüsselwort: **splace**) und Mehrfachstellen (Schlüsselwort: **mplace**). Die Stellen werden dabei behandelt wie eine zusätzliche Speicherklasse in C. Außer den Stellen können auch beliebige andere Variablen global deklariert werden.

state-definition :
    place-class-specifier *type-specifier* *init-declarator-list* ;

place-class-specifier:

    splace
    mplace

PENCIL/C basiert einerseits auf der sequentiellen Sprache C und andererseits auf dem in Kapitel 4. vorgestellten PENCIL/C-Produktnetz. Für die sprachliche Darstellung eines PENCIL/C-Netzes muß die Syntax von C um nur einige wenige Konstrukte erweitert werden. Damit wird erreicht, daß die Benutzung von PENCIL nicht das Erlernen einer völlig neuen Sprache erfordert und andererseits ist es damit möglich, einen PENCIL-Compiler aus vorhandenen C-Compilern abzuleiten. Verzichtet wurde dabei darauf, daß die Sprache PENCIL/C eine eineindeutige Abbildung der eingeschränkten Produktnetze ist.

---

15   Die Unterteilung eines Pencil/C-Programmes in mehrere Teilnetze und eine entsprechende nur lokale Gültigkeit von Stellennamen ist vorstellbar, aber zunächst nicht vorgesehen.

Die grundsätzliche Funktionalität des PENCIL/C-Programms wird zunächst mit einem eingeschränkten Produktnetz spezifiziert. Dieses eingeschränkte Produktnetz kann dann mit den beschriebenen Verfahren automatisch in ein PENCIL/C-Netz, und von da nach PENCIL/C umgesetzt werden. Wichtig ist, dabei wie in Kap. 4.3. ff. deutlich wurde, die Unterscheidung in Einfachstellen und Mehrfachstellen. Nur die Einfachstellen dürfen gemäß Def. 4.4. signifikant für die Aktiviertheit einer Transition sein. Es werden daher die Prädikate der Transition genommen und die Relationen R_m (vgl. Kap. 4.3.9.) entfernt. Eine so formulierte Aktivierungsfunktion[16] ist also nur noch eine Funktion über die Inhalte dieser Einfachstellen. Liefert die Aktivierungsfunktion den Wert wahr, dann kann der entsprechende Transitions-Block sequentiell ausgeführt werden. In dem Transitions-Block selbst ist dann alles erlaubt, was auch innerhalb einer C-Funktion möglich ist. Spezielle Sprachkonstrukte sind hier nicht mehr vorgesehen. Es gibt also nur eine spezielle Syntax für die Angabe der Bedingungen, unter denen eine Transition aktiviert ist. Die restliche Funktionalität des PENCIL/C-Produktnetzes, also insbesondere die Modifikation des Inhaltes von Einfachstellen und das Entfernen und Hinzufügen von Marken aus den Mehrfachstellen, muß durch normale C-Anweisungen angegeben werden. Es kann jedoch ein entsprechendes C-Programm jeweils automatisch aus dem PENCIL-Produktnetz erzeugt werden, das die entsprechende Schaltfunktion realisiert.

Dieser Verzicht auf die Angabe einer speziellen Semantik für die Schaltfunktion führt dazu, daß der Programmierer in PENCIL/C Konstrukte erstellen kann, die sich nicht mehr problemlos in ein Produktnetz zurück überführen lassen. Daher kann der Compiler natürlich auch nicht alle Abweichungen von der Definition des Produktnetzes erkennen. Der Vorteil dieser Vorgehensweise besteht zum einen in der dadurch erheblich vereinfachten Definition der Sprache. Außerdem wird dem Programmierer die Angabe von sehr speziellen, besonders effizienten Schaltregeln ermöglicht, die dann allerdings ein bewußtes Umgehen der Produktnetzregeln darstellen.

---

[16] Die Aktivierungsfunktion fa_t einer Transition t eines eingeschränkten Produktnetzes ist eine Funktion über die Stellen $s \in S^s \cap (^\bullet t \cup {}^v t)$.

5.1.2.   Deklaration von Einfachstellen

Sind **Einfachstellen eindimensional** (n-Tupel mit n=1), dann werden sie wie
normale skalare Datentypen in C deklariert. Dabei dürfen fast alle Datentypen
verwendet werden. Einschränkungen können sich für die Einfachstellen
ergeben, wenn das Suchmodul (vgl. Kap. 4.2.5.) komplett als VLSI-Schaltung
realisiert wird. Die Anfangsmarkierung wird für Einfachstellen durch die Angabe
eines Initialwertes festgelegt. Fehlt die Angabe einer Anfangsmarkierung,
werden Standardwerte genommen. Die Stellen s3, s4 aus Fig. 4.6. werden in
PENCIL/C beispielsweise folgendermaßen definiert werden:

```
splace int   max_k = 3,
             max_l = 3;
             /* max_k entspricht s4 und max_l entspricht s3 */
```

Mehrdimensionale Einfachstellen (n-Tupel mit n>1) werden im allgemeinen
wie inhomogene Verbundtypen mit dem Konstrukt "struct" definiert. Dadurch
erhält jede Komponente einer Stelle einen eindeutigen Namen. Allerdings
können mehrdimensionale Einfachstellen, wenn alle Komponenten vom selben
Typ sind, auch durch ein Feld (in C wird üblicherweise die Bezeichnung Vektor
verwendet) realisiert werden. Die Stellen s1, s5 aus Fig. 4.6. werden in PENCIL/C
beispielsweise folgendermaßen definiert:

```
enum      cntrl_typ { A,S,L } ;
          /* Definition eines Aufzählungstypen für die vierte
          Komponente von s1 und s5 */

struct array_cntrl {
          int daten;
          int k;
          int l;
          enum cntrl_typ cntrl; } ;
          /* Definition der Struktur für die Stellen s1 und s5 */

splace struct array_cntrl array_in = {0,1,1,A};
splace struct array_cntrl array_out = {0,1,1,A};
          /* Definition der Stellen s1 und s5 */
```

Alle Einfachstellen können also vollständig konform zum eingeschränkten
Produktnetz mit PENCIL/C dargestellt werden.

5.1.3.   Deklaration von Mehrfachstellen

Grundsätzlich können Mehrfachstellen wie Einfachstellen deklarieren werden. Da die Anzahl der verschiedenen Marken in einer solchen Stelle jedoch nicht begrenzt ist, müßte der Compiler diese Datenstrukturen so anlegen, daß diese dynamische vergrößert oder verkleinert werden können. Es muß nun berücksichtigt werden, daß die Mehrfachstellen in der MDMA-Architektur grundsätzlich anders realisiert werden, als die Einfachstellen.

Eine Einfachstelle wird wie eine normale Variable definiert und realisiert. Physikalisch wird sie im Markenspeicher angelegt. Eine Mehrfachstelle wird zwar auch wie eine normale globale Variable definiert, durch den Vorsatz des Schlüsselwortes "mplace" wird jedoch zunächst nur ein Repräsentant im Markenspeicher erzeugt. Dieser Repräsentant wird bei der Aktivierung der entsprechenden Transition gesperrt. Zusätzlich wird der physikalische Speicherplatz für die Marken in einer Mehrfachstelle im globalen Speicher reserviert. Dort können dann beliebige komplizierte und dynamisch verwaltbare Datenstrukturen durch die Aktionseinheiten realisiert werden.

In der Praxis wird der Programmierer sehr häufig wissen, welche maximale Anzahl von Marken in einer Stelle vorkommen kann. Aus Gründen der Effizienz kann es also sinnvoll sein, für solche Stellen statische Datenstrukturen (z.B. Felder fester Größe) zu verwenden. Wird die Anzahl der Marken zur Laufzeit des PENCIL/C-Programms dann doch überschritten, ist das ein Laufzeitfehler, der dann zum Abbruch des Programms führt. Bei der Deklaration von Mehrfachstellen muß also unterscheiden werden zwischen **statisch und dynamisch realisierten Stellen**. Erfolgt die Deklaration einer Mehrfachstelle ("mplace") ohne Angabe einer Feldgröße, dann handelt es sich um eine dynamische realisierte Stelle. Erfolgt die Angabe einer Feldgröße (wie bei einem Vektor in C in eckigen Klammern), dann handelt es sich um eine Mehrfachstelle mit statischer Größe, die durch ein entsprechend großes statisches Feld in C realisiert wird.

Für die Effizienz ist jedoch nicht nur die Frage, ob die Mehrfachstelle mit einer statisch festgelegten Größe realisiert werden kann, oder ob nur eine dynamische Realisierung möglich ist, von Relevanz. Auch bei den Zugriffsfunktionen auf die Marken in einer Mehrfachstelle sind teilweise sehr unterschiedliche Anforderungen zu realisieren. Für die Mehrfachstellen können zwar Standardzugriffsfunktion angeboten werden, die ein Entfernen und Erzeugen von Marken in Mehrfachstellen ermöglichen. Solche generell verwendbaren

Funktionen haben jedoch den entscheidenden Nachteil, daß dem Programmierer bekannte Strukturen der Markierung einer Stelle nicht für eine besonderes effiziente Implementierung genutzt werden können. Betrachtet man das Beispiel aus Fig. 4.6., dann müßte die Stelle s2 bei einer **Produktnetz-konformen Umsetzung** wie folgt deklariert werden:

```
mplace struct
{       int daten;
        int k;
        int l;
        } array_mem [9] =
            { {0,1,1}, {0,1,2}, {0,1,3},
              {0,2,1}, {0,2,2}, {0,2,3},
              {0,3,1}, {0,3,2}, {0,3,3} };
```

Eine Standardzugriffsfunktion müßte nun, wenn eine beliebige Marke entfernt werden soll, zunächst, da ihr als generelle Funktion die Ordnung in dem Feld "array_mem" nicht bekannt ist, nach einer entsprechenden Marke sequentiell suchen. Danach wird diese Marke durch einen Wert ersetzt, der vereinbarungsgemäß den Zustand "leer" charakterisiert. Diese Funktion würde also eine Komponente einer Eingangskantenanschrift realisieren. Eine zweite Standardfunktion, die eine Komponente an einer Ausgangskantenanschrift realisiert, müßte dann möglicherweise, um eine neue Marke zu erzeugen, zunächst einen freien Speicherplatz suchen.

Um solche umständlichen und laufzeitintensiven Vorgänge vermeiden zu können, gibt es bei der Definition von Mehrfachstellen auch die Möglichkeit, diese nicht Produktnetzkonform zu definieren. Der Programmierer deklariert sich völlig frei normale global verfügbare Datenstrukturen, die er zur Speicherung der Marken verwenden will. Der tatsächliche Speicherplatz für die Marken in einer Mehrfachstelle wird dann ebenfalls im globalen Speicher reserviert. Durch den Vorsatz des Schlüsselwortes "mplace" vor eine der Variabeln wird ein Repräsentant im Markenspeicher erzeugt. Dieser Repräsentant wird bei der Aktivierung der entsprechenden Transition gesperrt. Aufgabe des Programmierers ist die richtige Anfangsbelegung, eine optimale Datenstruktur und die korrekte Entnahme bzw. Speicherung von Marken selbst zu realisieren. In PENCIL/C können also alle Datenstrukturen und Zugriffsprozeduren durch C völlig frei definiert werden.Der Programmierer kann damit auf die jeweilige Problemlage optimal zugeschnittene Lösungen implementieren.

Die Stelle s2 in Fig. 4.6. läßt sich beispielsweise durch ein statisches, zwei-dimensionales, einfaches Integerfeld realisieren. Für die zweite und dritte Komponenten wird dabei kein Speicherplatz benötigt.

```
mplace int array_mem [3] [3] =    {    { 0,0,0 },
                                       { 0,0,0 },
                                       { 0,0,0 }
                                  };
        /* Definition der Stelle s2 */
```

Für die Stelle s2 in Fig. 4.7. ist dagegen, wenn deutlich mehr als drei Elemente in der FIFO-Warteschlange gespeichert werden sollen, eine dynamische Verwaltung des Speicherplatzes sinnvoll. Der Programmierer könnte sich hier also zunächst eine verkettete Liste erzeugen. Aus dieser kann dann während der Laufzeit für verschiedene dynamisch verwaltete FIFO-Warteschlangen jeweils Speicherplatz reserviert werden, oder nicht mehr benötigter Platz an diese Liste zürückgegeben werden.

5.1.4.   Verwendung der Einfachstellen in der Aktivierungsfunktion

Die Aktivierungsfunktion muß so formuliert werden, daß sie nur erfüllt ist, wenn die entsprechende Transition auch im Produktnetz aktiviert ist. Dazu müssen logische Verknüpfungen über die Inhalte der "splaces" definiert werden. Da Einfachstellen definitionsgemäß immer genau nur eine Marke enthalten, ist, wie in Kap. 4.3.7.5. gezeigt, über den Stellennamen (bzw. den Stellennamen zusammen mit dem Komponentennamen) auch immer genau diese eine Marke (bzw. die entsprechende Komponente der Marke) eindeutig identifiziert. Das bedeutet, daß diese Namen im Prädikat auch direkt verwendet werden können. Praktisch bedeutet dies, daß die Einfachstellen in PENCIL/C genau wie Variablen behandelt werden können. So lautet z.B. der Kopf für die Transition t1 in PENCIL/C-Darstellung wie folgt.

```
trans array_input (max_k, max_l, array_in, array_mem)
            (   max_k >= array_in.k &&
                max_l >= array_in.l &&
                array_in.control == S
            )
```

In der Inzidenzliste werden zunächst alle Stellen, die mit dieser Transition über Kanten verbunden sind, aufgeführt. Bei der Aktivierungsbedingung handelt es sich um eine normale "expression" in C, in der aber nur "splaces" aus der entsprechenden Inzidenzliste verwendet werden dürfen. Weder normale globale Variablen, noch "mplaces" dürfen in der Aktivierungsfunktion verwendet werden.

5.1.5.   Verwendung des Transitionsrumpfes

Der Transitionsrumpf realisiert die Schaltfunktion. Dabei dürfen praktisch alle
Anweisungen und Konstrukte der Sprache C verwendet werden. Auch lokale
Variablen dürfen völlig frei definiert werden. Die einzige Einschränkung ist
dadurch gegeben, daß den "splaces" nur unmittelbar im Transitionsrumpf neue
Werte zugewiesen werden dürfen und nur dann, wenn sie in der Inzidenzliste
aufgeführt wurden. Die Berechnung der neuen Markierungen für alle Stellen der
Inzidenzliste ist Aufgabe des Programmierers. Die Bestimmung der neuen Marke
für eine Einfachstelle kann dabei aus den oben genannten Gründen direkt wie
die Zuweisung eines neuen Wertes zu einer Variablen erfolgen. Für das Beispiel
aus Fig. 4.6. muß im Zuweisungsteil der Transition t1 nur eine Einfachstelle
modifiziert werden. Die entsprechende C-Zuweisung, welche dies realisiert,
lautet:

        array_in.control = A;

Marken oder Komponenten von Marken, die sich nicht ändern, erhalten dabei
einfach keine neue Zuweisung.

Die schon erwähnten Standardfunktionen realisieren den Zugriff auf die Mehr-
fachstellen. Sie können vom Programmierer verwendet werden. In der Regel
wird der Programmierer aber für die spezielle Struktur der Markierung eine
effizientere Realisierung angeben können. Er kann dazu beliebige andere C-
Anweisungen verwenden. Allerdings muß beachtet werden, daß die an der
Aktivierung der Transition beteiligt Marken nicht automatisch entfernt werden.
Sie müssen also durch explizite Anweisungen entfernt bzw. geändert werden.
Der Zuweisungsteil zu der Transition t1 aus dem Beispiel in Fig. 4.6. ist, wenn die
nicht Produktnetzkonforme Deklaration der Stelle "array_mem" verwendet
wird, sehr einfach:

```
{
        array_mem [ array_in.k ] [array_in.l] = array_in.daten;
        array_in.control = A;
}
```

Würde die Stelle "array_mem" einfach Produktnetzkonform definiert, dann
könnten dazu passende Standardfunktionen, wie z.B. "del_token" und
"make_token" definiert werden. Den Funktionen wird in einer Parameterliste
der Name der Stelle und die Werte der einzelnen Komponenten der Marke
übergeben. Die Funktion "del_token" realisiert die Kantenanschrift an der
Eingangskante einer Mehrfachstelle. Die Funktion entfernt aus der Sicht der

Produktnetzspezifikation, die Marken aus den Mehrfachstellen, die zur Aktivierung der Transition beigetragen haben. Die Marken, die zur Schwellenmarkierung gehören, müssen einzeln berechnet werden. Sie ergeben sich aus den in der Aktivierungsbedingung weggelassenen Relationen R_m, die auch Mehrfachstellen enthielten.

In dem in Fig. 4.6. gegebenen Beispiel werden durch das Prädikat P(t1) über die Eingangskante (array_mem, t1) für k_i ein mit array_in.k und für l_i ein mit array_in.l identischer Wert verlangt. Der Wert der Variablen daten_i ist nicht festgelegt. Es muß also durch den Aufruf der Funktion "del_token" erreicht werden, daß aus der Datenstruktur "array_mem" genau eine Marke entfernt wird, die auf der ersten Komponente einen beliebigen Wert (ausgedrückt durch den ansonsten nicht benötigten Wert 0), auf der zweiten Komponente den Wert von array_in.k und auf der dritten Komponente den Wert von array_in.l enthält. Der Funktionsaufruf könnte dann beispielsweise lauten:

        del_token (array_mem, 0, array_in.k, array_in.l);

Die Funktion "del_token" hätte dann die Aufgabe die entsprechende Marke der Schwellmarkierung in der Stelle zu suchen und zu entfernen. Wird die Marke nicht gefunden, muß eine Laufzeitfehlermeldung erzeugt werden. Die Funktion "make_token" erhält im Prinizp dieselben Parameter, hat aber die Aufgabe für die Marke freien Speicherplatz zu finden und dort die Marke abzulegen. Für das Beispiel in Fig. 4.6. würde sich dann der folgende Rumpf für die Transition t1 ergeben.

```
{
        del_token (array_mem, -1,array_in.k, array_in.l );
        make_token (array_mem, array_in.daten, array_in.k, array_in.l );
        array_in.control = A;
}
```

Die Funktionen "make_token" und "del_token" müssen die Zugriffe sowohl auf dynamische, als auch auf statische Mehrfachstellen realisieren. Außerdem müssen sie berücksichtigen, daß die Definitionsbereich der Mehrfachstellen unterschiedlich sein können. Ferner ergibt sich das Problem, daß ja nicht nur Identitätsrelationen, wie in dem Beispiel aus Fig. 4.6. verwendet werden dürfen. In der Praxis ist die Deklaration dieser Standardfunktionen also nicht ganz so einfach wie hier dargestellt.

5.1.6.   Weitere Anmerkung zur Sprache PENCIL/C

5.1.6.1.   Verwendung von Zeigertypen

Sowohl für "splaces", als auch für "mplaces" ist die Definition eines Zeigers erlaubt. Der Zeiger sollte dabei verwendet werden, um Datenpakete oder Teile davon im Produktnetz darstellen zu können, wobei deren Inhalt jedoch zum Zeitpunkt der Bearbeitung noch nicht interpretiert wurde. Dies kommt z.B. vor, wenn in einer Protokollarchitektur eine Ebene n Daten von der Ebene n-1 erhält. Die Ebene n kann dabei Teile der Bitfolge nicht interpretieren, da die Bedeutung der Bitfolge erst durch Ebenen m > n festgelegt wird. Formal wird zwar die gesamte Bitfolge als Komponente einer Marke durch das Netz bewegt, physikalisch bewegt sich jedoch nur die Adreßinformation. Die eigentliche Bitfolge ist im globalen Speicher abgelegt. Daraus folgt natürlich, daß nur die Existenz eines solchen Zeigers signifikant in einer Aktivierungsfunktion verwendet werden darf. Eine Komponente vom Typ Pointer kann dabei von der Schaltfunktion auf andere Typen abgebildet werden. Damit kann innerhalb der Schaltfunktion die Bedeutung von Teilen der Bitfolge bestimmt werden und als eigenständige Komponente auch in nachfolgenden Aktivierungsbedingungen signifikant verwendet werden.

5.1.6.2.   Beschränkung der Markenanzahl

Für eine Stelle im Produktnetz ist die Angabe einer Kapazität bekanntlich nicht vorgesehen. Für eine Mehrfachstelle kann dies bedeuten, daß sich zur Laufzeit eine sehr große Anzahl von Marken in einer Stelle ansammeln kann. Eine Begrenzung der Anzahl von Marken in einer Stelle ist jedoch jederzeit durch den Programmierer möglich. In dem Beispiel in Fig. 4.5. repräsentiert die Stelle s2' die aktuelle Anzahl von Marken in Stelle s2. Durch das Erweitern des Prädikats P(t) (P'(t) = P(t) $\vee$ (c$\leq$S)) kann nun verhindert werden, daß Transitionen weitere Marken für die Stelle s2 erzeugen, wenn eine obere Schranke S erreicht ist.

5.1.6.3.   Ausführungsprioritäten

Eine Erweiterung gegenüber dem Produktnetzkonzept stellt die Einführung von Prioritäten für Transitionen dar. Prioritäten wurden in anderen Petrinetzkonzepten verwendet, um beispielsweise einen Konflikt eindeutig zu beheben. Die Prioritäten in PENCIL haben eine grundsätzlich andere Bedeutung. In /Lang91/ wurden verschiedene Bedienstrategie für die einzelnen Teilfunktionen eines

Protokolls untersucht. Dabei wurde gezeigt, daß alleine durch die Wahl einer besonders geeigneten Bedienstrategie die Leistungsfähigkeit einer Protokoll-implementierung deutlich verbessert werden kann. Das funktionale Modell der MDMA-Architektur, wie in Kap. 4.2. vorgestellt, behandelt zunächst jede Transition gleichberechtigt. Alle Quittungen und Aufträge werden gemäß der FIFO-Strategie bedient. Dies entspricht in der Wirkung der FIFO-Bedienstrategie, wie sie in /Lang91/ untersucht wird. Es wurde dort jedoch gezeigt, daß es wesentlich günstigere Strategien gibt. Durch die Prioritäten wird dem Benutzer von PENCIL die Möglichkeit gegeben, auf diese Bedienstrategien Einfluß zu nehmen. Vorgesehen ist, die Prioritäten in allen Warteschlangen (Auftragswarteschlange, Quittungswarteschlange, Suchspeicher) der MDMA-Architektur zu verwenden, um jeweils die Transitionen mit den höheren Prioritäten zu bevorzugen. Dies läßt sich z.B.: relativ einfach gewährleisten, indem für jede Priorität jeweils eine spezielle Warteschlange verwendet wird. Die Priorität einer Transition wird durch eine standardmäßig global vordefi-niertes Feld mit dem Namen "tx_prio" angeben. In dem Feld "tx_prio" ist zu jeder Transition eine Prioritätsangabe abgespeichert. Eine Transition kann durch Zuweisung eines neuen Wertes zu "tx_prio" also die Priorität jeder anderen Transition verändern. Dies sollte natürlich nur erfolgen, wenn es im Gesamt-zusammenhang sinnvoll ist.

5.1.7.   Beispiel

Das Beispiel in Fig. 4.6. kann nun vollständig in PENCIL/C wiedergegeben werden.

```
/* Definition der Stellen */
splace int  max_k = 3, max_l = 3;
                /* max_k entspricht s4 und max_l entspricht s3 */
enum cntrl_typ { A,S,L } ;
                /* Def. Aufzählungstyp für 4. Komponente von s1 und s5 */
struct array_cntrl {
                int daten;
                int k;
                int l;
                enum cntrl_typ cntrl; } ;
                /* Definition der Struktur für die Stellen s1 und s5 */
splace struct array_cntrl array_in = {0,1,1,A};
splace struct array_cntrl array_out = {0,1,1,A};
                /* Definition der Stellen s1 und s5 */
mplace int array_mem [3] [3] =
                { { 0,0,0 },
                  { 0,0,0 },
                  { 0,0,0 }
                }; /* Definition der Stelle s2 */

/* Definition der Transitionen */
trans array_input (max_k, max_l, array_in, array_mem)
```

```
(       max_k >= array_in.k &&
        max_l >= array_in.l &&
        array_in.control == S
)       /*    entspricht t1    */
{
        array_mem [ array_in.k ] [array_in.l] = array_in.daten;
        array_in.control = A;
}
trans array_output (max_k, max_l, array_out, array_mem)
(       max_k >= array_out.k &&
        max_l >= array_out.l &&
        array_out.control == L
)       /*    entspricht t2    */
{
        array_out.daten = array_mem [ array_in.k ] [array_in.l] ;
        array_out.control = A;
}
/*      zusätzliche Transition, um aus dem Teilnetz in Fig. 4.6.
        ein vollständiges, abgeschlossenes Netz zu machen          */
trans nonsens_array_user (array_in, array_out)
(       array_in.control == A &&
        array_out.control == A &&
)
{       array_in.daten = beliebige_funktion(array_out.daten);
        array_in.k = random(1,3);
        array_in.l = random(1,3);
        array_out.k = random(1,3);
        array_out.l = random(1,3);
        array_in.control = S;
        array_out.control = L;  }
```

6. Die Verwendung von PENCIL

Durch die Definition der Syntax und der Semantik ist eine Programmiersprache eindeutig definiert. Jeder Sprache liegt jedoch auch eine Orientierung zugrunde, wie diese Sprache benutzt werden soll. Diese Orientierung ergibt sich zum einen aus den physikalischen Komponenten des Rechners, die bei der Übersetzung der Sprache in ausführbaren Maschinen-Code möglichst optimal genutzt werden sollen. Zum anderen ist sie auch ausgerichtet an der menschlichen Denkweise. Sie soll ein intuitives Verständnis der dargestellten Vorgänge fördern. Im folgenden sollen Methoden vorgestellt werden, die bei der Erstellung von PENCIL/C-Programmen benutzt werden können und sollten. Dabei soll deutlich gemacht werden, daß gerade der formale Hintergrund von PENCIL/C, das Produktnetz, ein sehr geeignetes Hilfsmittel ist. Einerseits kann direkt aus einer Spezifikation das entsprechende Programm abgeleitet werden. Andererseits ist es möglich, das so erstellte Programm optimal für die verwendete Hardware und insbesondere eine parallele Verarbeitung unter Verwendung von formalen Methoden umzugestalten.

6.1. Umsetzung anderer Spezifikationsspachen in PENCIL

Für alle denkbaren Spezifikationsmethoden sollte sich immer auch die Frage stellen, wie aufwendig die Entwicklung einer leistungsfähigen Implementierung aus einer gegebenen Spezifikation ist. Umgekehrt muß auch eine Implementierungsmethode daran gemessen werden, wie aufwendig die Erstellung der Implementierung ist, wenn eine entsprechende Spezifikation vorliegt.

Es sei hier noch angemerkt, daß die vollständige Umsetzung einer Protokollspezifikation in ausführbaren Programmcode mit üblichen Methoden für einen erfahrenen Protokollimplementierer immer noch häufig einen Zeitaufwand von mehr als einem Jahr darstellt. Die im Rahmen von Diplomarbeiten durchgeführten Untersuchungen können daher nicht vollständig lauffähige Umsetzungen eines Protokolls in ein Petrinetz sein. Ziel dieser Arbeiten war es die Probleme zu erkennen und Lösungsverfahren zu erarbeiten.

6.1.1. Erweiterte endliche Automaten

In /Gerh90/ wurde die Umsetzung einer nicht formalen Protokollspezifikation (anhand des LLC /IEEE802.2/) in ein Petrinetz untersucht. Eine nicht formale Spezifikation besteht üblicherweise zu großen Teilen aus erweiterten endlichen

Automaten, die das dynamische Verhalten des Protokolls beschreiben. Im folgenden Kapitel sollen grundsätzliche Techniken zur Umsetzung einer solchen Spezifikation in eine PENCIL-Spezifikation dargestellt werden. Die formalen Spezifikationstechniken SDL und ESTELLE basieren ebenfalls auf dem Konzept der erweiterten endlichen Automaten. Daher dürften ähnliche Umsetzungsmethoden auch für diese Sprachen sinnvoll sein.

Die Definition eines endlichen Automaten kann analog zur Definition eines Petrinetzes erfolgen. Ein **endlicher Automat** ist ein Tupel $X = (Z, E, A, T, i)$ mit :

> einer endlichen Menge $Z = \{ z0, z1, z2, \dots , zm \}$, $m \in \mathbb{N}$,
> einer endlichen Menge E,
> und einer endlichen Menge A.

Die Elemente von Z werden **Zustände** genannt und graphisch durch Kreise dargestellt. Die Elemente von E werden **Eingangsalphabet** und die Elemente von A werden **Ausgangsalphabet** genannt. Für T gilt :

> $T \subseteq Z \times E \times A \times Z.$

Die Elemente von T werden **Transitionen** oder **Zustandsübergänge** genannt. Graphisch werden Transitionen durch Pfeile dargestellt. Durch eine Kantenanschrift an dem betreffenden Pfeil wird das entsprechende Eingangs- bzw. Ausgangsalphabet dargestellt. Eingangs- und Ausgangsalphabet werden durch einen Schrägstrich getrennt. Für i gilt :

> $i \in Z.$

Ein Element $i \in Z$ ist der **Startzustand** eines endlichen Automaten.

Mit endlichen Automaten läßt sich das Verhalten eines Systems spezifizieren. Anschaulich ist ein Element aus E, eine Nachricht oder ein Ereignis, welches von außen auf dieses System wirkt. In Abhängigkeit von seinem inneren Zustand Z reagiert das System mit einem Zustandswechsel und der Erzeugung einer Nachricht.

Da die Anzahl der Zustände, die zur vollständigen Beschreibung eines Systemverhaltens nötig sind, in der Praxis häufig sehr groß werden, wurden erweiterte endliche Automaten definiert.

Ein **erweiterter endlicher Automat** ist ein Tupel Y = (Z, E, A, V, B, C, T', i) mit :

> (Z, E, A, T', i) ist ein endlicher Automat,
> einer endlichen Menge V,
> einer endlichen Menge B,
> einer endlichen Menge C.

Die Elemente von V werden **Variablen**, die Elemente von B werden **Bedingungen** und die Elemente von C werden **Aktionen** genannt. Das Eingangs- und Ausgangsalphabet ist bei erweiterten Automaten mit Parametern versehen. Die Elemente von B sind boolesche Ausdrücke mit den Variablen $v \in V$ und den Parametern des Eingangsalphabets. Nur wenn dieser boolesche Ausdruck erfüllt ist und das entsprechende Zeichen des Eingangsalphabets vorliegt, dann findet der zugeordnete Zustandsübergang verbunden mit der Ausführung der Aktionen statt. Die Aktionen sind Zuweisungen, die aus den Variablen $v \in V$ und den Parametern des Eingangsalphabets neue Werte für die Variablen und die Parameter des Ausgangsalphabets berechnen und entsprechend zuweisen.

Die Werte, die den Variablen jeweils zugewiesen sind und der aktuelle Zustand $z \in Z$ kennzeichnen insgesamt einen Grundzustand des Automaten. In /Hofm91/ wird ein Element $z \in Z$ **Hauptzustandskomponente** genannt und ein Element $v \in V$ **Nebenzustandskomponente**. Führt man anstelle eines jeden Wertes, den eine Variable in jedem einzelnen Zustand annehmen kann, einen zusätzlichen Zustand ein, dann erhöht sich die Anzahl der Hauptzustände und die Anzahl der Nebenzustände verringert sich. Ohne das äußere Verhalten des Automaten zu ändern, können also Nebenzustände durch Hauptzustände ausgedrückt werden (und umgekehrt).

Die Umsetzung solcher erweiterten endlichen Automaten in ein Produktnetz ist nun relativ einfach.

- Jeder Hauptzustand entspricht einer Stelle. Diese Stelle (**Zustandsstelle**) hat nur zwei Elemente im Definitionsbereich. Durch die Marke in der Stelle wird festgelegt, ob dieser Zustand augenblicklich erreicht ist oder nicht.
- Jeder Hauptzustandsübergang im Automaten wird durch eine Transition im Produktnetz ausgedrückt.
- Die Variablen (Nebenzustände) werden durch weitere Stellen repräsentiert. Diese Stellen (**Variablenstelle**) sind im Sinn der Definition 3.9. Nebenbedingungen für die Transition. Durch das Prädikat und die Eingangskantenanschrift muß die entsprechende Bedingung $b \in B$ formuliert werden, und durch die Beschriftung

       der Ausgangskanten erfolgt die Zuweisung neuer Werte für die
       Variablen $v \in V$ entsprechend den Aktionen $c \in C$.
-     Jedem Element $e \in E$ wird eine spezielle **Eingabestelle** zugewiesen.
       In dieser Eingabestelle werden die Parameter des Elements beim
       Auftreten eines Zeichens des Eingangsalphabets abgelegt.
-     Jedem Element $a \in A$ wird eine spezielle **Ausgabestelle** zugewie-
       sen. Ihr werden die Parameter des Elements beim Schalten der
       Transition abgelegt.

Die Begriffe Zustandsstelle, Variablenstelle, Eingabestelle und Ausgabestelle sind
keine neuen Stellen im Sinne der Definition des Produktnetzes. Die Begriffe
dienen lediglich zur Charakterisierung der Eigenschaften dieser Stellen im
Gesamtkontext.

Die beschriebene Vorgehensweise soll anhand eines ausführlichen Beispiels
erläutert werden. Dazu wird das sogenannte "Alternating Bit Protocol" /Barl69/
verwendet. In /Ochs91/ wird eine komplette Spezifikation dieses Protokolls
durch ein Produktnetz vorgestellt. Aufgabe dieses Protokolls ist es, über einen
Kanal einen sicheren Datentransport zu gewährleisten. Der benutzte
Übertragungskanal garantiert nur die Einhaltung der Reihenfolge der Pakete, es
können jedoch Pakete verloren gehen. Außerdem gewährleistet das Protokoll
eine Flußkontrolle. Betrachtet wird hier nur die Datenübertragungsphase. Dabei
werden zwischen den beiden Instanzen nur zwei Arten PDUs ausgetauscht :

DATA(daten,alternating_bit)
ACK(last_received_bit)

Mit den übergeordneten Ebenen wird während der Datenübertragungsphase mit
Hilfe der folgenden zwei Dienstprimitiven kommuniziert.

DATreq(daten)
DATind(daten)

Im Zustand z0 erwartet der Empfänger eine DATA-PDU mit alternating_bit=0.
Der Empfänger sendet eine ACK-PDU mit last_received_bit=0, wechselt in den
Hauptzustand z1 und erwartet eine DATA-PDU mit alternating_bit=1. Wird eine
DATA-PDU mit dem falschen Wert für alternating_bit empfangen, dann wird
das letzte gesendete ACK wiederholt. Dieses Verhalten des Protokolls wird in Fig.
6.1. durch einen erweiterten endlichen Automaten dargestellt.

Diese Automatendarstellung wird nun mit dem oben vorgestellten Verfahren in
eine entsprechende Produktnetz-Darstellung umgesetzt.

Zur Repräsentation der Zustände z0 und z1 im Automaten werden die Stellen z0 und z1 eingeführt. Die Übergange im Automaten werden abgebildet auf Transitionen:

Der Übergang z0 $\Rightarrow$ z1 entspricht der Transition t0-1
Der Übergang z1 $\Rightarrow$ z0 entspricht der Transition t1-0
Der Übergang z0 $\Rightarrow$ z0 entspricht der Transition t0-0
Der Übergang z1 $\Rightarrow$ z1 entspricht der Transition t1-1

Variablen sind in diesem Beispiel nicht vorhanden und brauchen daher nicht behandelt zu werden. Für das Element DATA des Eingangsalphabets und für die Elemente ACK und DATind des Ausgangsalphabets werden jeweils Stellen definiert. In Fig. 6.2. ist das so erzeugte Produktnetz dargestellt. Die Anfangsbelegungen M_0(DATind)=<◊>; M_0(DATA)=<◊,0> und M_0(ACK)=<◊> sind aus Gründen der Übersichtlichkeit graphisch nicht dargestellt. Die Kanten, die Zustandsübergängen im Automaten entsprechen, sind in Fig. 6.2. dicker als die übrigen Kanten dargestellt.

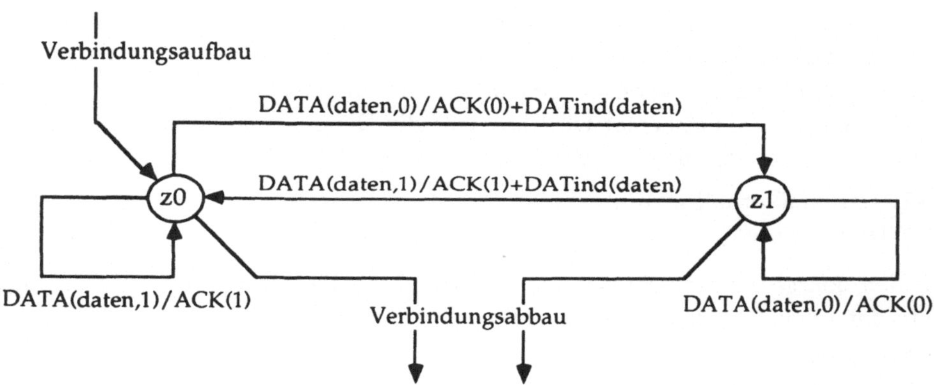

Fig. 6.1.   Automatendarstellung eines Teils des "Alternating Bit Protocol"

In Fig. 6.2. wird auf die Darstellung des Verbindungsaufbaus und Abbaus verzichtet, für die weitere Transitionen hätten eingeführt werden müssen. Die Transition für den Verbindungsabbau muß die Marken in den Stellen z0 und z1 durch eine <0> ersetzen, die Transition für den Verbindungsaufbau muß dann in der Stelle z0 wieder die <0> durch eine <1> ersetzen.

Die Darstellung in Fig. 6.2. erscheint zunächst aufwendiger und komplexer als die Darstellung, die in Fig. 6.1. gegeben wird. Dies liegt jedoch daran, daß die Darstellungen nicht äquivalent sind. Vielmehr enthält die Darstellung in Fig. 6.2.

im Vergleich zu der Darstellung in Fig. 6.1. mehr Informationen. Die Produktnetzdarstellung legt nämlich auch die Kommunikationsbeziehungen (Dienstzugangspunkte) dieses Systems mit der Umwelt fest (dargestellt durch die dünneren Kanten). Neben der Definition der dafür zu verwendenden

Vorspann:
-       $B=\{0,1\}$
        $D(z0)=D(z1)=B; D(ACK)=B \cup \{\lozenge\};$
        $D(DATind)=DD; D(DATA)=DD \times B$

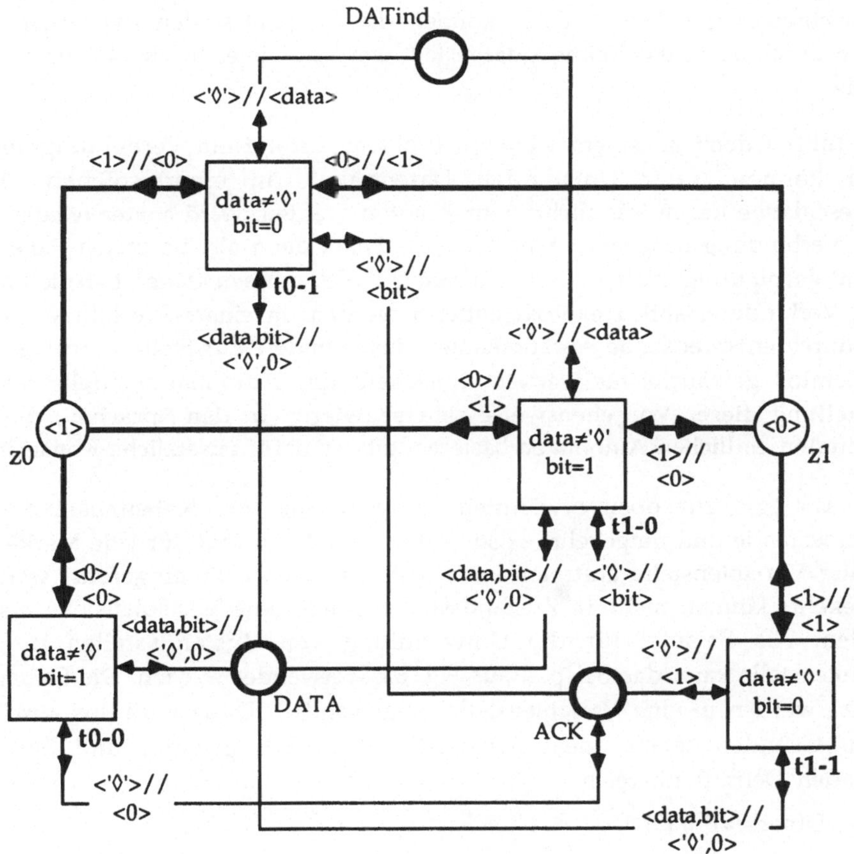

Fig. 6.2.   Produktnetzdarstellung (entsprechend zu Fig. 6.1.)

Datentypen werden durch die Darstellung in Fig. 6.2. auch die Regeln der Kommunikation mit der Umwelt festgelegt. Die Umwelt darf nämlich erst wieder ein neues Element des Eingangsalphabets an das System senden, wenn das alte Ereignis bearbeitet worden ist (entspricht dem Schalten der betreffenden Transition) . Die Transitionen t0-1 bzw. t1-0 dürfen ebenfalls nicht schalten, solange in DATind noch die zuletzt empfangenen Daten liegen. Für den Automaten wird meistens implizit vereinbart, daß die Eingangselemente in einer FIFO-Warteschlange gespeichert werden. Die Kommunikation von verschiedenen Automaten untereinander erfolgt über sogenannte Kanäle, die eine solche FIFO-Eigenschaft besitzen. In den entsprechenden Sprachen, die auf solchen erweiterten endlichen Automaten basieren, ist eine spezielle Syntax für die Angabe dieser Kanäle vorgesehen. Ist ein dementsprechendes Verhalten des Produktnetzes gewünscht, dann können die Eingangsstellen und Ausgangsstellen durch eine FIFO-Teilnetz dargestellt werden, wie es in Fig. 4.7. vorgestellt wurde.

Dies führt jedoch zu einem weiteren Problem. Erfolgt ein Verbindungsabbau, dann können unter Umständen Datenpakete in einer solchen FIFO-Warteschlange liegen, die nicht mehr benötigt werden. Wird später wieder eine neue Verbindung aufgebaut, werden diese Paket dann als die ersten Paket der neuen Verbindung interpretiert. Die alten Paket müssen daher beispielsweise beim Verbindungsabbau explizit entfernt werden. In einem Produktnetz kann dies durch entsprechende Abräumkanten (insbesondere zur Stelle s2 in Fig. 4.7.) problemlos gewährleistet werden. Innerhalb des Automatenmodells ist die Darstellung dieser Vorgehensweise sehr schwierig. In den Sprachen, die auf erweiterten endlichen Automaten basieren, gibt es dafür zusätzliche Konstrukte.

Eine Analogie zur oben erwähnten Umwandlung von Nebenzuständen in Hauptzustände und umgekehrt existiert ebenfalls. Dazu muß für jede Marke, die in einer Variablenstelle auftreten kann, eine Zustandsstelle eingeführt werden. Umgekehrt können mehrere Zustandsstellen durch eine Variablenstelle ersetzt werden. Als Beispiel für die Umwandlung von Zustandsstellen in eine Variablenstelle kann das Beispiel aus Fig. 6.2. verwendet werden. Die Stellen z0 und z1 werden in eine Variablenstelle umgewandelt. Diese wird aus anschaulichen Gründen "necb" (next expected control bit) genannt und hat den folgenden Definitionbereich:

$$D(necb)=B \cup \{\Diamond\}$$

Befindet sich eine Marke <1> oder <0> in "necb", existiert eine Verbindung. Durch die Marke <$\Diamond$> in "necb" wird ausgedrückt, daß keine Verbindung besteht. Die Transitionen t0-1 und t0-0 können schalten, solange M(necb)=<0> gilt, die Transitionen t1-0 und t1-1, solange M(necb)=<1> vorliegt. Dieses Zusammenfassen der Stellen z0 und z1 ist eine Analogie zur Umwandlung von Hauptzuständen in Nebenzustände.

Sowohl aus Gründen der Übersichtlichkeit als auch der Effizienz ist eine weitere Vereinfachung der Darstellung in Fig. 6.2. wünschenswert. So können alle Eingabe- oder Ausgabestellen, welche die gleichen Definitionsbereiche haben, häufig in einer gemeinsamen Eingabe- oder Ausgabestelle zusammengefaßt werden. Gleichermaßen können auch Eingabe- und Ausgabestellen unter dieser Bedingung zu einer Ein/Ausgabestelle zusammengefaßt werden.

Vorspann:

- $\quad$ B={0,1}; SE={DATind,ACK}
  inv: B -> B mit inv(0)=1; inv(1)=0
  D(necb)=B ∪ {◊}; D(DATind)=DD;
  D(DAT_or_ACK)=SE × DD × B

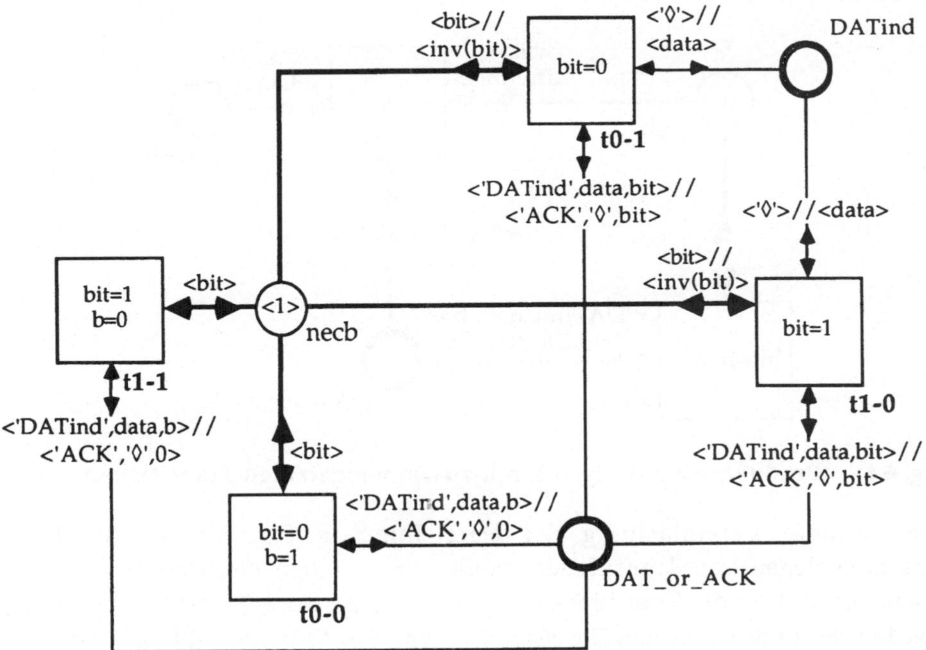

Fig. 6.3   **Produktnetz aus Fig. 6.2. mit zusammengefaßten Stellen**

In dem Beispiel in Fig. 6.3. sind die Definitionsbereiche aller Ein- und Ausgabestellen paarweise verschieden. Die Definitionsbereiche der Stellen DATind und ACK können jedoch so geändert werden, daß sie zusammengefaßt

werden können. Dazu wird eine neue Grundmenge eingeführt mit dem Namen
SE (für service element):

-        SE={DATind,ACK}

Damit können dann neue Definitionsbereiche für die Stellen DATind und ACK
festgelegt werden.

-        D(DATind)=D(ACK)=SE × DD × B

Jetzt können die Stellen DATind und ACK in einer gemeinsamen Stelle
(DAT_or_ACK) zusammengefaßt werden. Um dieselbe Funktionalität zu
erreichen, wie bei dem Beispiel in Fig. 6.2., müssen auch die Prädikate und die
Kantenanschriften entsprechend angepaßt werden. Das so entstehende
Produktnetz ist in Fig. 6.3. dargestellt. Die Anfangsbelegungen M_0(DATind)=<◊>
und M_0(DAT_or_ACK)=<ACK,◊,0> sind hier graphisch nicht dargestellt.

Vorspann: (siehe Fig. 6.3.)

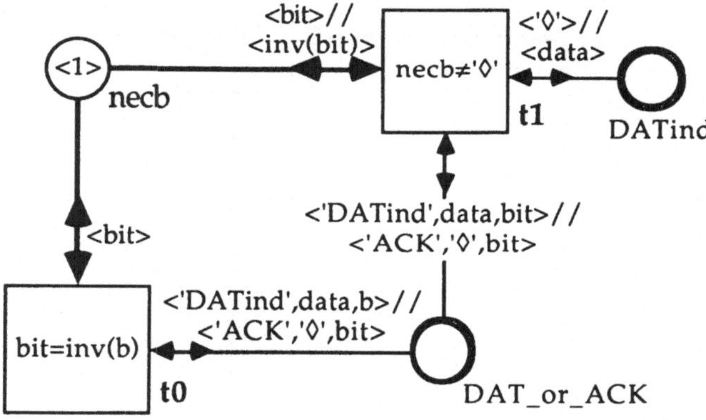

Fig. 6.4.   Produktnetz aus Fig. 6.3. mit zusammengefaßten Transitionen

Eine weitere Vereinfachung der Darstellung in Fig. 6.3. ist durch das
Zusammenlegen von Transitionen möglich. So können t0-0 und t1-1 zu einer
Transition t0 und die Transitionen t0-1 und t1-0 zu einer Transition t1 vereinigt
werden. Es muß dabei gewährleistet werden, daß t0 immer aktiviert ist, wenn
t0-0 oder t1-1 aktiviert wäre, bzw. t1, wenn t0-1 oder t1-0 aktiviert wäre. Die
Transitionen t0 bzw t1 realisieren dann immer das entsprechende
Schaltverhalten der ersetzten Transitionen. Die Anfangsbelegung ist:

M_0(DATind)=<◊>; M_0(DAT_or_ACK)=<ACK,◊,0>

Die nun entstandene Darstellung ist ähnlich kompakt wie die Darstellung des
Automaten in Fig. 6.1. . Darüberhinaus ist diese Darstellung aber einer

Implementierung schon erheblich näher, da die Darstellung in Fig. 6.4. mit den entsprechenden Methoden direkt in PENCIL/C umgesetzt werden kann.

```
/* Definition von Typen */
typedef unsigned char byte;
typedef enum {bit_0,bit_1} bit;
typedef enum {DATind, ACK} se_typ;
typedef enum {expect_0, expect_1, inactive} necb_typ;

/Definition der Stellen*/
splace necb_typ necb = expect_0;
splace struct {
        se_typ se;
        byte *data;
        bit cntrl;
        } dat_or_ack = {ACK, NULL, C};
splace byte *datind = NULL;
        /* Die Marke <◊> wird hier durch den Pointerwert NULL dargestellt*/


/* Definition der Transitionen */
trans received_correct (necb, datind, dat_or_ack)
(       dat_or_ack.se == DATind &&
        dat_or_ack.data != NULL &&
        dat_or_ack.cntrl == necb
)       /*    entspricht t0    */
{
        datind = dat_or_ack.data;
        dat_or_ack.se = ACK;
        dat_or_ack.data = NULL;
        dat_or_ack.cntrl = necb;
        necb = inv(necb);
}
trans received_wrong (necb, dat_or_ack)
(       dat_or_ack.se == DATind &&
        dat_or_ack.data != NULL &&
        dat_or_ack.cntrl != necb
)       /*    entspricht t1    */
{
        dat_or_ack.se = ACK;
        dat_or_ack.data = NULL;
        dat_or_ack.cntrl = necb;
}
```

Mithilfe der hier vorgestellten Methodik wurde unter anderem eine nicht formale Spezifikation des XTP-Protokolls (/Ches88/; /Ches89/) umgewandelt in eine formale Spezifikation in Form eines PENCIL/C-Netzes /Hein92/.

6.1.2.   LOTOS

Auf grundsätzlich anderen Mechanismen als die erweiterten endlichen Automaten basiert die formale Spezifikationstechnik LOTOS. Es soll hier eine

Arbeit /Atas89/ vorgestellt werden, die sich mit der Umsetzung einer LOTOS-Spezifikation in ein Produktnetz beschäftigt. Endgültig mittels LOTOS standardisierte Protokollspezifikationen waren jedoch für diese Arbeit noch nicht verfügbar. Insbesondere über das Transportprotokoll /ISO8072/, /ISO8073/ existieren jedoch eine ganze Reihe von Vorarbeiten zu Standards /Brin84/, /ISO87a/, ISO87b/, /ISO87c/. Daher wurde für diese Umsetzung eine vorläufige Spezifikation des Transportprotokolls als Vorlage benutzt.

LOTOS basiert im wesentlichen auf Konstrukten, die aus /Miln80/ über CCS (Calculus of Communicating Systems) bekannt sind. In /Golt84/, /Golt88/ wird für diese Konstrukte eine ersatzweise Darstellungen durch Petrinetze vorgestellt. In den Arbeiten von /Leon88/ und /Marc88/ wurden sogenannte Galileo-Netze zur Umsetzung von Basis-LOTOS vorgestellt. Eine vollständige Umsetzung der LOTOS-Syntax in ein Petrinetz existiert jedoch noch nicht.

In /Atas89/ wurde die Umsetzung einer LOTOS-Protokollspezifikation des OSI-Transportprotokolls (Class 0) in ein Produktnetz untersucht. Für alle wesentlichen LOTOS-Operatoren wurden entsprechende Darstellungen mittels Produktnetzen angegeben und die Umsetzung formal beschrieben. Die eigentliche Umsetzung von LOTOS-Operatoren in entsprechende Netze war dabei relativ einfach. Die einzelnen Prozeßmodule wurden zunächst separat in eine Darstellung durch ein Teilnetz umgesetzt. Die einzelnen Module wurden dann durch Anwendung von Synchronisationsregeln miteinander gekoppelt. Die Netz-Spezifikation ist damit eine genaue Abbildung der LOTOS-Spezifikation. Bei dieser Vorgehensweise entstehen relativ unübersichtliche Netze, was im wesentlichen durch die Synchronisationsbedingungen für die Prozesse bedingt ist. Die Ursache soll anhand eines Beispiels erläutert werden.

Betrachtet wird ein Prozeß, der eine Netzverbindung einrichten soll. Dieser äußert zunächst einen Verbindungsaufbauwunsch an dem entsprechenden Tor. Danach muß er andere Interaktionen an diesem Tor ignorieren. Dazu wird in LOTOS ein zusätzlicher Prozeß spezifiziert, der an den Interaktionen teilnimmt, um bestimmte Interaktionen in diesem Zustand zu ignorieren. Für eine Spezifikation kann eine solche Vorgehensweise sinnvoll sein. Bei einer Implementierung sollten solche Aktivitäten natürlich vermieden werden, wenn dies zusätzlich ausführbahren bewirkt. Bei der in /Atas89/ vorgestellten Transformation mittels fester Regeln überführt man jedoch auch solche Prozeßstrukturen in die neue Spezifikation. Hier ist also ein nachträgliches Verändern des Netzes zur Optimierung der Implementierung unbedingt erforderlich.

Insgesamt hat die Arbeit gezeigt, daß eine weitgehend automatische Umsetzung von LOTOS-Protokoll-Spezifikationen in ein Petrinetz prinzipiell möglich ist. Für eine effiziente Implementierung sind bei der in /Atas89/ untersuchten Umsetzungsmethode jedoch noch umfangreiche manuelle Veränderungen an der so erzeugten Netz-Spezifikation nötig.

6.2.   Granularität

Für die Bearbeitung eines gegebenen Algorithmus ist die Ausführung einer Reihe von Aktionen erforderlich. Diese Aktionen können teilweise parallel und teilweise nur nacheinander ausgeführt werden. Die **Granularität** der Darstellung ist ein Maß für den zeitlichen Aufwand, der zur Bearbeitung einzelner Aktion erforderlich ist. Werden diese Aktionen in mehrere kleinere Aktionen aufgeteilt, dann spricht man von einer Verfeinerung (die Granularität wird größer). Die Umkehrung des Vorganges ist die Vergröberung. Für ein Petrinetz sind diese Begriffe in Kap. 3.2.1. bereits erwähnt worden. Wird für einen gegebenen Algorithmus die Granularität erhöht, so ist die Anzahl der nebenläufig ausführbaren Aktionen häufig größer. Andererseits steigt damit der anteilige Aufwand für die Kommunikation und die Verwaltung der Aktionen. Daher ist die Wahl der optimalen Granularität eine wichtige Voraussetzung für jede effiziente parallele Verarbeitung von Programmen. Ein Vorteil, der sich durch die Verwendung der Produktnetze in einer Programmiersprache ergibt, ist, daß formale Verfahren zur Veränderung der Granularität angegeben werden können. Mit der Verwendung eines Produktnetzes bei der Implementierung eines Algorithmus wird also eine zumindest teilweise automatische Veränderung der Granularität unterstützt. Diese sollen im folgenden erläutert werden.

6.2.1.   Verschmelzen von Stellen

Die Technik des **Verschmelzens von Stellen** wurde bereits angewendet beim Übergang der Produktnetzdarstellung von Fig. 6.2. zur Darstellung in Fig. 6.3. Voraussetzung für das Verschmelzen von Stellen ist:

Voraussetzung 6.1.:

-      $s1 \in S^e \wedge s2 \in S^e$ □

Im eingeschränkten Produktnetz können jeweils zwei Einfachstellen s1 und s2 zu einer neuen Stelle s1/2 verschmolzen werden. Dazu muß der Definitionsbereich der neuen Stelle s1/2 wie folgt definiert werden:

-        $D(s1/2) = D(s1) \times D(s2)$

Der Vorbereich der neuen Stelle wird festgelegt durch:

-        $^\bullet s1/2 = {}^\bullet s1 \cup {}^\bullet s2$
-        $s1/2^\bullet = s1^\bullet \cup s2^\bullet$

Da gemäß der Definition 4.3. für eine Einfachstelle immer gilt $^\bullet s = s^\bullet$, gilt auch für die neue Stelle, daß der Vorbereich mit dem Nachbereich identisch ist. Für die neuen Kantenanschriften lassen sich ebenfalls Regeln angeben. Ausgegangen werden soll dabei von einem PENCIL/C-Produktnetz.

Eine schematische Kantenanschrift der Stelle s1 oder der Stelle s2 an einer Eingangskante zur Transition t

$K(s1,t) = <s1\text{-}t\text{-}1, s1\text{-}t\text{-}2, \ldots, s1\text{-}t\text{-}r_{s1}>$ oder

$K(s2,t) = <s2\text{-}t\text{-}1, s2\text{-}t\text{-}2, \ldots, s1\text{-}t\text{-}r_{s2}>,$

muß für die neue Stelle durch die Kantenanschrift

$K(s1/2,t) = <s1\text{-}t\text{-}1, s1\text{-}t\text{-}2, \ldots, s1\text{-}t\text{-}r_{s1}, s2\text{-}t\text{-}1, s2\text{-}t\text{-}2, \ldots, s1\text{-}t\text{-}r_{s2}>$

ersetzt werden. Gibt es sowohl eine Kante (s1,t) als auch eine Kante (s2,t), dann wird dafür natürlich nur eine Kante (s1/2,t) eingeführt. In gleicher Weise müssen auch die Ausgangskantenanschriften ersetzt werden. Werden die Bezeichnungen so beibehalten, dann brauchen die Prädikate und die Funktionsteile in den Transitionen nicht geändert werden. In Fig. 6.5. ist die Verschmelzung einer Stelle nach diesem Verfahren dargestellt. Aus Gründen der Übersichtlichkeit wird dabei auf die schematische Kantenanschrift verzichtet. Es handelt sich jedoch um ein vollständig entflochtenes Teil-Produktnetz, das nur aus Einfachstellen besteht. Außerdem wird an jeder Kante, die von oder zu derselben Stelle führt, dieselbe Kantenanschrift verwendet.

Das in Fig. 6.5. dargestellte Produktnetz hat bezüglich der Stellen s1 und s4 das folgende Verhalten. Die Transition t1 summiert die Marken auf, die in s1 abgelegt werden (in der zweiten Komponente von s2), und zählt dabei die Summanden (in der ersten Komponente von s2). Wenn zehn Summanden addiert wurden, wird durch die Transition t2 das Ergebnis an die Stelle s3 weitergeleitet. Die Stelle s2 erhält die Marke <0,0>. Die Transition t3 berechnet zu dem Ergebnis den Funktionswert f(x) und legt diesen in s4 ab.

Das hier vorgestellte Verfahren des Verschmelzens von Stellen ist grundsätzlich auch umgekehrt durchführbar. Da in der Regel aber die durch das Produktnetz definierten Aktionen bei einer manuellen Erstellung des Produktnetzes eher zu kurz sind, ist das Trennen von Stellen wohl nur von geringer Bedeutung.

Vorspann:

$$D(s1)=D(s3)=D(s4)=N$$
$$D(s2)=N \times N \quad \text{bzw.} \quad D(s2/3)=N \times N \times N$$

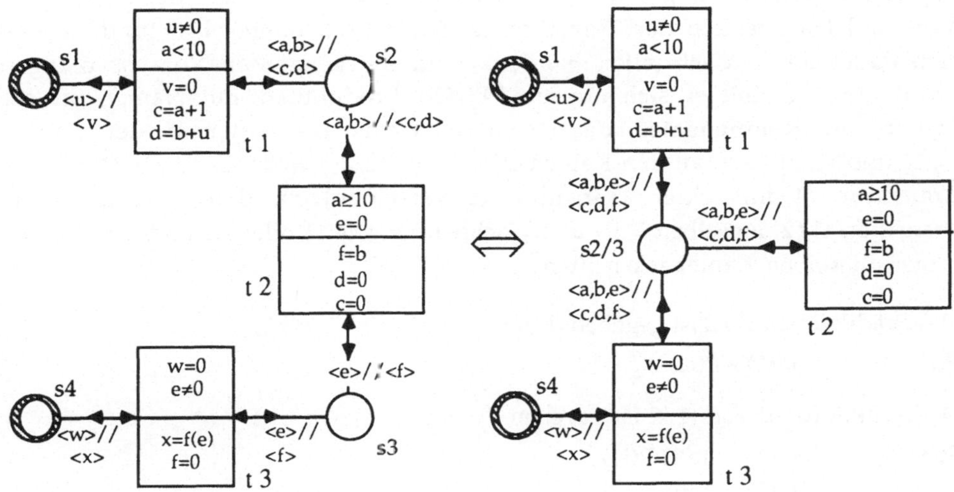

Fig. 6.5.   Verschmelzen der Stellen s2 und s3

In dem Übergang von Fig. 6.2. nach Fig. 6.3. wurden im Prinzip nach dem hier vorgestellten Verfahren die Stellen z0 und z1 zur Stelle necb verschmolzen. Die Stelle SE ist durch das Verschmelzen der Stellen DATA und ACK entstanden. Allerdings wurde in beiden Fällen der durch das Verschmelzen entstehende mehrdimensionale Definitionsbereich wieder auf einen eindimensionalen Definitionsbereich abgebildet. Dies geht allerdings nur, wenn die Grundmengen des mehrdimensionalen Definitionsbereichs alle endlich sind. Die Prädikate und Funktionsteile müssen dann natürlich auch entsprechend geändert werden.

6.2.2.   Verschmelzen von Transitionen

Ein dem Verschmelzen von Stellen ähnliches Verfahren läßt sich auch für Transitionen angeben. Dieses Verfahren wurde bereits beim Übergang der Darstellung in Fig. 6.3. zu der in Fig. 6.4. verwendet. Dort wurden die Transitionen t0-0 und t1-1 zur Transition t0 verschmolzen. Die Transitionen t0-1 und t1-0 wurden zur Transition t1 verschmolzen. Voraussetzung für das Verschmelzen von zwei Transition t1 und t2 ist:

Voraussetzung 6.2.:

-        $^\bullet t1 = {}^\bullet t2 = t1^\bullet = t2^\bullet \subseteq S^e$ □

Es müssen also alle Stellen im Vor- und Nachbereich der Transition t1 auch im Vor- und Nachbereich der Transition t2 liegen (und umgekehrt), und es muß sich dabei um Einfachstellen handeln. Sind die genannten Voraussetzungen erfüllt und handelt es sich um ein PENCIL-Produktnetz mit Namen für die Stellen und Komponenten, dann sind die Kantenanschriften an den Kanten (s,t1) und (s,t2) bzw. an den Kanten (t1,s) und (t2,s) jeweils identisch. Wird eine Transition t1 mit einer Transition t2 verschmolzen, dann hat die neue Transition t1/2 denselben Vor- und Nachbereich wie t1 oder t2, und ihre Kanten tragen dieselben Kantenanschriften.

Das Prädikat von t1/2 ist gegeben durch:

P(t1/2) =   P(t1) ∨ P(t2)

Der Funktionsteil von t1/2 ist gegeben durch:

F(t1/2) =   F(t1)   falls P(t1)
                 F(t2)   falls P(t2)

Nach diesem Verfahren wurden die Transitionen beim Übergang von Fig. 6.3. nach Fig. 6.4. verschmolzen. Dabei wurde noch die Tatsache ausgenutzt, daß im Prädikat die Bedingung

bit=0 ∨ bit=1

immer erfüllt ist. Daraus ergibt sich eine entsprechende Vereinfachung des Prädikats. Wenn für Transitionen t1 und t2 gilt:

Voraussetzung 6.3.:

$^\bullet t1 = t1^\bullet \subseteq S^e$
$^\bullet t2 = t2^\bullet \subseteq S^e$ □

und:

Voraussetzung 6.4.:

$^\bullet t2 \neq {}^\bullet t1$ □

dann können die Transitionen t1 und t2 nach diesem Verfahren zunächst nicht verschmolzen werden. Durch das Verschmelzen der Einfachstellen läßt sich jedoch die Voraussetzung 6.2. für die Transitionen t1 und t2 immer nachträglich erfüllen. Damit können also alle Transitionen, für die 6.3. gilt, verschmolzen werden. Durch Kombination der Verfahren aus Kap. 6.2.1. und diesem Kapitel kann ein eingeschränktes Produktnetz in weiten Bereichen systematisch vergröbert werden. Die Verfahren sind natürlich auch umkehrbar, was allerdings für die Praxis nur geringe Bedeutung hat.

6.2.3.   Vergröbern

Ein noch allgemeineres Verfahren besteht darin, ein ganzes stellenberandetes Teilnetz zu einer einzigen Transition t zusammenzufassen. Das Netz muß dazu bereits in PENCIL/C Darstellung vorliegen. Alle Stellen des Teilnetzes bleiben bei dieser Vergröberung erhalten. Für die Randstellen des Teilnetzes (vgl. Kap. 3.2.1.) muß gelten:

Voraussetzung 6.5.:

-     $S'_r \subseteq S^e$ □

Das Prädikat der Transition t wird wie bei der Verschmelzung zweier Transitionen aus der disjunktiven Verknüpfung der Prädikate aller verschmolzenen Transitionen gewonnen. Der Funktionsteil ist ebenfalls wie in Kap. 6.2.2. eine Zusammenfassung aller Funktionsteile, wobei dann immer der Funktionsteil ausgeführt wird, dessen Prädikat erfüllt ist. Dabei dürfen die Mehrfachstellen immer nur so modifiziert werden, wie sie auch beim Schalten der betreffenden Transition modifiziert würden. Da die einzelnen Transitionen des Teilnetzes nicht auf alle Stellen des Teilnetzes mit den gleichen Kantenanschriften zugreifen können bei Mehrfachstellen in Abhängigkeit vom ausgeführten Funktionsteil unterschiedliche Anzahlen von Marken erzeugt bzw. entfernt werden. Dies bedeutet aber, daß die Kantenanschriften an Kanten von oder zu Mehrfachstellen nicht mehr mit einem Produktnetz dargestellt werden können, da der Linearfaktor c im Produktnetz definitionsgemäß eine Konstante ist.

6.2.4.   Prädikatsvereinfachung

Die bisher vorgestellten Verfahren beschäftigen sich im Prinzip alle mit einer Vergröberung des eingeschränkten Produktnetzes. Im folgenden soll ein Verfahren vorgestellt werden, das die Granularität nicht verändert, aber eine Verlagerung des Aufwandes von der Aktivierungsfunktion in die Schaltfunktion erlaubt. Dies bedeutet, daß der Aufwand für das Suchen einer schaltfähigen Transition verringert wird, dafür aber der Aufwand bei der Ausführung der Transition steigt. Da die Ausführung der Schaltfunktion jedoch parallel zur Ausführung anderer Schaltfunktionen möglich ist, während dies für das Suchen schaltfähiger Schaltfunktionen nicht möglich ist, wird diese Verlagerung häufig sinnvoll sein.

Ausgegangen wird bei der **Prädikatsvereinfachung** von der normalen Darstellung eines eingeschränkten Produktnetzes. Dann gibt es auf einer Eingangskante einer Transition t einfache Terme v oder komplexe Terme w. Ein komplexer Term kann auch als Funktion f (Wertebereich von f ist W(f)) über die gebundenen Variablen, die durch einfachen Terme definierten sind, aufgefaßt werden. Ist ein komplexer Term $w_{s'tp_q}$ mit $s' \in {}^\bullet t$ an einer beliebigen Eingangskante der Transition $t \in T$ eine Funktion von gebundenen Variablen, die alle als einfacher Term an einer gemeinsamen Eingangskante (s,t) von einer Stelle $s \in S^e \wedge s \in {}^\bullet t$ zur Transition t verwendet werden, dann kann dieser komplexe Term $w_{s'tp_q}$ nach folgender Regel durch einen einfachen Term $v_{s'tp_q}$ ersetzt werden. Ist also

$$w_{s'tp_q} = f(v_{st1_{q^1}}, v_{st1_{q^2}}, \ldots\ldots, v_{st1_{q^n}}),$$

$p^e q^e$ e-te Kombination eines $p < u_{st}$ mit einem $q < d_s$, (da $s \in S^e$ gilt p=1),
n Anzahl der Variablen der Funktion f,

dann kann die Stelle s durch eine modifizierte Stelle s^m ersetzt werden mit:

$$D(s^m) = D(s) \times W(f).$$

Die Kantenanschrift (s,t) wird ersetzt durch:

$$K(s^m, t) = \langle z_{st1_1}, z_{st1_2}, \ldots\ldots, z_{st1_{d_{s'}}}, v_{s'tp_q} \rangle.$$

In der Kantenanschrift (s',t) wird $w_{s'tp_q}$ durch $v_{s'tp_q}$ ersetzt. Darüberhinaus müssen alle Kanten (t',s) und (s,t') mit $t' \in {}^\bullet s$ entsprechend modifiziert werden. Eine Kantenanschrift:

$$K(s,t') = \langle z_{st'1_1}, z_{st'1_2}, \ldots\ldots, z_{st'1_{d_{s'}}} \rangle$$

wird ersetzt durch:

$$K(s^m, t') = \langle z_{st'1_1}, z_{st'1_2}, \ldots\ldots, z_{st'1_{d_{s'}}}, v' \rangle$$

Die vorhandene Eingangskantenanschrift K(s,t') wird also um einen einfachen Term erweitert. Dabei darf der einfache Term v' nicht mit einem Term in irgendeiner Kantenanschrift K(s'',t') oder K(t',s'') mit $s'' \in S$ identisch sein. Darüberhinaus wird jede Kantenanschrift

$$K(t',s) = \langle z_{t's1_1}, z_{t's1_2}, \ldots\ldots, z_{t's1_{d_s}} \rangle$$

ersetzt durch

$$K(t',s^m) = \langle z_{t's1_1}, z_{t's1_2}, \ldots\ldots, z_{t's1_{d_{s'}}}, f(z_{t's1_{q^1}}, z_{t's1_{q^2}}, \ldots\ldots, z_{t's1_{q^n}}) \rangle$$

Die vorhandene Ausgangskantenanschrift K(t',s) wird also um einen komplexen Term erweitert. Der komplexe Term ist die Funktion f über genau den

Komponenten der Stelle s, die auch ursprünglich die Parameter der Funktion waren. Das vorgestellte Verfahren wird anhand des Beispiels in Fig. 6.6. erläutert.

Die Funktion f(x) auf der Kante (s1,t1) wird in dem Beispiel in Fig. 6.6. auf die Kanten (t1,s2) und (t2,s2) verlagert. Im Prinzip wird bei diesem Verfahren der Wert einer Funktion nicht erst berechnet, wenn er bei der Überprüfung der Aktiviertheit einer Transition benötigt wird, sondern schon vorher, wenn die Parameter der Funktion geändert werden.

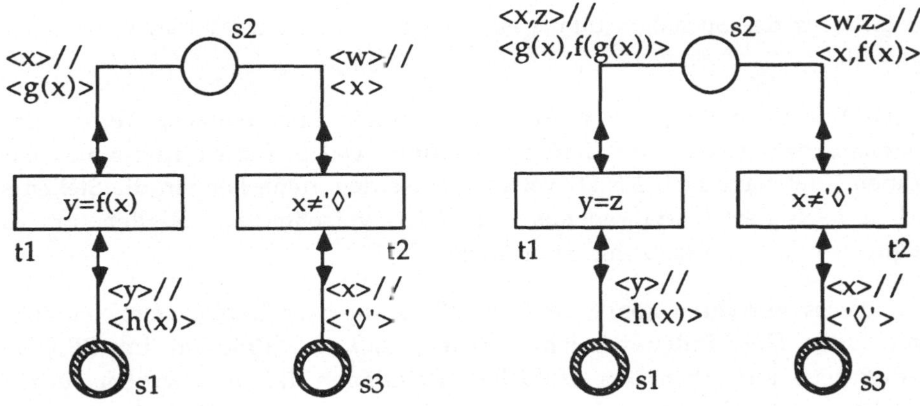

Fig. 6.6. **Verlagerung einer Funktion f(x) von einer Eingangskante auf Ausgangskanten**

Wenn die auf diese Weise veränderten eingeschränkten Produktnetze anschließend in ein PENCIL/C-Produktnetz umgesetzt werden, dann befindet sich die Funktion f nicht mehr im Prädikat von t, sondern in allen Zuweisungsteilen der Transitionen t'. Im Prädikat steht dann nur noch eine Identitätsrelation zwischen den neu eingeführten einfachen Termen aus $K(s^m,t)$ und $K(s',t)$.

Die Frage, wann sich eine Prädikatsvereinfachung lohnt, kann systematisch nur ungenau beantwortet werden. Der Aufwand für das Suchen einer ausführbaren Funktion wird neben der Effizienz des Suchalgorithmus bestimmt durch den Aufwand für das Auswerten eines Prädikats. Das vorgestellte Verfahren ermöglicht es, den Rechenaufwand für das Prädikat drastisch zu verringern. Der Rechenaufwand wird mit diesem Verfahren in den Zuweisungsteil verlagert. Ohne Prädikatsvereinfachung muß jedesmal, wenn eine Transition in der Entscheidungseinheit überprüft wird, die Funktion f neu berechnet werden. Ist die Transition dann doch nicht aktiviert, war die Berechnung der Funktion f überflüssig. Durch die Prädikatsvereinfachung wird an dieser Stelle nur noch ein einfacher Vergleich auf Identität erforderlich. Dann wird allerdings jedesmal, wenn eine beliebige Transition t' schaltet, die Funktion f berechnet. Schaltet danach als nächstes wieder eine Transition t', dann war die Berechnung der Funktion f nicht nötig. Da die Berechnung der Funktion f, wenn sie im Zuweisungsteil steht, nebenläufig zu anderen Berechnungen ausgeführt werden kann, was im Suchmodul nicht der Fall ist, ist jedoch die überflüssige Berechnung dieser Funktion in einer Aktionseinheit nicht so entscheidend wie in der Entscheidungseinheit. Ob also eine solche Verlagerung die Effizienz steigert, hängt vom tatsächlichen Schaltverhalten des Produktnetzes und von der Effizienz des Suchalgorithmus ab. In der Praxis ist die Verlagerung häufig sinnvoll.

Ist die Voraussetzung, daß f nur eine Funktion über einfache Terme einer Kantenanschrift K(s1,t) sein darf, nicht erfüllt, weil in f auch Terme aus einer anderen Kantenanschrift K(s2,t) verwendet werden, dann können die Stellen s1 und s2 nach dem Verfahren aus Kap. 6.2.1. verschmolzen werden, um die entsprechende Voraussetzung zu erfüllen.

Wird dieses Verfahren konsequent auf alle komplexen Terme angewendet, so kann unter Umständen erreicht werden, daß das Prädikat im PENCIL-Produktnetz nur noch aus einfachen Relationen (kleiner, größer, gleich, ungleich) und logischen Verknüpfungen über Inhalten von Einfachstellen und Konstanten besteht. Die Prädikate sind dann sehr einfach zu berechnen. Dies ist insbesondere sinnvoll, wenn die Entscheidungseinheit durch eine spezielle, besonders effiziente VLSI-Schaltung realisiert werden soll.

6.2.5.   Zusammenfassung

Die vorgestellten Verfahren

-       Verschmelzen von Stellen
-       Verschmelzen von Transitionen
-       Vergröbern
-       Prädikatsvereinfachung

basieren im wesentlichen alle auf den speziellen Eigenschaften der Einfachstelle im eingeschränkten Produktnetz. Sie sind also nicht auf normale Produktnetze anwendbar. Durch sie ist es möglich, die Granularität eines PENCIL/C-Programms in weiten Bereichen an die verwendete Hardware optimal anzupassen. Mit der Prädikatsvereinfachung kann zunächst möglichst viel Rechenaufwand in die parallel arbeitenden Aktionseinheiten verschoben werden. Dadurch reduziert sich der Aufwand für die Berechnung von aktivierten Transitionen deutlich. In Abhängigkeit von der Leistungsfähigkeit der Entscheidungseinheit und der Anzahl der zur Verfügung stehenden Aktionseinheiten und deren Leistungsfähigkeit kann dann eine möglichst günstigste Granularität für ein Programm hergestellt werden.

Ein Verfahren, das automatisch die Stellen, Transitionen, Teilnetze und Kantenanschriften ermittelt, auf welche die oben genannten Verfahren jeweils angewendet werden müssen, um eine optimale Granularität für eine gegebene Hardware zu ermitteln, gibt es jedoch nicht.

6.3.   Parallelität

Nur wenig behandelt wurde in dieser Arbeit bisher die Frage, wann und weshalb Aktionen parallel ausführbar sind. Für die Ausführung auf der MDMA-Architektur gilt, daß zwei Schaltfunktionen $Z(t1)$ und $Z(t2)$ in einem eingeschränkten Produktnetz bei einer Markierung M parallel ausgeführt werden können, wenn:

Voraussetzung 6.6.:

$$t1 \in T_a(M) \vee t2 \in T_a(M) \qquad \qquad \Box$$

Wie schon in Kap. 4.2.4. erläutert wurde, werden alle Stellen gesperrt, die zu einer Transition t inzident sind, wenn die Ausführung der Schaltfunktion $Z(t)$ veranlaßt wird. Daraus folgt, daß die Schaltfunktion $Z(t1)$ und $Z(t2)$ auf der MDMA-Architektur nur parallel ausgeführt werden können, wenn außer der Voraussetzung 6.6. auch die Voraussetzung 6.7. erfüllt ist:

Voraussetzung 6.7.:

$$({}^\bullet t1 \cup t1^\bullet \cup {}^a t1 \cup {}^v t1) \cap ({}^\bullet t2 \cup t2^\bullet \cup {}^a t2 \cup {}^v t2) = \varnothing \qquad \Box$$

Befinden sich zwei Transitionen t1 und t2, für welche die beiden Voraussetzungen 6.6. und 6.7. erfüllt sind, im Konflikt, dann wird durch das Sperren der Stellen für die Ausführung einer der beiden Schaltfunktionen der Konflikt entschieden.

Zwei Transitionen t1 und t2, welche die Voraussetzung 6.6. und 6.7. erfüllen, müssen sich aber nicht notwendigerweise im Konflikt befinden. Haben die Transitionen beispielsweise nur eine gemeinsame Einfachstelle $s1 \in S^e$ und verändert keine der beiden Transitionen den Inhalt der Stelle, dann befinden sich die Transitionen nicht im Konflikt und können dennoch nicht parallel von der MDMA-Architektur ausgeführt werden. Ist die gemeinsame Stelle eine Mehrfachstelle $s2 \in S^m$, dann kann es beispielsweise vorkommen, das die Markierung der Stelle s2 auch nach dem Entfernen einer Schwellmarkierung

$M(s2)^{\delta}t1$ immer noch eine Schwellmarkierung $M(s2)^{\delta}t2$ enthält. Auch in diesem Fall befinden sich die Transitionen t1 und t2 nicht im Konflikt und könnten eigentlich parallel schalten. Durch die Strategie des pauschalen Sperrens aller inzidenten Stellen wird also die Anzahl der tatsächlich parallel ausführbaren Aktivitäten verringert. Andererseits ist es schwierig, bessere Strategien für das Sperren der Stellen anzugeben. Für die Mehrfachstelle gilt beispielsweise, daß die Schaltfunktionen Z(t1) und die Schaltfunktionen Z(t2), wenn eine parallele Ausführung erlaubt würde, dann ja konkurrierend Veränderungen in der Datenstruktur, welche die Stelle s2 realisiert, vornehmen. Das dabei ein korrektes Ergebnis entsteht, ist jedoch zumindest durch das PENCIL/C-Konzept nicht gesichert.

Für zwei Transitionen t1 und t2, für die eine Markierung $M \in [M_0>$ so existiert, daß die Voraussetzung 6.6. und 6.7. erfüllt sind, ist im übrigen nicht garantiert, daß sie auch tatsächlich irgendwann parallel schalten können. In einem zeitbehafteten Petrinetz (und in einem ausführbaren PENCIL-Netz sind die Schaltfunktionen zwangsläufig zeitbehaftet) gibt es bei der Verwendung von deterministischen Schaltzeiten Markierungen, die zwar prinzipiell erreichbar sind (wenn man das Netz ohne Schaltzeiten betrachtet), die aber aufgrund der Kombination der Schaltzeiten nie erreicht werden. Die Schaltzeiten bei der Ausführung eines PENCIL-Netzes sind zwar nur näherungsweise deterministisch, trotzdem kann man davon ausgehen, daß eine Reihe von Transitionen t1 und t2 existieren, welche zwar die Voraussetzung 6.6. und 6.7. erfüllen, die aber während der Protokollabarbeitung nie parallel ausgeführt werden.

6.3.1. Das Verschmelzen von Stellen und Transitionen

Durch die die Voraussetzung 6.7. folgt unmittelbar, daß das Verschmelzen von zwei Stellen s1, s2 $\in$ S die Anzahl der parallel ausführbaren Transitionen verringeren kann, wenn:

Voraussetzung 6.8.:

      s1 $\in$ ($^{\bullet}$t1 $\cup$ t1$^{\bullet}$ $\cup$ ^{a}t1 $\cup$ ^{v}t1) $\wedge$

      s2 $\in$ ($^{\bullet}$t2 $\cup$ t2$^{\bullet}$ $\cup$ ^{a}t2 $\cup$ ^{v}t2) $\wedge$

      $\exists$ M $\in$ [M$_0$>, so daß für t1 und t2 die Voraussetzung 6.6. und 6.7.

      sind $\hfill \square$

Durch das Verschmelzen von zwei Transitionen t1 und t2 kann, wegen der Voraussetzungen 6.2. und 6.7. die Anzahl der parallel ausführbaren Transitionen nicht verringert werden. Betrachtet man das Beispiel aus Fig. 6.4., dann wurde dort durch das Verschmelzen der Stellen und Transitionen die Anzahl der möglicherweise parallel schaltfähigen Transitionen nicht verändert (Schon in Fig. 6.2. ist die Voraussetzung 6.7. nicht erfüllt). Die dort vorgenommene Vergröberung hat also keine nachteilige Wirkung auf die Menge der möglicherweise parallel ausführbaren Aktionen. Auch die Transitionen t0 und t1 können nie parallel schalten.

6.3.2.   Erweiterte endliche Automaten

Das Beispiel in Kap. 6.1.1. wirft die Frage auf, ob bei der Verarbeitung von Protokollen überhaupt parallel ausführbare Aktivitäten vorhanden sind. Zunächst muß festgestellt werden, das hier ein Teilnetz ohne parallel ausführbare Aktivitäten vorliegt, nicht ein Problem der Produktnetzdarstellung ist. Hier werden die Eigenschaften des Automaten deutlich sichtbar, der eben nur genau eine Reaktion auf ein äußeres Ereignis kennt. Erst wenn die Reaktion auf dieses eine Ereignis erfolgt ist, ist der Automat bereit, auf das nächste Ereignis zu reagieren. Durch die direkte Umwandlung der Automatenspezifikation wird diese Eigenschaft natürlich in die Produktnetzspezifikation übernommen, obwohl sich durch das Produktnetz selbst auch nebenläufig bearbeitbare Reaktionen beschreiben lassen. Durch die Produktnetzspezifikation werden also verloren gegangene Informationen über die Nebenläufigkeit nicht automatisch wieder "aufgefunden".

Häufig übersehen wird jedoch, daß die Reaktionen, die ein Controller ausführen muß, nicht nur auf die offensichtlichen, aus der Spezifikation zu entnehmenden, beschränkt sind. So besagt die Automatenspezifikation aus dem Beispiel nur, daß beim Empfang eines korrekten Paketes eine Quittung mit dem entsprechenden Kontrollbit zu senden ist. In einer realen Implementierung bedeutet dies aber, daß zunächst *Speicherplatz reserviert* werden muß, in dem dann ein entsprechendes *Quittungspaket erzeugt* wird. Weiterhin gilt, daß der Medienzugangsprozessor im allgemeinen für den Empfang von Paketen über bereits vorher reservierten Speicherplatz verfügt. Durch den Empfang eines Datenpaketes hat sich der für ihn reservierte Speicherplatz aber verringert. Eine der Instanzen, die das empfange Paket weiter verarbeitet, muß dafür sorgen, daß eine entsprechende Menge von *neuem Speicherplatz für den Medienzugangsprozessor reserviert* wird. Viele Aktionen eines Protokolls werden zudem durch Uhren (**Timer**) überwacht. Zum Beispiel kann es in dem hier behandelten Automaten sinnvoll sein, beim Versenden der Quittung einen *Timer zu starten*. Folgt dann nicht innerhalb einer bestimmten Zeitspanne das nächste Datenpaket, gilt die Verbindung als gestört, und es werden entsprechende Reaktionen eingeleitet. In Fig. 6.7. ist ein Produktnetz dargestellt, daß die parallele Verarbeitung der *kursiv gedruckten* Aktionen ermöglichen würde.

6.3.3.   Betriebssystem

Die im Kap. 6.3.2. informell beschriebenen Aktionen sind typisch für eine Protokollimplementierung. Üblicherweise sind sie jedoch nicht Teil einer Protokollspezifikation, sondern werden vom Programmierer bei der Umsetzung hinzugefügt. Die einzelnen Aktionen, wie Verwaltung der Timer oder des Speicherplatzes, werden üblicherweise durch das Betriebssystem realisiert. Da das Starten eines Timers oder das Reservieren von Speicherplatz in der Hochsprache formuliert nur ein einfacher Betriebssystemaufruf ist, wird die Bedeutung dieser Aufrufe für die Leistungsfähigkeit der Protokollimplementierung häufig übersehen. Bei der Umsetzung durch semi- oder vollautomatische Werkzeuge /Harj90/, sind diese Aktionen häufig in mächtigen Befehlen versteckt. Die in /Clar89/ vorgestellte genau Analyse einer Protokollimplementierung zeigt dann auch sehr genau, daß die Bearbeitung der Maschinenbefehle, die unmittelbar die Funktionalität des Protokolls wiedergeben, nur den kleineren Teil der insgesamt auszuführenden Befehle repräsentieren. Größere Verzögerungen werden insbesondere durch die Betriebssystemaufrufe verursacht[17]. Verschärft wird dieses Problem auch durch die Tatsache, daß Standardbetriebssysteme, wie z.B. UNIX nicht vorrangig für die Implementierung von Protokollen entwickelt wurden. Einen so intensiven und zeitkritschen Gebrauch der Speicherverwaltung oder der Timerverwaltung wurde bei der Implementierung der entsprechenden Funktionalität in dem Betriebssystem möglicherweise nicht berücksichtigt.

Die Betriebssystemaufrufe können gerade in einer parallelen Implementierung noch ein weiteres Problem verursachen. Die Verwaltung gemeinsamer Ressourcen, wie der globale Speicher, der Medienzugangsprozessor oder anderer Spezialbausteine darf nicht zentralisiert durch einen Prozessor erfolgen, da dann eine hochgradig parallele Verarbeitung der Protokollfunktionalität durch diesen Engpaß wieder sequentialisiert würde. Erforderlich ist daher eine kooperative Strategie, die es allen Prozessoren ermöglicht, Betriebssystemfunktionen zu realisieren.

---

[17]   Ansätze, die sich mit einer direkten VLSI-Implementierung der Automaten beschäftigen, /AbuA89/ optimieren also möglicherweise eine Protokollimplementierung nicht an den eigentlichen Schwachpunkten.

Auf der MDMA-Architektur kann und sollte eine solche kooperative Verarbeitung der Betriebssystemfunktionen durch PENCIL implementiert werden. Dabei wird das Betriebssystem nicht vorrangig durch sequentielle Funktionsaufrufe aus einer Transition heraus realisiert, sondern durch Teilnetze, die über Stellen mit Teilnetzen kooperieren, die das Protokoll darstellen. Speicherverwaltung oder Timerverwaltung werden also durch Stellen und Transitionen repräsentiert. Durch die in Kapitel 6.3. gemachten Ausführungen wird deutlich, daß es dabei ein Ziel sein muß, die Funktionen durch möglichst viele unabhängige Datenstrukturen (Stellen) auszudrücken

Für Hardware-Ressourcen, die üblicherweise gleichzeitig nur von einem Prozessor bedient werden sollen (z.B. der Medienzugangsprozessor), wird eine entsprechende Stelle im Produktnetz angegeben. Alle Transitionen, die diese Hardware-Ressource benutzen wollen, müssen diese Stelle in ihrer Inzidenzliste aufführen. Dadurch ist dann gewährleistet, daß nicht mehrere Prozessoren gleichzeitig versuchen mit einem speziellen Hardware-Modul zu kommunizieren.

6.3.4.   Parallelität innerhalb einer Verbindung

Im folgenden soll noch einmal das Beispiel aus Kap. 6.3.2. betrachtet werden. Bei

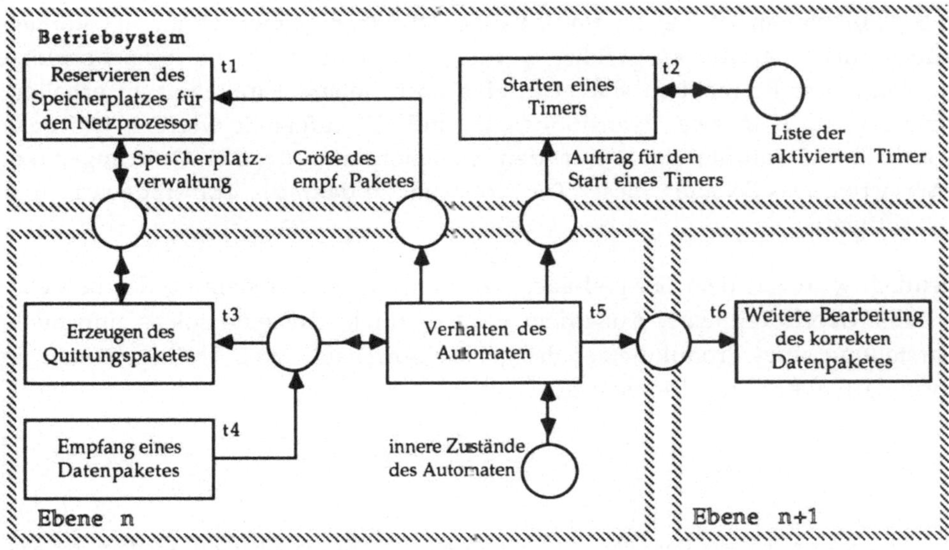

Fig. 6.7.   Informelle Darstellung des Produktnetzes aus Fig. 6.4.

der Umsetzung nach PENCIL/C, aber auch in jede andere nebenläufig ausführbare Sprache hat der Programmierer bei der Darstellung der durchzuführenden Aktivitäten verschiedene Möglichkeiten. Er kann beispielsweise alle diese Aktivitäten zu einer atomaren Aktion zusammenfassen. Die Reaktion des Systems auf das eine Ereignis wird dann vollständig sequentiell ausgeführt. Will man insbesondere die Reaktionszeit innerhalb einer Verbindung reduzieren, so muß auch die parallele Ausführung der in Kap. 6.3.2. aufgezeigten Aktivitäten innerhalb einer Verbindung ermöglicht werden. In einer Implementierung erfordert das Starten oder Anhalten eines Timers, das Reservieren oder Zurückgeben von Speicherplatz immer den Zugriff auf eine komplexe Datenstruktur (vgl. /Lude88/). Das Bearbeiten einer solchen Datenstruktur erfordert in der Regel mehr Maschinenbefehle, als die Realisierung der recht einfachen eigentlichen Reaktion des Automaten.

Die Aufteilung der Aktionen in mehrere parallel ausführbare Aktionen ist mit dem eingeschränkten Produktnetz sehr einfach möglich. In Fig. 6.7. ist ein Netz informell[18] dargestellt, das in eine exakte PENCIL/C-Darstellung umgewandelt, die parallele Verarbeitung der beschriebenen Aktionen gewährleisten würde. Die Darstellung des Automaten (durch eine einzige Transition) hat dabei im Prinzip nur die Funktion entsprechende Aufträge an verschiedene, unabhängige Funktionsblöcke weiterzuleiten.

In dem Netz in Fig. 6.7. sind nun nach dem Schalten der Transition t5 immer vier Transitionen (t1, t2, t3, t6) aktiviert. Die Transitionen t1 und t3 können jedoch nicht parallel ausgeführt werden, da beide noch zur Speicherplatzverwaltungsstelle inzident sind. Um eine noch höhere Parallelität zu erhalten, könnte t3 noch in zwei Transitionen t3' und t3" aufgeteilt werden. Die erste Transition t3' müßte dann nur den Speicherplatz für das Quittungspaket reservieren. Das Schalten dieser Transition müßte dann die Transitionen t1 und t3" aktivieren.

Deutlich wird mit dem Beispiel auch das Konzept der Darstellung des Betriebssystems durch Teilnetze. Außerdem wird deutlich, daß eine solche informelle Darstellung eines Produktnetzes die gleiche Anschaulichkeit besitzen kann wie normale Stellen/Transitionsnetze.

---

[18] Eine informelle Netz-Darstellung ist kein exakt definiertes Produktnetz, sondern nur eine Darstellung von Stellen und Transitionen mit einer informellen Beschreibung ihrer Bedeutung.

6.3.5.   Parallelität des Referenzmodells

Wesentlich offensichtlicher, als die Möglichkeiten der Parallelverarbeitung innerhalb einer Verbindung, sind Möglichkeiten, die sich aus der Struktur des ISO/OSI-Referenzmodells ergeben. So lassen sich die Aktivitäten jeder Ebene durch die saubere Trennung der Ebenen im ISO/OSI-Referenzmodelle meist problemlos parallel bearbeiten. Häufig ist auch schon in der Spezifikation der Empfangs- und der Sendeteil in einer Ebenen so deutlich getrennt, daß diese Aktivitäten ohne besonderen Aufwand parallel verarbeitet werden können. Bei der Benutzung fast aller Spezifikationsmethoden sind die Möglichkeiten der parallelen Verarbeitung auf diesem Niveau problemlos möglich. Bei der Erstellung einer Protokollimplementierung mittels PENCIL/C auf der MDMA-Architektur ist die Nutzung dieser Möglichkeiten der parallelen Verarbeitung, wie man aus der informellen Darstellung in Fig. 6.8. ersehen kann, implizit gegeben.

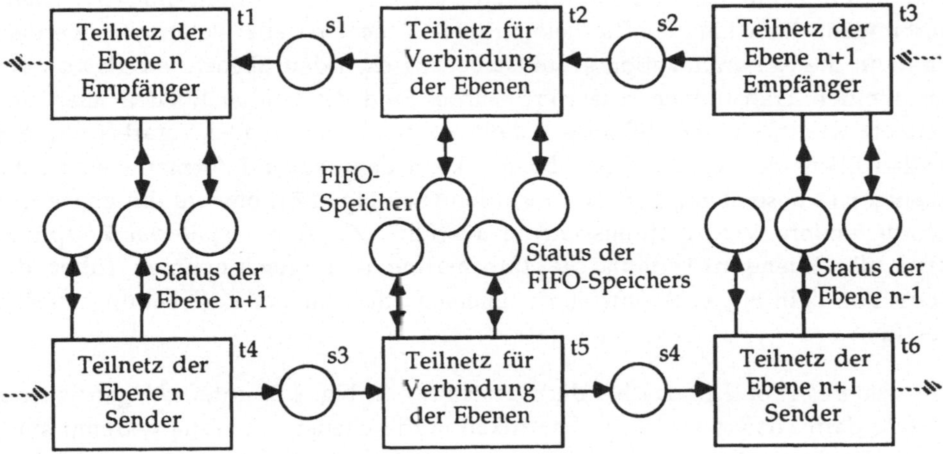

Fig. 6.8.   **Informelle Darstellung des ISO/OSI-Referenzmodells**

Die Teilnetze t2 und t5 realisieren dabei einen FIFO-Puffer, wie er in Fig. 4.2. detailliert dargestellt wird. Die Teilnetze t1, t3, t4 und t6 realisieren jeweils die Funktionalität einer Ebene. Beachtet werden muß bei der Darstellung in Fig. 6.8., daß beispielsweise t1 und t4 nicht parallel Schalten können, wenn t1 und t4 direkt Transitionen sind. Das ist ebenfalls kein Problem, das durch die Produktnetze entsteht. Die Produktnetze verdeutlichen lediglich, daß innerhalb einer Ebene Daten oder Zustände existieren, die sowohl von der Senderichtung, als auch von der Empfangsrichtung benutzt und verändert werden können. Ein unsynchronisierter Zugriff der zwei parallel arbeiteten Teilprozesse könnte zu nicht beabsichtigten Zuständen führen. Um eine parallele Verarbeitung der zwei Instanzen einer Ebene zu erreichen, müssen die Transitionen t1 und t4 jeweils in ganze Teilnetze mit mehreren Transitionen und mehreren Stellen verfeinert werden. Dabei muß erreicht werden, daß möglichst wenig Transitionen auf die gemeinsame Stelle von t1 und t4 zugreifen. Sinnvoll kann es auch sein, diese eine Stelle in mehrere Stellen aufzutrennen, um somit auf Teile der Datenstruktur jeweils unabhängig zugreifen zu können. Da man bei der Umsetzung einer Protokollspezifikation in PENCIL jedoch im allgemeinen von den Protokollspezifikationen ausgeht, erhält man ein Netz mit einer wesentlich feineren Granularität. Das Problem stellt sich so also nicht. Durch eine ganze Reihen von Vergröberungsschritten kann dann aber ein Netz wie in Fig. 6.8. abgeleitet werden.

Die Teilnetze t2 und t5 sind nicht zwingend erforderlich, sondern entkoppeln im Prinzip die beiden Ebenen. Wären beispielsweise t4 und t6 direkt Transitionen und keine Teilnetze, und außerdem direkt über eine Kommunikationsstelle verbunden, dann könnten die beiden Ebenen nicht parallel verarbeitet werden, da dann die Kommunikationsschnittstelle zwischen den Ebenen jeweils von der schaltenden Transitionen reserviert würde. Sind die beiden Ebenen über eine Teilnetz wie in Fig. 6.8. gekoppelt, dann ist damit die parallel Verarbeitung der beiden Ebene ermöglicht. Eine Ebene n kann dann sogar Informationen an die Ebenen n+1 absenden (über die Transition t1 in Fig. 4.7.), obwohl die Ebene n+1 gerade andere Verarbeitungsschritte ausführt. Zu einem späteren Zeitpunkt kann die Ebene n+1 dann die Informationen entgegennehmen (über die Transition t2 in Fig. 4.7.), obwohl die Ebene n schon andere Verarbeitungsschritte ausführt.

Ein weiteres Problem, das bei der Darstellung in Fig. 6.8. unterschlagen wurde, besteht darin, daß zwar in der Spezifikation die Ebenen eindeutig getrennt sind, in der Implementierung aber greifen die einzelnen Protokollprozesse möglicherweise auf dieselben Ressourcen und Datenstrukturen zu (z.B.: Verwaltung des globalen Speichers). Einzelne Transitionen aus den Teilnetzen, die sich hinter t1, t3, t4 und t6 verbergen, können also durchaus wieder mit denselben Stellen inzident sein.

6.3.6.   Parallelität der Verbindungen untereinander

Eine weitere Möglichkeit, Teile eines Protokollstacks parallel zu verarbeiten, ist die Verarbeitung einzelner Verbindungen in einer Ebene. Das ISO/OSI-Referenzmodell bietet die Möglichkeit, innerhalb einer Ebene mehrere unabhängige, logische Verbindungen zu unterhalten. Diese Verbindungen benutzen dann wiederum unabhängige Verbindungen oder verbindungslose Dienste einer niedrigeren Ebene. Dabei kann jede Verbindung ihren eigenen Status praktisch unabhängig von anderen Verbindungen in derselben Ebene verwalten. Die Funktionen, die im Rahmen dieser Verbindung ausgeführt werden müssen, können also parallel zu denen einer anderen Verbindung verarbeitet werden. Auch verschiedene Aufrufe für einen verbindungslosen Dienst können im allgemeinen parallel bearbeitet werden.

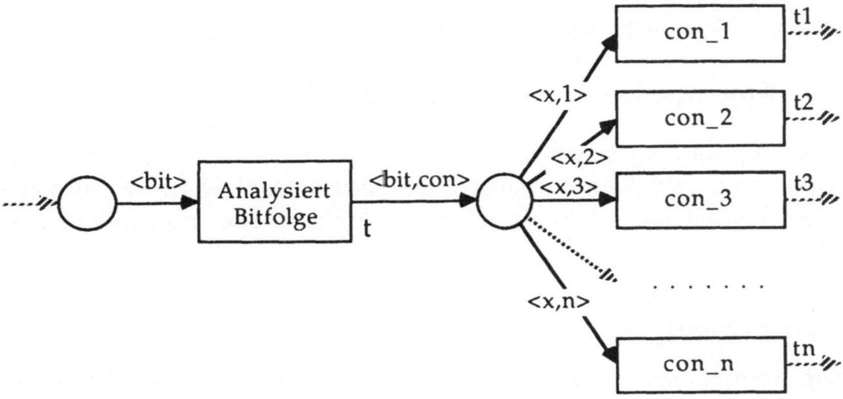

Fig. 6.9.   Multiplexer-Funktionalität dargestellt durch inf. Produktnetz

Durch die unterschiedlichen Verbindungen innerhalb einer Ebene ist bei der Übergabe der Pakete zwischen den Ebenen eine Zuordnung zu der jeweils richtigen Verbindung erforderlich. Die untere Ebene kann gemäß ISO/OSI-Referenzmodell diese Zuordnung nicht vornehmen, da sie die PDUs einer höheren Ebenen nicht analysieren kann. Jede Ebene muß also zunächst einen Teil des empfangenen Paketes analysieren, bevor das Paket einer Verbindung (und damit einem Teilnetz) zugeordnet werden kann. Aus der Sicht eines Produktnetzes ist eine empfangene, aber noch nicht analysierte PDU eine Marke aus der Grundmenge BIT* (BIT = {0,1}). Eeim Schalten einer Transition (t in Fig. 6.9.) wird auf diese Folge eine Funktion angewendet, die diese Bitfolge analysiert. Dabei werden die für die Zuordnung zu einer Verbindung nötigen Informationen aus der Bitfolge extrahiert und an die nachfolgende Stelle als gesonderte Information übergeben.

Die nachfolgenden Transitionen t_m ($m \in \mathbb{N}$ und $m \leq n$) realisieren dann einen Multiplexer, der das empfangene Paket an das für die Verbindung zuständige Teilnetz weiterleitet. Die Transitionen t_m speichern die Informationen zunächst in einer Mehrfachstelle zwischen. Die nachfolgenden Teilnetze für die einzelnen Verbindungen beschreiben dann die weiteren Verarbeitungsschritte. Diese können, bis auf bestimmte Betriebssystemfunktionen, von der MDMA-Architektur parallel zueinander ausgeführt werden. Ein solcher Multiplexer wird nun nicht nur für den Empfang von Paketen benötigt. Vielmehr ist auch beim Versenden von Paketen ein Multiplexer erforderlich, weil eine Ebene oder eine Verbindung verschiedene Verbindungen einer unterlagerten Ebene benutzen kann. Das Gegenstück zum Multiplexer, der Demultiplexer, ist einfacher zu realisieren. Er wird durch eine Stelle realisiert, in der die Informationen der Teilnetze wieder zusammengeführt werden.

6.3.7.   Kommunikation zwischen Prozessen

Parallele Programmiersprachen und formale Spezifikationssprachen enthalten Konstrukte zum expliziten Austausch von Nachrichten zwischen Prozessen auf. Zu unterscheiden sind dabei zwei grundsätzliche Kommunikationskonzepte /Spie85/:

-       No Wait/Send
-       Rendezvous

Explizite Kommunikationsmechanismen gibt es in PENCIL nicht. Mit PENCIL können aber beide Arten der Kommunikation problemlos realisiert werden. Zur Darstellung der beiden Kommunikationsmechanismen wird ein Prozeß in vier Teile unterteilt :

1.   Nachricht für den anderen Prozeß erzeugen.
2.   Nachricht an den anderen Prozeß absenden.
3.   Nachricht empfangen
4.   Nachricht verarbeiten

Beim No Wait/Send darf ein Nachricht von einem Prozeß a an einen Prozeß b gesendet werden (a-2), ohne daß sich der Prozeß b zu diesem Zeitpunkt in einem bestimmten Zustand befinden muß. Der Prozeß b kann zu einem beliebigen späteren Zeitpunkt die Nachricht von a empfangen (b-3) und interpretieren (b-4). Der Prozeß a kann also unabhängig vom Prozeß b weiterlaufen. Auch der Prozeß b kann zu einem beliebigen Zeitpunkt eine Nachricht an a senden (b-2). Diese Art der Kommunikation wird auch als asynchrone Kommunikation bezeichnet. (z.B.: SDL, ESTELLE).

In Fig. 6.10. ist die Aktiviertheit der Transition "Absenden" in einem Prozeß völlig unabhängig von der Markierung des jeweils anderen Teilnetzes. Schaltet die Transition "Absenden", dann kann danach im Prinzip jede beliebige

Transition in demselben Prozeß aktiviert werden. Im Beispiel ist das die Transition "Empfangen", die dann schalten kann, wenn entweder vorher der andere Prozeß bereits eine Nachricht abgesendet hat oder dann, wenn der andere Prozeß eine Nachricht absendet. Die Kommunikationsschnittstellen müssen dabei für eine "echte" Nowait/Send-Kommunikationsbeziehung allerdings Mehrfachstellen sein und wie eine FIFO-Warteschlange verwaltet werden (wie die Stelle s2 in Fig. 4.7.).

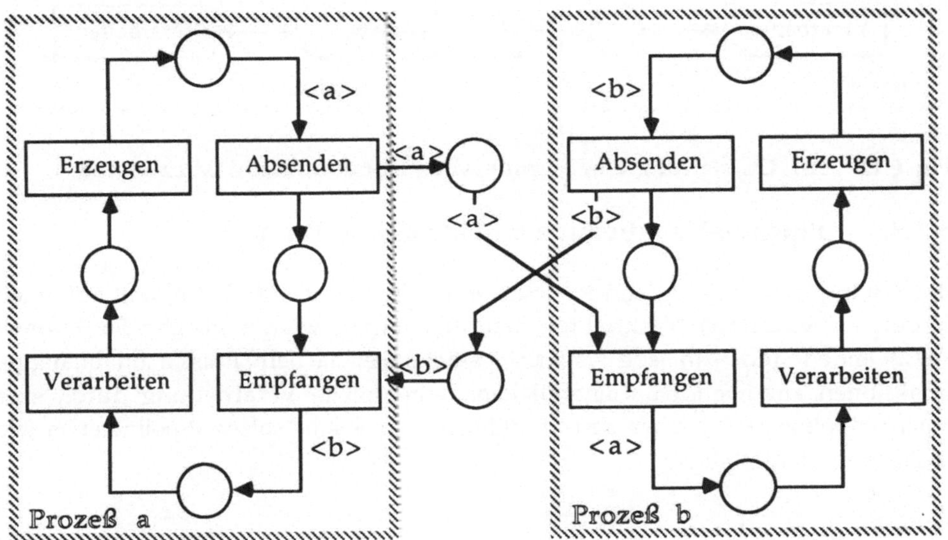

Fig. 6.10   Inf. Darstellung einer Nowait/Send Kommunikationsbeziehung

Beim Rendezvous darf der Prozeß a eine Nachricht nur absenden (a-2), wenn der Prozeß b zum Empfang einer Nachricht vom Prozeß a bereit ist (b-2) (umgekehrt natürlich auch). Beide Prozesse müssen sich also zunächst in einem speziellen Zustand zum Austausch von Nachrichten befinden. Erst nach dem Austausch der Nachricht können die Prozesse a und b weiterlaufen. Diese Art der Kommunikation wird auch als synchrone Kommunikation bezeichnet (z.B.: LOTOS, OCCAM).

Die Transition "Übertragen" in Fig. 6.11. kann nur schalten, wenn beide Teilnetze eine bestimmte Markierung erreicht haben. Schaltet die Transition, dann tauschen die Prozesse eine Nachricht aus und können anschließend unabhängig voneinander weiterverarbeitet werden. Hat eines der Teilnetze diese Markierung noch nicht erreicht, kann in dem anderen Teilnetz keine Transition mehr schalten (Umsetzung, vgl. /Golt88/).

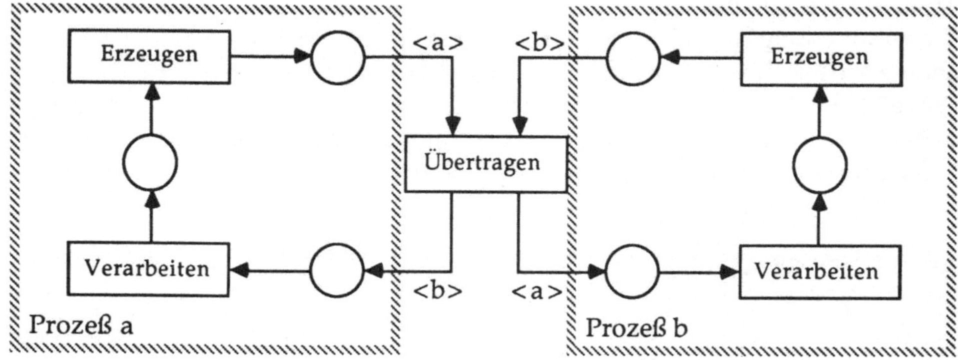

Fig. 6.11.   Inf. Darstellung einer Rendezvous Kommunikationsbeziehung

6.3.8.   Pipeline-Verarbeitung und identische Teilnetze

Bei der Implementierung von Protokollen ergibt sich das Problem, daß auf einen
Strom von einzelnen Nachrichten mehrere, immer wieder gleiche Funktionen
anzuwenden sind. Auf jede Nachricht sind dabei nacheinander n unabhängige
Funktionen anzuwenden. Generell kann eine solche Verarbeitung durch eine
Macro-Pipeline realisiert werden. In PENCIL würde eine solche Pipeline etwa wie
in Fig. 6.12. dargestellt.

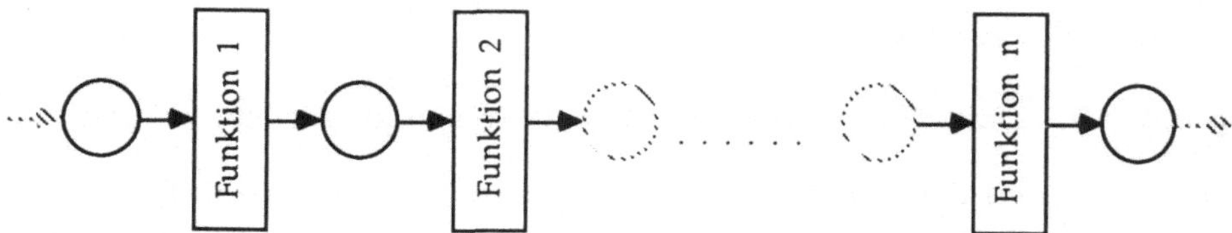

Fig. 6.12.   Informelle Darstellung einer Macro-Pipeline durch PENCIL

Aus der Sicht der Modellierung eines solchen Vorganges wäre die Darstellung
auch vollständig zufriedenstellend. Bei der Ausführung durch die MDMA-
Architektur würde der maximal mögliche Parallelitätsgrad jedoch nicht erreicht.
Nur bei näherungsweise konstanten Zwischenankunftszeiten der Nachrichten
und bei etwa gleicher konstanter zeitlicher Dauer der Ausführung aller
Funktionen würde diese Pipeline eine effiziente Verarbeitung der Nachrichten
ermöglichen. Diese Voraussetzung ist bei der Protokollverarbeitung jedoch un-
realistisch. Dies ist nicht etwa eine Eigenschaft, die sich aus der Darstellung der
Pipeline durch PENCIL ergibt, sondern eine grundsätzliche Eigenschaft einer
Pipeline. Ein weiteres Problem ist die Tatsache, daß in der MDMA-Architektur

ein Funktion k (k≤n) nicht parallel zu einer Funktion k-1 und k+1 ausgeführt werden kann, da für diese Transitionen die Voraussetzung 6.7. nicht erfüllt ist. Um auch bei Zwischenankunftszeiten mit großer Varianz und nicht deterministischer und/oder nicht einheitlicher Dauer der Funktionen eine effiziente Verarbeitung zu ermöglichen, kann man in PENCIL mehrere identische Teilnetze, wie in Fig. 6.13. , verwenden. Jede Transition, die in einem Teilnetz die erste Funktion realisiert, hat das gleiche Prädikat und greift auf die erste Stelle der Macro-Pipeline zu. Durch eine entsprechende Marke in dieser ersten Stelle werden folglich alle diese Transitionen aktiviert. Sie befinden sich damit im Konflikt. Aus der Sicht einer Modellierung ist eine solche Darstellung uneinsichtig. Bei der Ausführung als PENCIL-Programm wird aber erreicht, wenn beispielsweise ta1 (vgl. Fig. 6.13.) nicht schalten kann, weil ta2 schaltet, daß dann dafür tb1 schalten kann. Durch einen entsprechenden Zusatz (der in Fig. 6.13. dargestellt ist) kann auch erreicht werden, daß die einzelnen Nachrichten automatisch gleichmäßig auf die Teilnetze verteilt werden. Beachtet werden muß jedoch, daß die Darstellungen in Fig. 6.12. und Fig. 6.13. nicht äquivalent sind. In Fig. 6.12. ist im Gegensatz zu Fig. 6.13. nämlich nicht gewährleistet, daß die einzelnen Ereignisse die Teilnetze in der Reihenfolge ihres Eintreffens wieder verlassen. Soll diese Eigenschaft erhalten werden, muß dies durch eine entsprechende Erweiterung des Netzes gewährleistet werden. Die Ereignisse können beispielsweise zu Beginn numeriert werden, und am Ende wieder entsprechend sortiert werden.

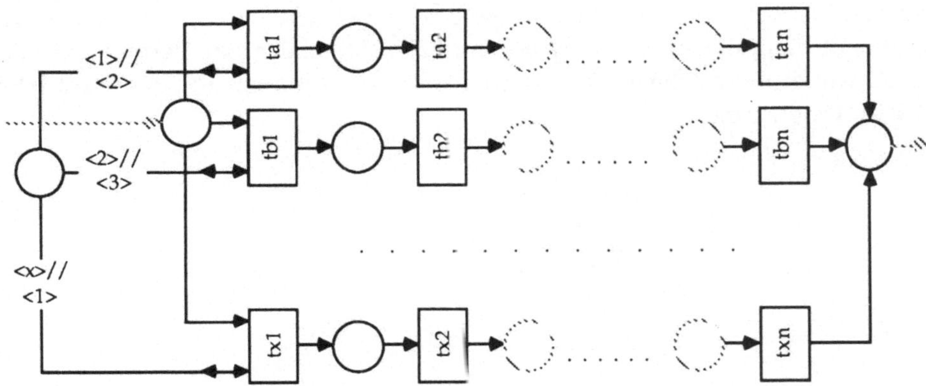

Fig. 6.13.   Durch identische Teilnetze optimierte Macro-Pipeline

Der zusätzliche Aufwand in der PENCIL/C-Darstellung für die Angabe von identische Teilnetzen ist dabei relativ gering. Es müssen zwar die Transitionen und Stellen der identischen Teilnetze mehrmals angeben werden, im Transitionsrumpf steht dann aber der Aufruf einer immer gleichen Schaltfunktion. Dementsprechend gering ist auch der zusätzlich Aufwand für die maschineninterne Darstellung. Die identischen Teilnetze lassen sich nach einfachen Regeln aus dem ursprünglichen Netz erzeugen. Für PENCIL ist aber zur Zeit noch kein Konstrukt definiert worden, das die direkte Angabe eines Teilnetzes und die Angabe einer Anzahl der replizierten Teilnetze ermöglicht.

Es sei noch darauf hingewiesen, daß die Verwendung identischer Teilnetze nicht nur im Zusammenhang mit einfachen Pipeline-Strukturen sinnvoll sein kann. Wenn beim Bearbeiten eines PENCIL-Programms eine Transition nicht schalten kann, weil eine inzidente Stelle gesperrt ist, dann ist es häufig sinnvoll und möglich, ein identisches Teilnetz anzugeben. Solche Transitionen könnten zur Laufzeit ermittelt werden. Die so ermittelten Problem könnten dann durch das Hinzufügen von Teilnetzen verringert werden.

6.3.9.   Zusammenfassung

Gezeigt wurde, daß die Verwendung der Produktnetze ein geeignetes Hilfsmittel ist, um Nebenläufigkeiten in einem Programm darzustellen und zu untersuchen. Deutlich wurde auch, daß die Verwendung eines Produktnetzes als Teil einer Programmiersprache eine andere Denkweise erfordert, als die Verwendung der Produktnetze als Hilfsmittel zur Modellierung und Analyse. Ferner zeigte sich, daß eine nicht exakte Darstellung eines Netzes (eine informelle Darstellung) sehr anschaulich ist und eine übersichtliche Diskussion der Probleme erlaubt. Andererseits kann diese Darstellung jederzeit präzisiert und verfeinert werden. Sie erlaubt dann die Anwendung von formalen Methoden zur Verifikation oder die Anwendung stochastischer Methoden zur Optimierung des parallelen PENCIL-Programms.

7. Die MDMA-Architektur

In Ergänzung zu der in Kapitel 4.2. ff vorgestellten grundsätzlichen Funktionalität der MDMA-Architektur wird im folgenden zunächst die genaue Arbeitsweise der Entscheidungseinheit beschrieben. Für die Implementierung von PENCIL bietet sich zudem eine Modifikation des funktionalen Konzeptes der MDMA-Architektur an, die hier ebenfalls behandelt wird. Darüber hinaus werden die Kommunikationsvorgänge in der MDMA-Architektur erläutert. Davon ausgehend werden dann verschiedene Ansätze zur Realisierung der MDMA-Architektur vorgestellt.

Um weitergehende Details zu untersuchen und um die grundsätzliche Funktionsfähigkeit des Konzeptes unter Beweis zu stellen, wurde in /Engb90/ die Arbeitsweise der Entscheidungseinheit und der Ablauf der Kommunikation zwischen Entscheidungseinheit und Aktionseinheiten detailliert spezifiziert. Verwendet wurde dazu das DACAPO-Tool, eine Hardware-Beschreibungssprache, die eine strukturierte Darstellung von Hardware auf unterschiedlichen Abstraktionsniveaus erlaubt und die Untersuchung der so spezifizierten Hardware mittels funktionaler Simulation ermöglicht.

7.1. Funktionsweise der Entscheidungseinheit

Die einzelnen Module der Entscheidungseinheit wurden bereits in Kap. 4.2. ff vorgestellt und sollen nun eingehender erläutert werden. Die Arbeitsweise sowohl des Sortierers als auch des Suchmoduls basiert im wesentlichen auf Listen, die direkt aus der Netzspezifikation abgeleitet werden können. Diese Listen und die damit ausgeführten Operationen werden in den Kapiteln 7.1.1. bis 7.1.7. erläutert. In Fig. 7.1. ist der Algorithmus graphisch dargestellt.

7.1.1. Quittung

Die Quittungswarteschlange enthält die **Quittungen** für eine ausgeführte Schaltfunktion. Die Quittung ist eine Nachricht von den Aktionseinheiten an die Entscheidungseinheit und ist wie folgt aufgebaut:

Quittung:

$$t_i, v_{11}, v_{12}, \ldots, v_{1n_1}, v_{21}, v_{22}, \ldots, v_{2n_2}, \ldots, v_{j_i1}, v_{j_i2}, \ldots, v_{j_in_{j_i}}, e$$

t_i Kennung der i-ten Transition (Zeiger in die Zeigerliste)
v_{kl} Wert der l-ten Komponente der neuen Marke in k-ter Stelle von t_i
n_k Anzahl der Komponenten im Tupel der k-ten Stelle von t_i
j_i Anzahl der zur i-ten Transition inzidenten Stellen
e Endekennung

7.1.2.   Zeigerliste

Die Transitionskennung t_i ist ein Zeiger auf ein Element in einer **Zeigerliste**. In der Zeigerliste stehen für jede Transition jeweils ein Zeiger auf ein Element der **Stellenliste** (vgl. Kap. 4.2.6.) und ein Zeiger auf ein Element der **Transitionsliste** (vgl. Kap. 4.2.6.).

An der Adresse t_i in der Zeigerliste steht:

$$s_i, m_i, e$$

s_i Zeiger in die Stellenliste
m_i Zeiger in die Transitionsliste

7.1.3.   Stellenliste

In der Stellenliste stehen die Adressen der Stellen im **Markenspeicher**. Da es sich immer um Einfachstellen handelt, können hier direkt die Adressen der einzelnen Komponenten der Marken abgelegt werden.

An der Adresse s_i in der Stellenliste steht:

$$a_{11}, a_{12}, \ldots, a_{1n_1}, r_1, a_{21}, a_{22}, \ldots, a_{2n_2}, r_2, \ldots, a_{j_i1}, a_{j_i2}, \ldots, a_{j_in_{j_i}}, r_{j_i}, e$$

a_{kl} Adresse der l-ten Komponente der Marke in k-ter Stelle von t_i
r_k Adresse der Sperrmarkierung der k-ten Stelle von t_i

Zur Aktualisierung des Markenspeichers weist der Sortierer jeweils der Adresse a_{kl} den Werte v_{kl} der Quittung zu. Wurden allen Komponenten einer Stelle k die neuen Werte aus der Quittung zugewiesen, dann wird über die Adresse r_k die Sperrung aufgehoben.

7.1.4.   Transitionsliste

Mit der Transitionsliste wird ein einfacher Suchalgorithmus (vgl. Kap. 4.2.6.) realisiert. In der Transitionsliste wird jede Adresse einer Aktivierungsbedingung b einer Transition t aufgelistet, für die gilt, daß mindestens eine ihrer inzidenten Stellen auch inzident mit der quittierten Transition t_i ist. Eine Transition t wird dann als **indirekt inzident** zur Transition t_i bezeichnet. Dabei muß beachtet werden, daß eine Transition t_i im Produktnetz nach dem Schalten immer noch aktiviert sein kann. Also muß auch t_i selbst erneut überprüft werden (Jede Transition ist zu sich selbst indirekt inzident !). Diese eine Überprüfung könnte auch direkt durch die Aktionseinheit vor der Rückgabe einer Quittung erfolgen.

An der Adresse m_i in der Transitionsliste steht:

$$b_{i_1}, b_{i_2}, b_{i_3}, \ldots, b_{i_{q_i}}, e$$

b_{i_p} Zeiger in die Liste der Aktivierungsbedingungen auf die Bedingung b der p-ten zu t_i indirekt inzidenten Transition

q_i Anzahl der zu t_i indirekt inzidenten Transitionen t

Dem **Suchmodul** können entweder die Adresse m_i oder aber alle Adressen b über den Suchspeicher übergeben werden. Die Aktivierungsbedingungen sind in einer weiteren Liste abgelegt. Der Zeiger b_{i_p} auf die Aktivierungsbedingungen der jetzt möglicherweise schaltfähigen Transition t_u kann in den Suchspeicher (vgl. Kap. 4.2.7.) geschrieben werden oder direkt vom Suchmodul weiter bearbeitet werden. Das Suchmodul überprüft die in der Liste der Aktivierungsbedingungen abgelegte Aktivierungsbedingung zur Transition t_u. Ist die Aktivierungsbedingung nicht erfüllt oder eine der zu t_u inzidenten Stellen gesperrt, dann ist die Überprüfung der Transition t_u beendet. Ist die Aktivierungsbedingung erfüllt, dann wird eine Nachricht (**Auftrag**) an die Aktionseinheiten formuliert. Dazu befindet sich am Ende der Aktivierungsbedingung ein Zeiger w_u in die Auftragsliste.

7.1.5.   Auftragsliste

An der Adresse w_u in der Auftragsliste steht:

$$t'_u, r_1, a_{11}, a_{12}, \ldots, a_{1n_1}, r_2, a_{21}, a_{22}, \ldots, a_{2n_2}, r_{j_u}, \ldots, a_{j_u 1}, a_{j_u 2}, \ldots, a_{j_u n_{j_u}}, e$$

t'_u[19]   Kennung der u-ten Transition (Zeiger auf die Schaltfunktion)

a_{kl} Adresse der l-ten Komponente der Marke in k-ter Stelle von t_u

r_k Adresse der Sperrmarkierung der k-ten Stelle von t_u

n_k Anzahl der Komponenten im Tupel der k-ten Stelle von t_u

j_u Anzahl der zur u-ten Transition inzidenten Stellen

7.1.6.   Auftrag

Das Suchmodul formuliert nun mit Hilfe der Auftragsliste einen Auftrag zur Ausführung der Schaltfunktion $Z(t'_u)$. Der Zeiger t' auf die auszuführende Schaltfunktion wird direkt in den Auftrag übernommen. Dann wird jeweils eine Stelle über die Adresse r_k gesperrt und jeder, der unter den Adressen a_{k1} bis a_{kn_l} im Markenspeicher abgelegten Werte als v_{kl} in den Auftrag übernommen. Dieser Auftrag wird an eine der Aktionseinheit übergeben und ist aufgebaut wie eine Quittung.

Auftrag:

$$f_u, v_{11}, v_{12}, \ldots, v_{1n_1}, v_{21}, v_{22}, \ldots, v_{2n_2}, \ldots, v_{j_u 1}, v_{j_u 2}, \ldots, v_{j_u n_{j_u}} e$$

v_{kl} Wert der l-ten Komponente der neuen Marke in k-ter Stelle von t_i

7.1.7.   Aktivierungsbedingungen

Für die Realisierung der Aktivierungsbedingungen sind zwei Ansätze denkbar. Werden für die Möglichkeiten bei der Definition einer Aktivierungsbedingung in PENCIL/C keine Einschränkungen getätigt, dann können in den Aktivierungsbedingungen beliebig komplexe Funktionen aufgerufen werden. Dies bedeutet, daß für die Berechnung der Aktivierungsbedingung nur ein Universalprozessor in Frage kommt. Da die Berechnung der Aktivierungsbedingung zu den sehr zeitkritischen Vorgängen in der MDMA-Architektur

---

[19]   t und t' identifizieren dieselbe Transition. t ist ein Zeiger in die Zeigerliste. t' ist ein Zeiger auf die Schaltfunktion.

gehört, kann es aber auch sinnvoll sein, diese Berechnungen durch eine spezielle VLSI-Schaltung zu realisieren. Dann müßten in PENCIL Funktionsaufrufe aus Aktivierungsbedingungen heraus verboten werden. In der Aktivierungsbedingung dürfen dann nur Operatoren verwendet werden, die durch die entsprechende VLSI-Schaltung realisiert werden können. In /Engb90/ wird eine

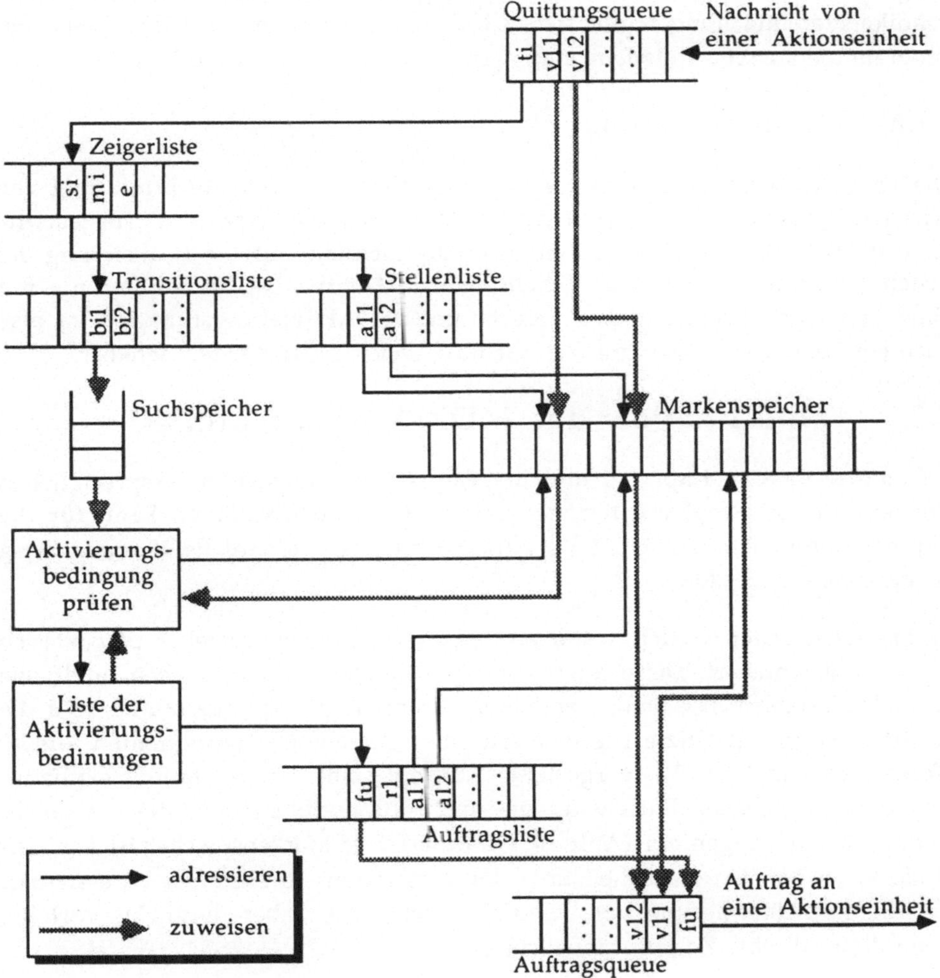

Fig. 7.1.   **Funktionsablauf in der Entscheidungseinheit**

solche Lösung vorgestellt. Dabei werden die Aktivierungsbedingungen in einer Postfixnotation abgespeichert. Ein spezieller Prozessor (**"Stack-Maschine"**) kann dann die Aktivierungsbedingung überprüfen. In /Engb90/ wurde auf dieser funktional simulierten Maschine ein Beispielprotokoll verarbeitet.

Diese Einschränkung der erlaubten Operationen in einer Aktivierungsbedingung ist natürlich in bezug auf die einfache Formulierbarkeit eines PENCIL-Programms ein Nachteil. Im Zusammenhang mit der in Kap. 6.3.4. vorgestellten Prädikatsvereinfachung ergibt sich jedoch die Möglichkeit, auf der Ebene der Programmiersprache trotzdem umfangreichere Funktionen zu erlauben.

7.1.8.   Zusammenfassung

Die vorgestellten Listenoperationen ermöglichen eine effiziente Ermittlung von schaltfähigen Transitionen mit einem Universalprozessor. Der vorgestellte Algorithmus ist andererseits so einfach, daß auch eine direkte Realisierung der Listenoperationen durch VLSI-Schaltungen realisierbar ist. In Verbindung mit einer speziellen Schaltung zur Berechnung der Aktivierungsfunktion ist also auch ein Spezial-Prozessor zur Verarbeitung von PENCIL-Netzen denkbar.

7.2.   Modifikation der MDMA-Architektur

Gegenüber dem in Kap. 7.2. und in /Rupp89c/ vorgestellten ursprünglichen Konzept für die Implementierung von Petrinetzspezifikationen kann für die Implementierung von PENCIL-Spezifikationen eine wesentliche Vereinfachung vorgenommen werden.

Im Markenspeicher werden, wie oben dargestellt, nur Einfachstellen physikalisch vollständig realisiert. Diese Stellen werden in PENCIL fast so behandelt wie normale Variablen. Die Stellen enthalten garantiert immer eine Marke, und die Schaltfunktion modifiziert die Werte der einzelnen Komponenten dieser Marken. Das in Kap. 7.1. vorgestellte Konzept sieht den Austausch expliziter Nachrichten zwischen Entscheidungs- und Aktionseinheit über die entsprechenden Warteschlangen vor (Auftrag, Quittung). Der Markenspeicher ist von den Prozessoren der Aktionseinheit über den Kontrollbus direkt nicht adressierbar. Für die Implementierung von PENCIL ergeben sich aber deutliche Vorteile, wenn dieser direkte Zugriff ermöglicht wird.

7.2.1.   Vorteil : Reduzierung der Kopiervorgänge

Die Aufgabe des Sorters ist es, die neuen Werte einer Quittung den richtigen Adressen im Markenspeicher zuzuweisen. Ein Wert, der im Markenspeicher abgelegt werden soll, muß zunächst in der Quittungswarteschlange gespeichert und von dort in den Markenspeicher geschrieben werden. Durch die vorgestellte Modifikation entfällt dieses zusätzliche Kopieren des Wertes in den Markenspeicher, da jede Aktionseinheit die neuen Werte direkt im Markenspeicher ablegen kann. Allerdings vergrößert sich dabei die Belastung des Kommunikationsmediums, da zusätzlich für jeden Wert eine Adreßinformation übertragen werden muß. Als Engpaß der MDMA-Architektur ist aber nicht der Kontrollbus anzusehen, sondern der Markenspeicher selbst. Die Anzahl der Zugriffe auf den Markenspeicher ändert sich aber durch die Modifikation überhaupt nicht.

7.2.2.   Vorteil : Parallele Ausführung der Sortiererfunktionalität

Ein weiterer Vorteil dieser Modifikation besteht darin, daß durch die Modifikation die Funktion des Sortierers automatisch und ohne zusätzlichen Hardware-Aufwand parallel realisiert wird. Jede Aktionseinheit führt nach der Ausführung einer Schaltfunktion (Task) die Aufgabe des Sortierers für diese Transition selbst aus. Dazu gehört nicht nur die Modifikation der inzidenten Stellen, sondern auch die Ausführung des Suchalgorithmus. Die Aktionseinheit kann also auch die Transitionen bestimmen, welche durch die durchgeführten Modifikationen im Markenspeicher möglicherweise schaltfähig gewordenen sind und diese im Suchspeicher ablegen

7.2.3.   Vorteil : Vereinfachte Auftragsvergabe

Die direkte Adressierbarkeit hat noch einen weiteren Vorteil bei der Auftragsvergabe. Da die Marken in den Stellen für die Aktionseinheiten direkt zugreifbar sind, muß in der Auftragswarteschlange nur noch die Transitionskennung f_u übergeben werden. Das Suchmodul sperrt zuvor die entsprechenden Stellen im Markenspeicher. Der Aufwand für den Aufruf einer Transition reduziert sich also auf die Übergabe eines Pointers auf die ausführbare Schaltfunktion. Diese Funktion muß die die Adressen der Stellen kennen, auf die sie zugreifen darf.

7.2.4.   Vorteil : Reduzierter Synchronisationsaufwand

Es werden keine expliziten Quittungen mehr an die Entscheidungseinheit gesendet. Damit werden die Quittungswarteschlange und die entsprechende Synchronisation überflüssig. Der Zugriff der Aktionseinheiten auf die Stellen im Markenspeicher erfordert keine zusätzliche Synchronisation, da die Stellen bereits exklusiv für die jeweilige Aktionseinheit gesperrt sind. Mit dem Speichern des neuen Wertes kann die Sperrung aufgehoben werden.

Die Funktionalität des Sortierers wird bei der modifizierten MDMA-Architektur von den Aktionseinheiten realisiert. Diese übergibt die möglicherweise schaltfähigen Transitionen über den Suchspeicher direkt an das Suchmodul. Die Entscheidungseinheit und die Aktionseinheiten tauschen in der modifizierten MDMA-Architektur nur noch Zeiger auf Transitionen bzw. Schaltfunktionen aus. Im Gegensatz zu der komplexen Datenstruktur eines Auftrags oder einer Quittung kann dieser Zeiger mit einem einzigen Speicherzugriff übergeben werden. Sind der Suchspeicher und die Auftragswarteschlange durch einen Standard-FIFO-Baustein realisiert, kann sogar die Synchronisation der Zugriffe auf diese Warteschlange entfallen.

7.2.5.   Zusammenfassung

Die vorgestellte Modifikation für die Implementierung von PENCIL erhöht die Effizienz der MDMA-Architektur deutlich, da einerseits die Kommunikationsvorgänge deutlich reduziert und vereinfacht werden, andererseits die Zahl der parallel ausführbaren Vorgänge erhöht wird.

7.3.   Kommunikation

In jeder parallelen Architektur sind Kommunikation und Synchronisation wesentliche Aspekte. Ähnlich wie im ISO/OSI-Referenzmodell können dabei verschiedene Ebenen unterschieden werden. Beispielsweise muß der physikalische Zugriff auf den globalen Speicher synchronisiert werden, so daß eine eindeutige Vergabe von Adreß- und Datenbus erfolgt. Auf einer höheren Ebene muß der logische Zugriff auf die in dem Speicher realisierten Datenstrukturen geregelt werden.

Das Problem eines optimalen physikalischen Verbindungsnetzwerks zur Kopplung der Prozessoren mit dem globalen Speicher wird hier nicht weiter behandelt. Dabei wird nicht verkannt, daß die optimale Lösung dieses Problems entscheidenden Einfluß auf die Leistungsfähigkeit jeder parallelen Netzwerk-Controller-Architektur hat. Die Behandlung dieses Problems würde aber den Rahmen der vorliegenden Arbeit sprengen.

Die für die MDMA-Architektur benötigten Funktionen zur Kommunikation sollen ausführlicher behandelt werden. In /Engb90/ wurden die Kommunikationsmechanismen in der MDMA-Architektur detailliert spezifiziert und mittels funktionaler Simulation untersucht.

7.3.1.   Synchronisation

In jedem Multiprozessor-Controller muß der logische Zugriff auf Datenstrukturen und auf spezielle Hardware-Bausteine (z.B.: DMA-Baustein, LAN-
Coprozessor) durch einen am günstigsten hardwaremäßig implementierten
Synchronisationsmechanismus (vgl. **Ressourcenverwalter** /Engb90/) geregelt
werden. In der MDMA-Architektur muß durch diesen Baustein nur der Zugriff
auf die Auftrags- und die Quittungswarteschlange geregelt werden. Alle übrigen
Zugriffskonflikte entfallen, da diese bereits durch die Produktnetzdarstellung
verhindert werden (siehe : Kap. 6.3.3.). In der modifizierten MDMA-Architektur
kann daher unter bestimmten Voraussetzungen (vgl. Kap. 7.2.4.) sogar ganz auf
einen expliziten Synchronisationsmechanismus verzichtet werden.

7.3.2.   Kommunikation zwischen Aktions- und Entscheidungseinheit

Die Kommunikation zwischen Aktions- und Entscheidungseinheit erfolgt
asynchron (vgl. Kap. 6.3.7.). Die Entscheidungseinheit sendet immer dann einen
entsprechenden Auftrag an die Aktionseinheiten, wenn sie eine ausführbare
Schaltfunktion gefunden hat. Eine Aktionseinheit sendet nach Abschluß einer
Schaltfunktion automatisch eine Quittung an die Entscheidungseinheit. Im
folgenden wird der Kommunikationsablauf für die normale MDMA-Architektur
beschrieben. In der modifizierten Version vereinfachen sich die
Kommunikationsbeziehungen entsprechend.

7.3.2.1.   Vergabe von Aufträgen

Die Aktionseinheit, die einen Auftrag wünscht, sichert sich über einen
hardwaremäßig realisierten Ressourcenverwalter den exklusiven Zugriff auf die
Auftragswarteschlange. Dort werden von der Entscheidungseinheit alle ausführbaren Aufträge abgelegt. Die Aktionseinheit mit Zugriffsrecht kann einen
Auftrag aus der Schlange entnehmen und gibt anschließend die
Auftragswarteschlange wieder frei. Die Auftragsvergabe erfolgt also über eine
asynchrone Kommunikationsbeziehung (Nowait-Send) und die Aktionseinheiten holen sich ihre Aufträge selbstständig (Auftragsanziehung). Das
Konzept sieht vor, daß die Aktionseinheiten jeweils einen Auftrag exklusiv
verarbeiten. Würden mehrere Aufträge in einem Zeitscheibenverfahren
bearbeitet, könnte nicht verhindert werden, daß für Aktionseinheiten teilweise
keine Aufträge mehr vorhanden ist, während andere Aktionseinheiten mehrere
Aufträge zeitlich überlappend und damit entsprechend langsam verarbeiten.

7.3.2.2.   Quittieren einer Schaltfunktion

Eine Aktionseinheit quittiert den Abschluß der Bearbeitung einer Schaltfunktion
durch die Rückgabe einer Quittung (bzw. die Eingabe der möglicherweise
aktivierten Transitionen in den Suchspeicher), wobei sie sich jeweils über den
Ressourcenverwalter den exklusiven Zugriff auf die Quittungswarteschlange
sichert. Der Sortierer entnimmt aus der Warteschlange die Quittung und führt
die entsprechenden Reaktionen durch. Das Suchmodul entnimmt dann die
Transitionen, die überprüft werden müssen, aus dem Suchspeicher. Die
Entscheidungseinheit verhält sich also nicht anders als die Aktionseinheiten. Sie
holt ihre Aufträge (Aktualisieren des Netzes; Ermitteln der neuen schaltfähigen
Transitionen) selbständig immer dann aus der Quittungswarteschlange (bzw.
dem Suchspeicher), wenn der vorhergehende Auftrag bearbeitet ist
(Auftragsanziehung). Erst im Gesamtkontext wird klar, daß die
Entscheidungseinheit die Aufträge vergibt und die Aktionseinheiten sie
ausführen (Master-Slave).

7.3.2.3.   Status der Warteschlangen

Normalerweise greift ein Modul (Entscheidungs- oder Aktionseinheit) dann auf
eine der Warteschlangen zu, wenn die Bearbeitung des letzten Auftrags
abgeschlossen ist. Dabei kann es vorkommen, daß keine weiteren Aufträge bzw.
Meldungen mehr vorliegen oder daß die Warteschlange nicht über genügend
Speicherplatz zur Aufnahme weiterer Meldungen oder Aufträge verfügt. Damit
die Module nicht durch erfolglose Anfragen die Kommunikationsmedien
unnötig belasten, müssen eine leere und eine volle Warteschlange als gesonderte
Zustände verwaltet werden. Die Module müssen zunächst den Zustand der
Warteschlange ermitteln und dürfen nur dann zugreifen, wenn sich die
Warteschlange im geeigneten Zustand befindet. Ansonsten muß das Modul
warten, bis sich der Zustand der Warteschlange wieder ändert. In /Engb90/
wurden dafür Statusleitungen verwendet, die von allen Aktionseinheiten
berücksichtigt werden müssen. Werden für die physikalische Realisierung der
Warteschlangen kommerziell verfügbare Standard-FIFO-Bausteine verwendet,
dann verfügen diese im allgemeinen bereits über die entsprechenden
Statusleitungen.

7.3.3.   Externe Ereignisse

Ein weiteres Problem bei der MDMA-Architektur ist die Integration externer
Ereignisse. Bei einer Modellierung wird durch das Produktnetz das Verhalten

eines Systems und seiner Umwelt als ein geschlossenes System dargestellt. Bei der Benutzung der Produktnetze als Programmiersprache muß man jedoch außerhalb des Produktnetzes auftretende Ereignisse (Empfang eines Datenpaketes, Kommunikationsauftrag vom Host) im Produktnetz berücksichtigen können. In /Gerh90/ wurde dafür die sogenannte **spontane Stelle** eingeführt. In dieser Stelle können neue Marken (externe Ereignisse) auftauchen, ohne daß eine spezifizierte Transition geschaltet hat.

Bei der Realisierung der spontanen Stellen müssen zunächst die realen physikalischen Ereignisse (z.B.: Ankunft eines neuen Datenpaketes oder Auftrages) erkannt werden. Dann muß eine entsprechende Marke in der spontanen Stelle erzeugt werden. Diese Stellen müssen Einfachstellen sein, damit sie in der Entscheidungseinheit realisiert und vom Suchmodul berücksichtigt werden können. Die realen physikalischen Ereignisse sollen von der Interrupt-Logik der Prozessoren in den Aktionseinheiten erkannt und behandelt werden[20]. Um eine korrekte Behandlung der spontanen Stelle zu gewährleisten, wurde in /Engb90/ eine Ereignis-Transition eingeführt. Ein Auftrag für die Ausführung der Ereignis-Transition wird von der Entscheidungseinheit in die Auftragswarteschlange geschrieben, wenn das vorherige Ereignis bearbeitet und damit die spontane Stelle leer ist (Die Marke '◊' enthält; vgl. Fig. 7.2.). Dabei wird sie, wie bei der Ausführung einer normalen Stelle, gesperrt. Sie bleibt solange gesperrt, bis die Ereignis-Transition quittiert wird. Diese Quittung wird erst generiert, wenn ein neues externes Ereignis aufgetreten ist. Im Gegensatz zu normalen Transitionen dauert eine Ereignis-Transition also nicht nur so lange, wie zur Ausführung der Schaltfunktion nötig ist, sondern bis ein neues externes Ereignis stattgefunden hat.

Die Aktionseinheit, die eine Ereignis-Transition t zur Bearbeitung erhält, prüft, ob das externe Ereignis bereits stattgefunden hat. Da der Zeitabstand zwischen zwei externen Ereignissen kürzer sein kann als die Zeit, welche die Entscheidungseinheit für eine Reaktion benötigt, müssen die Aktionseinheiten externe Ereignisse zwischenspeichern können. Hat das Ereignis bereits

---

[20] Eine Behandlung der externen Ereignisse durch die Entscheidungseinheit ist nur möglich, wenn sie durch einen normalen Prozessor realisiert wird. Die Entscheidungseinheit müßte dann in der Lage sein, die einzelnen externen Ereignisse zwischenzuspeichern. Die zusätzliche Belastung der Entscheidungseinheit durch die Interrupts ist jedoch für die meisten denkbaren Konfigurationen der MDMA-Architektur nicht ratsam.

stattgefunden, wird die entsprechende Quittung unmittelbar an die Entscheidungseinheit gesendet. Hat das Ereignis noch nicht stattgefunden, wird dieser Zustand vermerkt (Ereignis-Transition t aktiv) und die Aktionseinheit holt sich einen neuen Auftrage aus der Auftragswarteschlange. Tritt das Ereignis ein, wird über die normale Interrupt-Logik des Prozessors eine Routine angestoßen, die, falls die Ereignis-Transition t aktiv ist, direkt eine Quittung formuliert, oder, falls die Ereignis-Transition t nicht aktiv ist, das Ereignis in einem Zwischenspeicher ablegt.

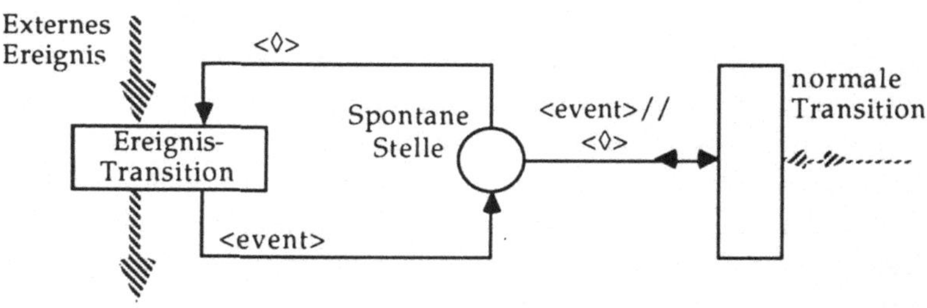

Fig. 7.2.   Integration externer Ereignisse in das Produktnetz

Für die Bindung der externen Ereignisse an die Aktionseinheiten gibt es zwei Möglichkeiten:

-       Ein externes Ereignis wird exklusiv an die Interrupt-Logik eines Prozessor gebunden. Daraus folgt, daß es möglich sein muß, Aufträge von der Entscheidungseinheit gezielt an bestimmte Aktionseinheiten zu vergeben.

-       Ein externes Ereignis kann von jeder Aktionseinheit bedient werden. Der Zustand der Ereignis-Transitionen und der Zwischenspeicher für die Ereignisse muß dann aber global zugreifbar sein und nochmals außerhalb der Entscheidungseinheit synchronisiert werden (vgl. /Engb90/).

Ein weiteres Problem, auf das bisher noch nicht eingegangen wurde, ist die Verwaltung der Timer. Sie stellt bei der Bearbeitung von Protokollen einen nicht zu unterschätzenden Aufwand dar, da sehr viele Aktivitäten in einem Protokoll durch das gleichzeitige Starten eines Timers überwacht werden. In den Produktnetzen gibt es kein explizites Konstrukt zur Angabe einer Zeit. Für PENCIL ist vorgesehen, das Starten und Stoppen eines Timers mit einer Schaltfunktion zu verknüpfen (vgl. Kap 3.3.4. und /Gerh90/). Die Verwaltung des Timers erfolgt durch eine oder mehrere Aktionseinheiten (vgl. /Lud88/). Der Ablauf eines Timers wird im Produktnetz wie ein externes Ereignis behandelt (vgl. /Ger90/). Zwischen Start und Ablauf eines Timers besteht im Produktnetz also keine direkte Verbindung.

7.4. Hardware-Realisierung der MDMA-Architektur

Die wesentlichen und immer erforderlichen Komponente der MDMA-Architektur sind der globale Speicher und eine Anzahl von Prozessoren, die über einen lokalen Speicher sowie eine Zugriffsmöglichkeit auf den globalen Speicher verfügen. Schon aufgrund des Verwendungszwecks als Kommunikations-Controller ist in der MDMA-Architektur immer ein globaler Speicher erforderlich. Außerdem werden für einen Kommunikations-Controller Zugänge zu den benutzten Übertragungsmedien und eventuell zum Datenverarbeitungsgerät benötigt. Dieser in Fig. 7.3. dargestellte Aufbau unterscheidet sich in soweit nicht von anderen Architekturansätzen zur parallelen Verarbeitung von Kommunikations-Software. Um PENCIL/C auf einer solchen Rechnerarchitektur (im folgenden als **Basisarchitektur** bezeichnet) zu installieren, sind zwei Vorgehensweisen denkbar.

7.4.1. Realisierung des MDMA-Konzepts mit der Basisarchitektur

Das Konzept der MDMA-Architektur sieht eine spezielle Einheit zur Verarbeitung des Petrinetzes (Entscheidungseinheit) vor. Diese Entscheidungseinheit verteilt die Aufträge an mehrere identische Aktionseinheiten. Für die Basisarchitektur bedeutet dies, daß einer der Prozessoren als Entscheidungseinheit verwendet wird. Dabei wird die Funktionalität der Entscheidungseinheit durch Software nachgebildet. Die Kommunikation zwischen den Aktionseinheiten erfolgt über den globalen Speicher. Verglichen mit der Darstellung in Fig. 4.2. wird bei dieser Realisierung auf einen separaten Kontrollbus, spezielle Hardware-Bausteine für die Auftrags- und Quittungswarteschlange sowie eine spezielle Architektur der Entscheidungseinheit verzichtet.

In einer sehr einfachen Umsetzung des MDMA-Konzepts lassen sich der Datenbus und der Kontrollbus mit demselben physikalischen Bus realisieren. Bei einer groben Granularität der einzelnen Transitionen ist der Umfang der Kommunikation zwischen Aktions- und Entscheidungseinheit deutlich geringer als dasjenige der Kommunikation zwischen Aktionseinheit und Datenspeicher. Wird der Umfang einer Schaltfunktion geringer (die Granularität feiner), und damit auch die Anzahl der Zugriffe auf den Protokolldatenspeicher je Schaltfunktion, dann vergrößert sich der relative Anteil der Kommunikation zwischen Entscheidungseinheit und Aktionseinheit an der gesamten Busbelastung. Es ist dann eventuell sinnvoll, getrennte Kommunikationsmedien zu verwenden.

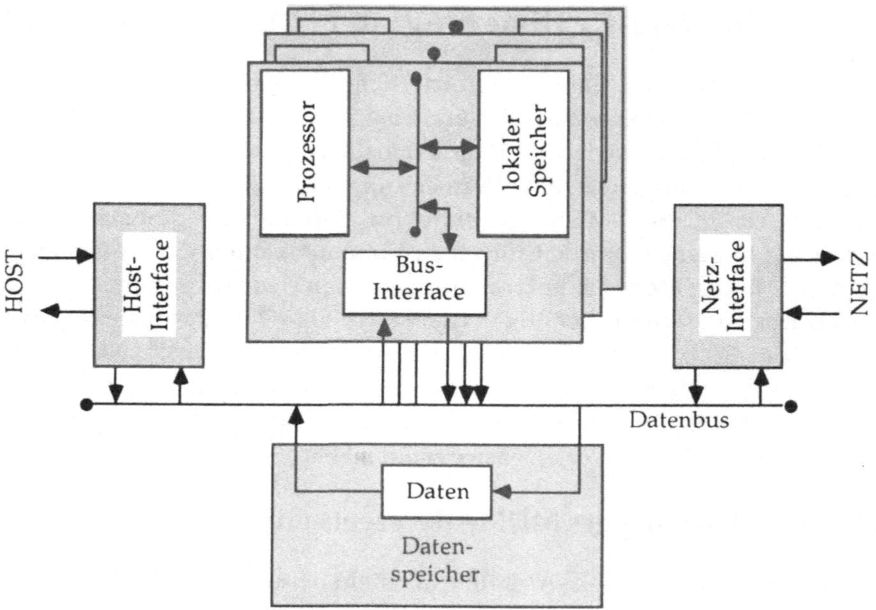

Fig. 7.3.   Die wichtigsten Module der Basis-Architektur

7.4.2.   Alternative Implementierung von PENCIL/C

PENCIL/C könnte statt auf einer MDMA-Architektur auch auf einer grundsätzlich anderen Architektur realisiert werden. Der modulare Aufbau von PENCIL/C erlaubt es, bei der Compilierung stellenberandete Teilnetze (vgl. Kap. 3.2.1.) zu bilden. Diese Teilnetze würden dann fest an Prozessoren mit lokalem Speicher gebunden. Jeder Prozessor bearbeitet würde dann selbstständig sein Teilnetz (oder seine Teilnetze). Ein globaler Speicher ist natürlich weiterhin erforderlich. Beim Ausführen einer Schaltfunktion müssen , um Inkonsistenzen zu verhindern, nur die Randstellen (vgl. Kap. 3.2.1.) gesperrt werden. Die Randstellen können entweder in einem globalen Speicher realisiert oder den Prozessoren fest zugeordnet werden. Dann müssen die jeweils anderen Prozessoren aber auf die Stellen über den Austausch von Nachrichten zugreifen können. In jedem Fall wird die Verwaltung der Randstellen erheblich komplizierter, da es nun mehrere Instanzen gibt, die aktivierte Transitionen suchen und dabei Stellen sperren. Hierbei besteht die Gefahr einer

Verklemmung. Die Probleme des parallelen Suchens aktivierter Transitionen werden in /Brau84/, /Engb90/ und /Rupp89c/ ausführlicher behandelt.

Die hier vorgestellte alternative Implementierung von PENCIL/C entspricht den in Kap. 2.4.3. vorgestellten Ansätzen zur parallelen Verarbeitung von Protokoll-Software mit einer festen Zuordnung von Funktionen zu Prozessoren. Um eine effiziente parallele Verarbeitung auf einer solchen Architektur zu ermöglichen, müßte sichergestellt werden, daß immer mindestens eine Transition von den Transitionen, die einem Prozessor zugeordnet sind, aktiviert und ausführbar ist. Keine aktivierten Transitionen in einem Prozessor bei gleichzeitig mehreren ausführbaren Schaltfunktionen in einem anderen Prozessor bedeuten eine schlechte Nutzung der vorhandenen Parallelität. Die Frage einer optimalen statischen Verteilung der Transitionen auf ein Prozessornetzwerk ist aber systematisch kaum zu beantworten. Sie hängt neben der Funktionalität des Protokolls und dem dafür nötigen Arbeitsaufwand auch von der Umgebung des Protokolls ab. Nämlich von der Charakteristik der Lasten, dem Aufbau der ganzen Protokollhierarchie und von der Leistungsfähigkeit der Kommunikationspartner. Diese Probleme ergeben sich aber für jede Form der festen Zuordnung von Funktionen zu Prozessoren. Da mit dieser Art der Implementierung also kaum eine effiziente Nutzung der vorhandenen Hardware-Ressourcen zu erreichen ist, wurde dieser Ansatz in der vorliegenden Arbeit nicht weiter verfolgt.

7.4.3. Transputer

Werden als Prozessoren in der Basisarchitektur **Transputer** verwendet, dann kann aus den genannten Gründen nicht auf einen globalen Speicher verzichtet werden. Auf einer solchen Architektur läßt sich das MDMA-Konzept verwirklichen, indem ein Transputer als Entscheidungseinheit verwendet wird, der keinen Zugang zum globalen Speicher benötigt. Die **Links** der Transputer können für die Kommunikation zwischen dem Transputer, der die Entscheidungseinheit realisiert, und den übrigen Transputern verwendet werden. Die Links würden also den Kontrollbus emulieren. Da dann kein direkter Zugriff für die Aktionseinheiten auf den Markenspeicher möglich ist, kann auf einem solchen Transputer-Netzwerk nur die normale MDMA-Architektur realisiert werden.

Für einen Prototyp kann eine solche Implementierung aus Gründen der Verfügbarkeit sinnvoll sein. Für eine reale, kostengünstige Lösung ist diese Vorgehensweise jedoch ungünstig, da nur wenige Eigenschaften, die der Transputer unterstützt (und die in Form von Chipfläche ja auch bezahlt werden), unbedingt benötigt werden. Insbesondere die Links[21] und die Fähigkeit des Transputers zum schnellen Prozeßwechsel[22] werden kaum genutzt. Der Aufbau des Transputers als RISC-Prozessor und der schnelle interne Speicher sind jedoch für die Verarbeitung von Protokollen und auch für das MDMA-Konzept sinnvoll.

7.4.4.   Spezialisierte MDMA Hardware-Architektur

Ausgehend von der in Kap. 7.4.1. vorgestellten Basisarchitektur sollen im folgenden Erweiterungen behandelt werden, die bestimmte Funktionen der MDMA-Architektur effizienter unterstützen. Ausgegangen wird dabei nur noch von der modifizierten Version der MDMA-Architektur. Auf die direkte Realisierung der Entscheidungseinheit durch spezielle Hardware wurde bereits in Kap. 7.1. ff eingegangen. Sie wird hier nicht mehr behandelt.

7.4.4.1.   Markenspeicher

Bezüglich der Anforderungen an die physikalischen Speicher lassen sich neben dem lokalen und dem globalen Speicher, noch die Warteschlangen (Auftragswarteschlange, Suchspeicher) und der Markenspeicher unterscheiden. Der Markenspeicher muß für die modifizierte Version direkt von der Aktionseinheit und von der Entscheidungseinheit aus adressierbar sein. Der normale globale Speicher könnte also für die Realisierung des Markenspeichers verwendet werden. Da der globale Speicher jedoch bereits anderweitig stark belastet ist und auch andere Anforderungen (hoher Bedarf an Speicherplatz, hohe Blocktransferrate) zu erfüllen hat, sollte der Markenspeicher (geringer Bedarf an Speicherplatz, kurze Speicherzugriffszeit) dennoch davon unabhängig realisiert werden. Anbieten würden sich dafür sogenannte Dual-Port-Memory-Bausteine /Mich87/. Dies sind normale statische Speicher, die jedoch über je zwei getrennte Adreß- und Datenbusanschlüsse verfügen. Die dabei physikalisch notwendige Synchronisation der beiden Bussysteme erfolgt intern. Da die Adressen für die beiden Busse jeweils unabhängig und parallel dekodiert werden

---

[21]   Der größte Teil des Kommunikationsbedarfes besteht für die Verbindung zum globalen Speicher.

[22]   Die Aktionseinheiten behandeln einen Prozeß immer exklusiv.

können, ist die Anzahl der insgesamt möglichen Zugriffe pro Zeiteinheit höher als bei einem einfachen, genauso schnellen Speicher. Eines der beiden Bus-Interfaces wird für die Entscheidungseinheit verwendet. Das zweite Interface ist an den Kontrollbus (falls ein separater Kontrollbus existiert) angeschlossen.

Aus der Sicht des Prozessors in der Aktionseinheit muß es einen physikalisch kontinuierlicher Adreßraum geben. Der PENCIL/C-Compiler muß bei der Erzeugung des Maschinencodes für die Aktionseinheiten die physikalisch getrennten Speicherbereiche kennen und die verschiedenen Arten von Variablen (Einfach- und Mehrfachstellen, globale und lokale Variablen) jeweils im richtigen Adreßraum anlegen.

-	Einfachstellen	Markenspeicher
-	Mehrfachstellen	globaler Datenspeicher und Repräsentant im Markenspeicher
-	globale Variablen	globaler Datenspeicher
-	lokale Variablen	lokaler Speicher
-	Programmcode	lokaler Speicher

Der Datenbus und eventuell der Kontrollbus müssen mit Hilfe eines Arbiters eine eindeutige Vergabe des jeweiligen Busses gewährleisten, wenn der Prozessor einer Aktionseinheit auf einen Adreßbereich außerhalb seines lokalen Bereichs zugreift. Versuchen mehrere Prozessoren gleichzeitig einen solchen Zugriff, dann kann beispielsweise einer der beiden Prozessoren solange angehalten werden, bis der Zugriff des anderen Prozessors erledigt ist.

7.4.4.2.   Warteschlangen

Die Realisierung der Warteschlangen könnte über die im letzten Kapitel vorgestellten Dual-Port-Memory-Bausteine erfolgen. Dann müßte die eigentliche Warteschlangen-Funktion durch entsprechende Software realisiert werden. Die Verwaltung der Warteschlangen müßte in einem verteilten System jedoch wiederum synchronisiert werden. Einfacher und leistungsfähiger ist hier die Verwendung von fertigen FIFO-Bausteinen. Die Informationsbreite der FIFO-Bausteine und des Kontrollbusses sollte dabei so groß sein, daß die Übertragung eines Zeigers auf eine Schaltfunktion oder eine Aktivierungsbedingung mit einem Zugriff erfolgen kann. Dann ist, wie bereits oben erwähnt, keine Synchronisation beim Zugriff auf die Warteschlangen erforderlich. Der Status der Warteschlangen (voll, leer) muß den Aktionseinheiten über Statusleitungen angezeigt werden. Sollen mehrere Prioritäten realisiert werden, dann müssen dementsprechend mehrere Warteschlangen verwendet werden.

7.5. Reaktionszeiten

Im folgenden sollen die wesentlichen Leistungsmerkmale des hier erarbeiteten Konzeptes verdeutlicht und mit anderen Ansätzen, bei denen ähnliche Ziele verfolgt werden, verglichen werden. In Kap. 2.3. wurde bereits aufgezeigt, daß das wesentliche Leistungsmerkmal eines Kommunikations-Controllers diejenige Zeit ist, die der Controller benötigt, um auf einzelne Ereignisse zu reagieren. Die Nettodatenrate ist ein Wert, der im wesentlichen von der Reaktionszeit beeinflußt wird. In diese Nettodatenraten gehen aber zum Beispiel auch noch Eigenschaften des verwendeten Protokolls ein, die hier nicht von Interesse sind. Daher wird hier nur die Reaktionszeit der verschiedenen Architekturen in Abhängigkeit von der Belastung ermittelt. Belastet wird ein Controller durch die auftretenden Ereignisse (z.B.: Ankunft eines Datenpaketes; Erhalt eines Kommunikationsauftrages). Ein Ereignis erfordert die Abarbeitung mehrerer Teilfunktionen (mehrerer Transitionen in der MDMA-Architektur). Diese konkurrieren um die Verarbeitung durch den Prozessor (oder die Prozessoren). Je besser die vorhandenen Ressourcen genutzt werden können, um so kürzer sind die Gesamtreaktionszeiten des Controllers und um so höher sind die zu erwartenden Nettodatenraten.

Ereignisse werden in den folgenden Warteschlangenmodellen durch die Kunden repräsentiert. Ein solcher Kunde muß mehrmals von einem Prozessor bedient werden (entsprechend den mehreren auszuführenden Teilfunktionen). Nach einer zufälligen Anzahl von ausgeführten Teilfunktionen gilt ein Ereignis als bearbeitet. Untersucht wurden ein Modell für einen Einprozessor-Controller, ein Modell für die MDMA-Architektur und ein Modell für ein Vergleichssystem, bei dem die Teilfunktionen jeweils fest an bestimmte Prozessoren gebunden sind (vgl. Kap. 2.4.3.1.-2.4.3.2). Bei allen Modellen wird davon ausgegangen, daß auf eine ausgeführte Teilfunktion immer wieder genau eine Teilfunktion folgt (Eine mögliche parallele Ausführung von Teilfunktionen innerhalb einer einzelnen Reaktion wird also nicht berücksichtigt). Mit einer bestimmten Wahrscheinlichkeit ist jeweils nach der Ausführung einer Teilfunktion die gesamte Reaktion des Systems auf ein konkretes Ereignis beendet.

Bei einer sequentiellen Programmierung auf einer Einprozessorarchitektur sei die nächste ausführbare Teilfunktion automatisch gegeben. In der MDMA-Architektur muß nach der Ausführung einer Teilfunktion die nächste ausführbare Teilfunktion durch die Entscheidungseinheit ermittelt werden. Bei der Programmierung des Vergleichssystems legt der Programmierer statisch fest, welche Funktionen auf welchem Verarbeitungsmodul ausgeführt werden sollen.

Nach Beendigung einer Teilfunktion ist damit eindeutig festgelegt, welches Verarbeitungsmodul die nachfolgende Teilfunktion ausführen muß.

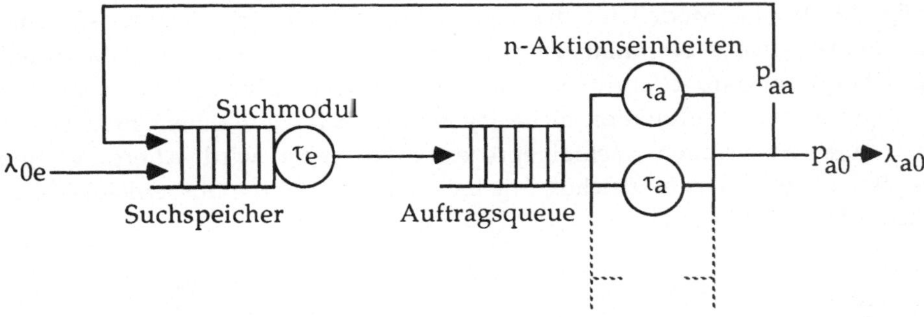

Fig. 7.4. **Warteschlangenmodell der MDMA-Architektur**

Bei dem Modell für die Einprozessorarchitektur werden zusätzliche Verarbeitungszeiten, die bei der Verwaltung der konkurrierenden Prozesse entstehen, vernachlässigt. In dem Modell für die MDMA-Architektur wird die modifizierte Version betrachtet (vgl. Kap. 7.1.), bei der zur Auftragsvergabe und Quittungsübergabe jeweils nur ein Pointer übergeben werden muß. Die durch diese Kommunikationsvorgänge verursachten Verzögerungen können im Modell gegenüber der deutlich größeren Vearbeitungszeit vernachlässigt werden. Für die Vergleichsarchitektur werden die Zeiten für die Übergabe eines Prozesses von einem Modul zum nächsten vernachlässigt. Außerdem wird für die Vergleichsarchitektur angenommen, daß die Verteilung der Aufgaben durch den Programmierer so erfolgen kann, daß jedes Modul im Mittel die gleiche Auslastung aufweist. Insbesondere die letzte Abschätzung ist eine sehr optimistische Annahme für die Vergleichsarchitektur.

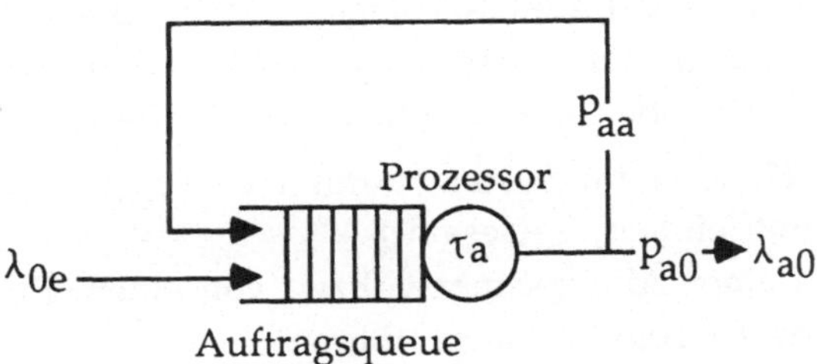

Fig. 7.5. **Warteschlangenmodell eines Einprozessor-Controllers**

Geht man von genau einer Auftrags- und einer Quittungswarteschlange aus, die jeweils gemäß der FIFO-Strategie bedient werden, dann läßt sich für die MDMA-

Architektur das in Fig. 7.4. dargestellte Warteschlangenmodell angeben. Dieses System wird mit dem Modell eines Einprozessorsystem verglichen (vgl. Fig 7.5.)

In Fig. 7.6. ist das Modell für die Vergleichsarchitektur, bei der die einzelnen Teilaufgaben jeweils bestimmten Prozessoren fest zugeordnet sind, dargestellt. Die Übergangswahrscheinlichkeiten sind so, daß ein Prozeß, der nach Beendigung einer Teilfunktion nicht abgeschlossen ist, von einem Prozessor an genau einen bestimmten Nachfolgeprozessor übergeben wird. Allerdings führt jede Verkehrsmatrix zum gleichen Ergebnis, wenn dabei die mittlere Auslastung für jedes Moduls gleich ist.

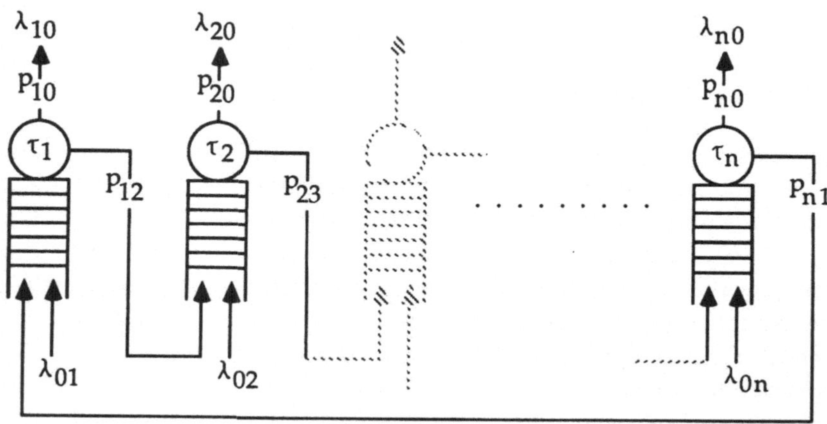

Fig. 7.6.   Multiprozessor-Controller mit fest zugeordneten Tasks

7.5.1.   Lösung für eine feste Kundenanzahl

Es wird zunächst von einer festen Kundenanzahl (in Bearbeitung befindliche Protokollreaktionen) im System ausgegangen ($\lambda_{0e} = 0$, $p_{a0} = 0$; geschlossenes Netz). Es werden die folgenden Bezeichnungen verwendet:

k_i Anzahl der Kunden im System (mit $i \in \{a,e,g\}$; a→Aktionseinheit, e→Entscheidungseinheit, g→Gesamt)

τ_a Zeit, die von einer Aktionseinheit (bzw. von einem Prozessor) benötigt wird, um eine Teilfunktion auszuführen,

λ_{0e} Rate, mit der Protokollereignisse auftreten,

λ_{a0} Rate, mit der bearbeitete Protokollereignisse das System verlassen,

p_{a0} Wahrscheinlichkeit, daß eine Reaktion nach Ausführung einer Teilfunktion beendet ist,

p_{aa} Wahrscheinlichkeit, daß eine Reaktion nach Ausführung einer Teilfunktion nicht beendet ist.

Es gilt:

$$p_{aa} = 1 - p_{a0} \qquad (7.5.1)$$

Das Einprozessorsystem arbeitet nach einem Zeitscheibenverfahren. Jede fertig bearbeitete Teilfunktion wird sofort wieder als neuer Kunde in die Auftragswarteschlange geschrieben. In der Auftragswarteschlange befinden sich dann k-1 Kunden, die vor ihm bedient werden müssen. Die gesamte Verarbeitungszeit τ_v einer Teilfunktion (Wartezeit+Bearbeitungszeit) ergibt sich bei einer sequentiellen Verarbeitung also durch:

$$\boxed{\overline{\tau_{v_s}} = \overline{\tau_a} k_g} \qquad (7.5.2)$$

Wesentlich für die Leistung der MDMA-Architektur sind zusätzlich folgende Größen:

τ_e Zeit, welche die Entscheidungseinheit benötigt, um eine ausführbare Schaltfunktion zu finden,

n   Anzahl der vorhandenen Aktionseinheiten.

Der Granularitätsquotienten g sei eine Angabe über das Verhältnis der Zeit τ_e zu τ_a und definiert durch:

$$g = \frac{\overline{\tau_e}}{\overline{\tau_a}} \qquad (7.5.3)$$

Durch die Verarbeitung einer Teilfunktion werden meistens neue Teilfunktionen ausführbar. Um diese zu finden, müssen in der MDMA-Architektur alle zur letzten Teilfunktion indirekt inzidenten Transitionen auf Schaltfähigkeit untersucht werden. Der Arbeitsaufwand zur Feststellung der nächsten schaltfähigen Transition ist also nur von der statischen Anzahl der indirekt inzidenten Transitionen abhängig und nicht vom momentanen Zustand des Netzes oder der relativen oder absoluten Anzahl der aktivierten Transitionen. Das bedeutet, daß τ_e nicht lastabhängig ist. Die Zeiten τ_e und τ_a werden als negativ exponentiell verteilt angenommen.

Für die Verarbeitung durch die MDMA-Architektur kann eine exakte analytische Lösung für das Modell in Fig. 7.4. (unter der Voraussetzung $\lambda_{0e} = 0$, $p_{a0} = 0$) durch das Gordon/Newell-Theorem /Gord67/ bestimmt werden. Dieses besagt, daß sich die Wahrscheinlichkeiten für einen Netzwerkzustand im Gleichgewicht durch folgenden Produktformansatz bestimmen lassen:

$$p(k_1, k_2, \ldots \ldots, k_N) = \frac{1}{G(k_g)} \prod_{i=1}^{N} F_i(k_i)$$

$$(7.5.4)$$

Die Anzahl der Knoten im Netz ist gegeben durch N. Die $F_i(k_i)$ sind Funktionen, die den Zustandswahrscheinlichkeiten $p_i(k_i)$ für einen Knoten entsprechen. Sie werden bestimmt durch (/Bolc89/ Gl. 2.57):

$$F_i(k_i) = \left(\frac{e_i}{\mu_i}\right)^{k_i} \frac{1}{k_i!} \quad \text{für } k_i \leq n_i$$

$$F_i(k_i) = \left(\frac{e_i}{\mu_i}\right)^{k_i} \frac{1}{n_i! n_i^{k_i - n_i}} \quad \text{für } k_i \geq n_i$$

$$(7.5.5)$$

Der Wert e_i gibt die Besuchshäufigkeit (entspr. der Ankunftsrate in offenen Warteschlangennetzen) für einen Knoten i an. Für die Besuchshäufigkeit der Knoten des Warteschlangennetzes in Fig. 7.4. gilt:

$$e_e = e_a$$

$$(7.5.6)$$

Damit sind die Besuchshäufigkeiten noch nicht eindeutig bestimmt. Die Werte werden gewählt zu:

$$e_e = e_a = 1$$

$$(7.5.7)$$

Für die Kunden in den beiden Wartesystemen gilt der Zusammenhang:

$$k_e = k_g - k_a$$

$$(7.5.8)$$

Damit gibt es insgesamt genausoviele Netzwerkzustände wie Kunden im System vorhanden sind. Nun kann die Normalisierungskonstante $G(k_g)$ berechnet werden. Dabei muß $G(k_g)$ so gewählt werden, daß sich die Wahrscheinlichkeiten für alle möglichen Netzwerkzustände zu eins summieren. Es folgt also aus Gl. (7.5.4) und Gl. (7.5.8):

$$G(k_g) = \sum_{k_e=0}^{k_g} F_e(k_e) F_a(k_g - k_e)$$

$$(7.5.9)$$

Die Wahrscheinlichkeiten für bestimmte Netzwerkzustände bzw. für eine Anzahl von Kunden in einem Knoten können über Gl. (7.5.4) berechnet werden durch:

$$p(k_e, k_a) = p_e(k_e) = p_a(k_a) = \frac{F_e(k_e) F_a(k_a)}{G(k_g)}$$

$$(7.5.10)$$

Damit kann die mittlere Anzahl von Kunden in einem Knoten i bestimmt werden durch (/Bolc89/ Gl. 2.109):

$$\overline{k_i} = \sum_{k=0}^{k_g} p_i(k)*k$$

(7.5.11)

Außerdem kann nun die Auslastung eines Knotens über das Gesetz von Little (/Bolc89/ Gl. 2.59) berechnet werden :

$$\overline{k} = \lambda\overline{t}$$

(7.5.12)

Mit der Beziehungen für die Einzeldurchsatz λ (/Bolc89/ Gl. 2.57):

$$\overline{\lambda_e} = \frac{\varrho_e}{\tau_e} \quad \text{und} \quad \overline{\lambda_a} = \frac{n_a\varrho_a}{\tau_a}$$

(7.5.13)

kann die Gesamtverarbeitungszeit $\tau_{g_{MDMA}}$ eines Teilauftrags (Entscheidungseinheit + Aktionseinheit, jeweils Wartezeit+ Bearbeitungszeit) berechnet werden:

$$\boxed{\overline{\tau_{v_{MDMA}}} = \frac{\overline{\tau_e}\,\overline{k_e}}{\varrho_e} + \frac{\overline{\tau_a}\,\overline{k_a}}{n_a\varrho_a}}$$

(7.5.14)

7.5.2.   Lösung mit veränderlicher Kundenanzahl

Es sollen jetzt auch Ankünfte und Abgänge von ganzen Prozessen ($\lambda_{0e} > 0$, $p_{a0} > 0$) berücksichtigen werden. Da in dem System keine Aufträge zusätzlich erzeugt werden oder verschwinden, muß gelten:

$$\lambda_{0e} = \lambda_{a0}$$

(7.5.15)

Außerdem gilt die Beziehung:

$$\lambda_{a0} = \lambda_a p_{a0}$$

(7.5.16)

Das Jackson-Theorem /Jack63/ besagt, daß für ein offenes Netz, für das die Stabilitätsbedingung erfüllt ist, die einzelnen Knoten als voneinander unabhängige elementare M/M/n-FCFS Wartesysteme betrachtet werden können. Für die Gesamtankunftsraten in beiden Systemen gilt:

$$\lambda_a = \lambda_e = \frac{\lambda_{0e}}{p_{a0}}$$

(7.5.17)

Über /Bolc89/-Gl. 2.57 lassen sich die Einzelauslastungen bestimmen.

$$\varrho_e = \lambda_e\overline{\tau_e} \quad \text{und} \quad \varrho_a = \frac{\lambda_a\overline{\tau_a}}{n}$$

(7.5.18)

Für die mittlere Kundenanzahl in einem M/M/1-FCFS Wartesystem gilt /Bolc89/-Gl. 2.63:

$$\bar{k} = \frac{\varrho}{1-\varrho}$$

(7.5.19)

Mit /Bolc89/-Gl. 2.61, /Bolc89/-Gl. 2.75 und /Bolc89/-Gl. 2.76:

$$\bar{k} = n\varrho + \frac{\varrho(n\varrho)^n}{n!(1-\varrho)^2}p(0)$$

(7.5.20)

und /Bolc89/-Gl. 2.73:

$$p(0) = \left[\sum_{k=0}^{n-1}\frac{(n\varrho)^k}{k!} + \frac{(n\varrho)^n}{n!(1-\varrho)}\right]^{-1}$$

(7.5.21)

kann die mittlere Kundenzahl auch für M/M/n-FCFS Wartesysteme bestimmt
werden. Mit Gl. 7.5.12 kann dann die mittlere Zeit der MDMA-Architektur für
eine vollständige Reaktion bestimmt werden durch:

$$\overline{\tau_{r_{MDMA}}} = \frac{\overline{k_e} + \overline{k_a}}{\lambda_{0e}}$$

(7.5.22)

Die mittlere Aufenthaltszeit im Einprozessorsystem berechnet sich mit Gl. 7.5.12
und Gl. 7.5.16 - Gl. 7.5.19 durch:

$$\overline{\tau_{r_s}} = \frac{\overline{\tau_a}}{\left(p_{a0} - \lambda_{a0}\overline{\tau_a}\right)}$$

(7.5.23)

7.5.3. Lösung für ein Multiprozessorsystem mit spezialisierten Verarbeitungsmodulen

Die MDMA-Architektur soll auch mit dem Vergleichssystem verglichen werden.
Im folgenden wird die Reaktionszeit des Vergleichssystems berechnet. Dabei
werden Ankünfte und Abgänge von ganzen Prozessen ($\lambda_{0e} > 0$, $p_{a0} > 0$) berücksichtigt. In dem Modell für die Vergleichsarchitektur wird davon ausgegangen,
daß ein Prozeß nach der Ausführung einer Teilfunktion mit einer
Wahrscheinlichkeit:

$$p_{x0} = p_{a0} \text{ mit } x \in \{1, 2, \ldots, n\}$$

(7.5.24)

beendet ist und das System verläßt. Damit wird die gleiche mittlere Anzahl von
auszuführenden Teilfunktionen je Reaktion wie bei der MDMA-Architektur
erreicht. Um eine im Mittel gleichmäßige Auslastung der Prozessoren zu
erreichen und um die gleiche Gesamtankunftsrate zu realisieren wie in Fig. 7.6.,
muß für die einzelnen Ankunftsraten gelten:

$$\lambda_{0x} = \frac{\lambda_{0e}}{n} \text{ mit } x \in \{1, 2, \dots, n\} \tag{7.5.25}$$

Die Übergangswahrscheinlichkeiten werden so festgelegt, daß ein Prozeß, der nach Beendigung einer Teilfunktion nicht abgeschlossen ist, an einen bestimmten Nachfolgeprozessor übergeben wird. Es gilt:

$$p_{xy} = \begin{cases} 1-p_{x0} & \text{falls } x \in \{1, 2, \dots, n\} \text{ und } y = 1+x \bmod n \\ 0 & \text{sonst} \end{cases} \tag{7.5.26}$$

Für die Gesamtankunftsrate in einem der Wartesysteme x folgt wegen Gl 7.5.24 und Gl 7.5.25 und mit /Bolc89/-Gl. 2.86.:

$$\lambda_x = \frac{\lambda_{0e}}{n} + \lambda_y(1-p_{a0}) \text{ mit } x \in \{1, 2, \dots, n\} \text{ und } y = 1+x \bmod n \tag{7.5.27}$$

Daraus folgt auch, daß für jeden Prozessor im Vergleichssystem die gleiche Gesamtankunftsrate vorliegen muß. Somit folgt aus Gl. 7.5.27 wegen $\lambda_x = \lambda_y$:

$$\lambda_x = \frac{\lambda_{0e}}{n p_{a0}} \tag{7.5.28}$$

Mit

$$\varrho_x = \lambda_x \overline{\tau_a} \tag{7.5.29}$$

und

$$k_g = n \frac{\varrho_x}{1-\varrho_x} \tag{7.5.30}$$

läßt sich die Gesamtverweildauer einer Reaktion bestimmen:

$$\boxed{\overline{\tau_{rVglSys}} = \frac{k_g}{\lambda_x} = \left(\frac{p_{a0}}{\overline{\tau_a}} - \frac{\lambda_{0e}}{n}\right)^{-1}} \tag{7.5.31}$$

7.5.4. Auswertung

Die in den vorhergehenden Kapiteln ermittelten Formeln für die Verarbeitungszeiten in den verschiedenen Modellen werden im folgenden benutzt, um grundsätzliche Eigenschaften der Architekturen darzustellen und zu vergleichen.

In Fig. 7.7. wird zunächst von einer festen Anzahl von Kunden im System ausgegangen ($\lambda_{0e} = 0$, $p_{a0} = 0$). Verglichen wird nur die MDMA-Architektur mit einem Einprozessor-Controller. Die Verarbeitungszeit für eine Teilfunktion (Wartezeit+Bearbeitungszeit) wird für das linke Diagramm in Fig. 7.7. auf

$\tau_{gs}(k=1)$ normiert und in Abhängigkeit von der Anzahl der Kunden im System dargestellt. Als Parameter werden dabei verschiedene Werte für g und n

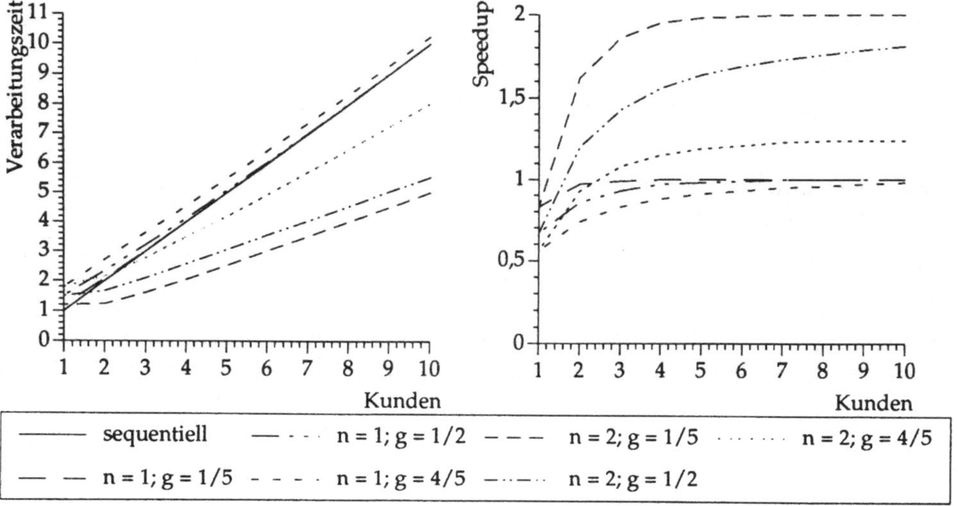

Fig. 7.7.   Mittlere Verarbeitungszeit

verwendet. Auf der rechten Seite wird die Verarbeitungszeit der MDMA-Architektur auf die Verarbeitungszeit $\tau_{gs}(k)$ für jeweils die gleiche Kunden-anzahl bezogen (Speedup s vgl. /Akl89/):

$$s = \frac{\overline{\tau_s}}{\tau_{gMDMA}}$$

$$(7.5.32)$$

Zunächst sollen die Eigenschaften der MDMA-Architektur für einen sehr ungünstigen Fall betrachtet werden. Wird nur eine einzige Aktionseinheit verwendet (n=1), dann kann die MDMA-Architektur wegen der zusätzlichen Verzögerungen, die durch die Entscheidungseinheit verursacht werden, nur schlechter sein als das normale Einprozessorsystem. Bemerkenswert ist hierbei nur, daß schon eine geringe Anzahl (k<10) von Kunden im System (entspr. parallel ausführbaren Teilfunktionen) dazu führt, daß auch bei einem sehr schlechten Granularitätsquotienten (g=4/5) die Verzögerungen durch die Entscheidungseinheit vernachlässigbar sind. Für g=1/5 reichen sogar schon 2 Kunden im System aus um zu erreichen, daß sich die Entscheidungseinheit nicht mehr nachteilig auswirkt. Daß sich die Entscheidungseinheit bei höherer Last überhaupt nicht mehr bemerkbar macht liegt daran, daß bei höherer Last die Auftragswarteschlange für den (die) Prozessor(en) ständig gefüllt ist. Die

Verzögerungen durch die Entscheidungseinheit bewirken dann nur noch, daß sich die Wartezeiten in der Auftragswarteschlange entsprechend verkürzen. Bei einem Granularitätsverhältnis von $g=1/2$ und 2 Prozessoren wird bei zehn Kunden schon ein Speedup von ca. 1,85 erreicht. Mit einer relativ langsamen Entscheidungseinheit und nur wenigen parallel ausführbaren Prozessen läßt sich also schon eine Verringerung der mittleren Reaktionszeiten erzielen.

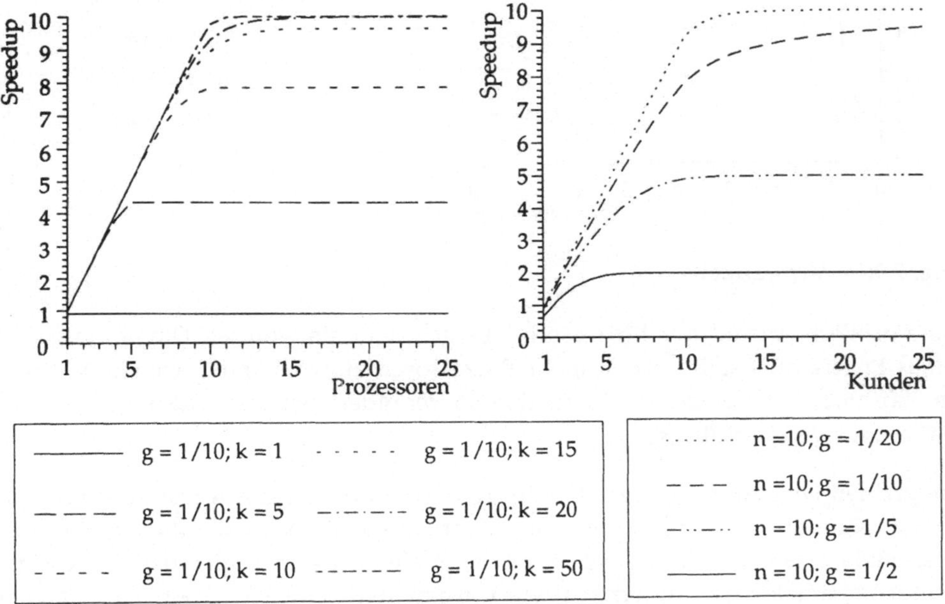

Fig. 7.8.   Mittlere Verweilzeit

In Fig. 7.8. werden für die MDMA-Architektur günstigere, aber auch realistischere Parameter betrachtet. Dargestellt wird jeweils der "Speedup" in Abhängigkeit von der Anzahl der vorhandenen Kunden und Prozessoren. Ausgegangen wird dabei in dem linken Diagramm in Fig. 7.8. von einem Granularitätsquotienten von $g=1/10$. Dargestellt wird der Speedup über die Anzahl der verwendeten Aktionseinheiten. Der Speedup erreicht bei $n=10$ und $k=10$ einen Wert von 8. Um einen Speedup von 10 zu erreichen, müssen im Mittel ungefähr doppelt so viele Kunden im System vorhanden sein. In dem Bereich, für den $n < g^{-1}$ gilt, ist der Speedup mit der Anzahl der eingesetzten Aktionseinheiten identisch, wenn genügend Kunden vorhanden sind. Für den Bereich $n > g^{-1}$ ist der Speedup unabhängig von der Anzahl der Prozessoren und bei genügender Anzahl von Kunden gilt $s = g^{-1}$. Überraschend ist vor allem der relativ deutliche Übergang von einem Bereich in den anderen. Daraus folgt, daß

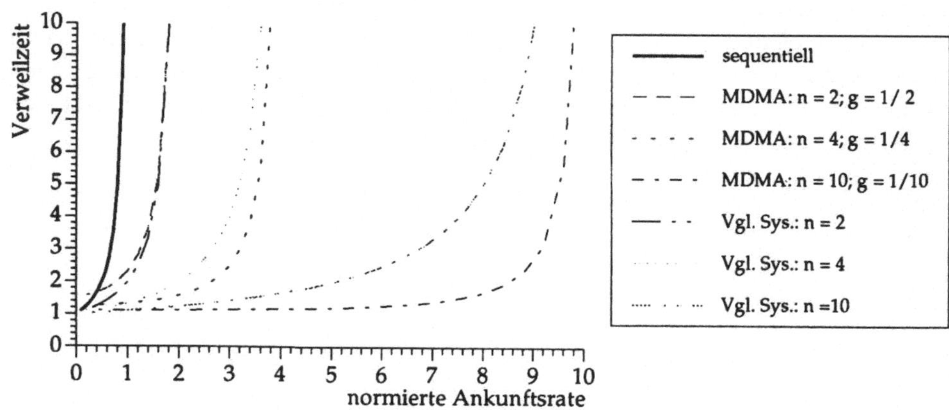

Fig. 7.9.   Verweilzeit

eine größere Anzahl der Prozessoren als g^{-1} nicht sinnvoll ist. Die Granularität eines Programms sollte, wenn mehr Prozessoren zur Verfügung stehen, mit den in Kap. 6.2. ff vorgestellten Methoden so verändert werden, daß $n=g^{-1}$ wieder näherungsweise erfüllt ist.

Im rechten Diagramm in Fig. 7.8. wird der Speedup über die Anzahl der vorhandenen Kunden dargestellt. An dem Diagramm wird noch deutlicher, daß der maximale Speedup immer gleich g^{-1} ist. Näherungsweise gilt, daß für $k>2g^{-1}$ dieser maximale Speedup erreicht wird, wenn genügend Prozessoren vorhanden sind ($n>g^{-1}$).

Im folgenden wird von einer Ankunftsrate $\lambda_{0e} > 0$ für neue Prozesse ausgegangen. Diese Prozesse verlassen das System nach der Ausführung einer Teilfunktion mit der Wahrscheinlichkeit $p_{a0} > 0$. In Fig. 7.9. und Fig. 7.10. werden die normierten Verweilzeiten in der MDMA-Architektur denen in der Vergleichsarchitektur gegenübergestellt. Dabei zeigt sich, daß für eine geringe Anzahl von Prozessoren ($n=2$; $g=n^{-1}$) und niedrige Ankunftsraten[23] die Vergleichsarchitektur schneller ist. Für eine größere Anzahl von Prozessoren ($n\geq4$; $g=n^{-1}$) sind die Reaktionszeiten in der MDMA-Architektur jedoch gerade bei höheren Ankunftsraten deutlich geringer.

---

[23]   Die Ankunftsraten sind normiert auf den maximalen Durchsatz eines Prozessors.

Wie man der Darstellung in Fig. 7.10. entnehmen kann, führt dies dazu, daß schon mit einer wesentlich geringeren Anzahl von Prozessoren die MDMA-Architektur bei einer gegebenen Ankunftsrate fast die kürzest mögliche Verweilzeit erreicht. Nur für sehr niedrige Ankunftsraten verhält sich die Vergleichsarchitektur günstiger. Für eine relative Ankunftsrate von 1,6 sind beispielsweise in der MDMA-Architektur nur etwa 5 Prozessoren nötig, um eine näherungsweise minimale Verweilzeit zu erreichen. Die Vergleichsarchitektur erreicht erst mit mehr als 10 Prozessoren eine entsprechend niedrige Verweilzeit. Noch deutlicher wird dieser Effekt bei einer relativen Ankunftsrate von 6. Dann benötigt die MDMA-Architektur 10 Prozessoren um eine fast minimale Verarbeitungszeit zu gewährleisten. Die Vergleichsarchitektur benötigt mit dieser Anzahl von Prozessoren etwa doppelt solange, um auf ein Ereignis zu reagieren, und etwa 25 Prozessoren, um genau so schnell reagieren zu können.

7.5.5.   Zusammenfassung

Die Ergebnisse der hier vorgestellten Analysen zeigen, daß schon eine relativ langsame Entscheidungseinheit keine zusätzlichen Verzögerungen im Gesamt-

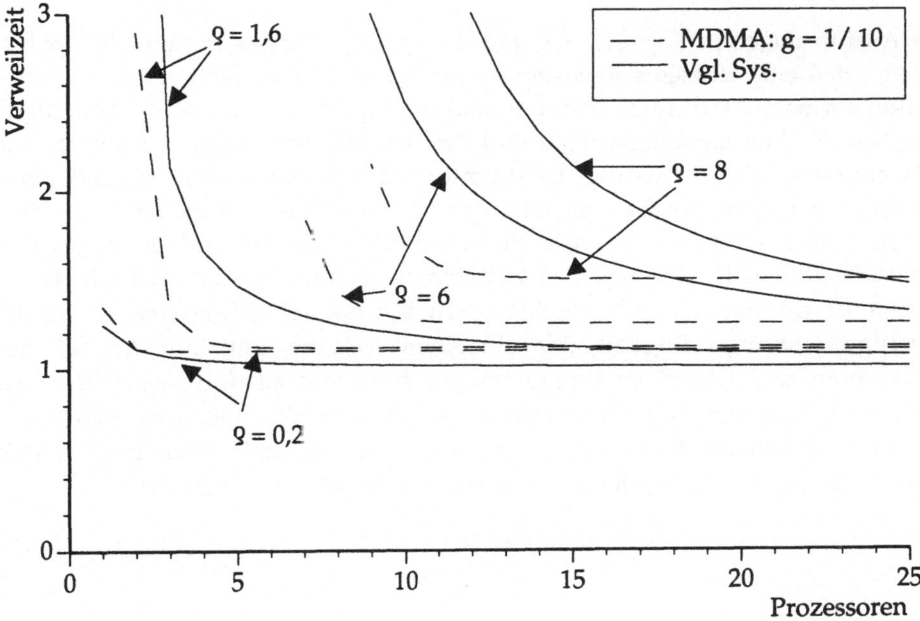

Fig. 7.10.   Mittlere Verweilzeit

ablauf verursachen muß, wenn nur genügend Kunden zur Verfügung stehen. Auch schon mit einer relativ langsamen Entscheidungseinheit sind Leistungssteigerungen möglich. Allerdings wird der maximal erreichbare Durchsatz immer vom Granularitätsquotienten bestimmt. Im Vergleich beider Ansätze zeigt es sich, daß die MDMA-Architektur zwar für den Fall, daß weniger Kunden als Prozessoren vorhanden sind, etwas langsamer reagiert, für den Fall hoher Auslastung und vieler Kunden aber erheblich schneller ist. Insbesondere können kurze Antwortszeiten bei hoher Auslastung mit deutlich weniger Prozessoren erreicht werden. Bei der Vergleichsarchitektur wurden keinerlei Kommunikationszeiten berücksichtigt. Außerdem wird eine optimale Aufteilung der Teilfunktionen (die mittlere Auslastung ist für alle Prozessoren gleich) auf die Prozessoren angenommen. Insbesondere die letzte Annahme stellt für diesen Ansatz eine sehr optimistische Annahme dar. Ist beispielsweise nur ein Prozessor im Mittel doppelt so hoch mit Aufträgen belastet wie die übrigen Prozessoren, dann halbiert sich sofort der gesamte Durchsatz des Multiprozessorsystems. Dieser Nachteil der Vergleichsarchitektur hat in der Praxis wahrscheinlich sogar eine größere Bedeutung als der hier dargestellte Nachteil bei optimaler Verteilung.

7.6.   Zusammenfassung

Die Ausführungen in Kap. 7.1.-7.2. und die Untersuchungen in /Engb90/ haben gezeigt, daß eine effiziente Realisierung der MDMA-Architektur selbst auf einer relativ normalen Multiprozessorarchitektur möglich ist. Wird die Leistungsfähigkeit der Entscheidungseinheit und der Kommunikationsmedien durch eine aufwendigere Unterstützung bestimmter Funktionen durch spezialisierte Hardware-Bausteine erhöht (vgl. 7.4.), dann können, wie in Kap. 7.5. ff deutlich wurde, feiner granulare PENCIL-Programme verwendet und mehr parallel ausführbare Schaltfunktionen pro Zeiteinheit ermittelt werden. Durch die in Kapitel 6.2. ff vorgestellten Methoden lassen sich die PENCIL-Programme an die jeweilige Leistungsfähigkeit der einzelnen Module und die Anzahl der Prozessoren anpassen. Dem Programmierer steht also ein formales Hilfsmittel zur Verfügung, um seine Programme optimal an die gegebene Hardware anpassen zu können. Im Gegensatz zur der Vergleichsarchitektur muß er sich dabei nicht um die Verteilung der Prozesse auf die Module kümmern.

8.   Ausblick und Schlußwort

Das hier vorgestellte Konzept der Programmierung eines Parallelrechners weist durchaus Ähnlichkeiten auf zu anderen bekannten Konzepten. Neben der Verwandtschaft zum Datenflußprinzip sind ähnliche Eigenschaften auch in anderen Konzepten zu finden. Die Entscheidungseinheit kann als formalisierter Scheduler für ein Mehrprozessorsystem betrachtet werden. Die Transitionen sind in diesem Sinne permanent vorhandene Prozesse, die über die Stellen Nachrichten von anderen Prozessen erhalten. Der Scheduler kann diese Nachrichten in der MDMA-Architektur teilweise auswerten und dann gezielt Prozesse (Transitionen) aktivieren. Die Prozesse verarbeiten die neuen Informationen und teilen die Ergebnisse wiederum anderen Prozessen über exakt definierte Schnittstellen mit. Ob es sich bei der Kommunikation um eine synchrone oder asynchrone handelt entscheidet der Programmierer durch die entsprechende Verwendung der Produktnetze. Der Stellenspeicher in der Entscheidungseinheit kann verglichen werden mit einem Variablenspeicher, der über einen impliziten Semaphormechanismus verfügt. Dies bedeutet, daß ohne explizite Anweisung des Programmierers immer alle Variablen, auf die ein Programmodul bei der Ausführung zugreift, automatisch (vom Scheduler) gesperrt werden. Nur jeweils ein Prozeß kann zu einem Zeitpunkt eine Zugriffsberechtigung für eine dieser Variable besitzen.

Im Sinne konventioneller Programmierung von Parallelrechnern sind die folgenden Eigenschaften der hier vorgestellten Implementierungsmethode wichtig.

-    Formalisierter Scheduler zur Prozeßsteuerung,
-    Verwaltung von global zugreifbaren Variablen,
-    formalisierter Austausch von Nachrichten zwischen Prozessen.

Der wesentliche Vorteil der hier vorgestellten Methode besteht in der geringen Diskrepanz zwischen der Spezifikation und der tatsächlichen Realisierung. Einerseits ist die Sprache PENCIL/C direkt aus anerkannten Spezifikationsmethoden abgeleitet. Andererseits wurde deutlich, daß der Aufwand für eine Realisierung von PENCIL/C auf einem normalen Rechner nicht so hoch ist, wie es vielleicht zunächst den Anschein hat.

Es wurde mit der vorliegenden Arbeit gezeigt, daß eine effiziente, parallel ausführbare Implementierung von Protokollen möglich ist, ohne dabei auf ein hohes Maß an Überprüfbarkeit und Verifizierbarkeit verzichten zu müssen. Durch die Nähe zu den gängigen Spezifikationsmethoden wurde die Wahrscheinlichkeit von Fehlern bei der Umsetzung gering gehalten. Andererseits verspricht die Nähe der Sprache PENCIL/C zu realen technischen Realisierungsmöglichkeiten eine effiziente Verarbeitung auf parallelen Rechnerarchitekturen. Deutlich wurde auch, daß die parallele Verarbeitung von Protokoll-Software zu erheblichen Leistungssteigerungen führt. Die vorgestellten Analysen zeige, daß die hier behandelte Methode zur Implementierung von nebenläufig ausführbarer Protokoll-Software gegenüber anderen, weniger an formalen Spezifikationsmethoden ("hemdsärmligeren") orientierten Methoden sogar Vorteile bezüglich der Leistungsfähigkeit besitzt. Die Nähe zur technischen Umsetzung läßt auch keine wesentlichen Leistungseinbußen bei der Implementierung erwarten, wenn man bedenkt, daß ähnliche Kommunikations-, Synchronisations- und Semaphormechanismen auch für jede andere parallele Implementierung nötig werden. Eine größere Effizienz dieser Mechanismen durch den Verzicht auf einen zugrundeliegenden Formalismus ist also nicht zu erwarten. Angesichts der intensiven Bemühungen um die Erstellung von fehlerfreien und sicheren Methoden zur Konstruktion von Datenkommunikationsnetzen sollte in dem wichtigen Bereich der Software-Erstellung nicht auf formalen Methoden verzichtet werden. Die Frage, ob eine direkte _effiziente_ Umsetzung von den standardisierten formalen Sprachen auf Parallelrechner möglich ist, kann zur Zeit nicht schlüssig beantwortet werden. Zu bedenken ist dabei, daß solche Systeme immer die Umsetzung aller formalen Sprachen und die Koexistenz der dabei entstandenen Software auf einer Hardware und mit einem gemeinsamen Betriebssystem ermöglichen müssen, da in absehbarer Zukunft Protokollstandards wohl weiterhin in unterschiedlichen Spezifikationsmethoden vorliegen werden.

Die Zukunft der parallelen Implementierung von Kommunikations-Software hängt auch unmittelbar mit der weiteren Entwicklung der parallelen Datenverarbeitung zusammen. Außer für einige Spezialanwendungen ist es nicht vorstellbar, daß in zukünftigen Kommunikationsnetzen mit sehr hohen Datenraten zwar die Protokolle hochgradig parallel verarbeitet werden, die Rechner, welche die Anwendungen über diese Netze steuern, aber weiterhin sequentiell arbeiten.

9. Literatur

/AbuA89/   Abu-Amara, H.; Balraj, T.; Barzilai, T.; Yemini, Y.; "PSI: A Silicon Compiler for very fast protocol processing"; in /Rudi89/; S. 181-195

/Acke82/   Ackerman, W.B.; "Data Flow Languages"; Computer; Band 15; Nr. 2; 1982; S. 15-25

/Agra91/   Agrawal, S.; Kaye, A R. ; Mahmoud, S.; "VLSI Design for a High-Speed FDDI to ATM Bridge"; Conf. on High Speed Networking Berlin ,Maerz 91; 1991

/Akl89/   Akl, S.G.; "The Design and Analysis of Parallel Algorithms"; Prentice-Hall International; London; 1989

/Alba90/   Albanese A.; Garrett M.W.; Ippoliti A.; Karr M.A.; Maszczak M.; Shia D.; "Overview of Bellcore Metrocore Network"; in /Dant90/; 1990

/Albe90/   Albertengo, G.; Sisto, R.; "Parallel CRC Generation"; IEEE Micro; S. 63-71; Oktober 1990

/ANSI87/   ANSI; "Fiber Distributed Data Interface (FDDI) - Token Ring Media Access Control (MAC)"; ANSI X3.139; 1987

/Apel90/   Apel, J.; Ferrero, F. Grossi, L.; Hansen, J.E.; "Implementation Techniques for LION"; in: /Dant90/; 1988

/Atas89/   Atasever, A.; "Umsetzung des mit LOTOS spezifizierten Transportprotokolls in eine Spezifikation mittels Petri-Netz"; Diplomarbeit RWTH-Aachen; 1989; Lehrstuhl für Informatik IV

/Balb88/   Balbo,G.; Bruell,S.C.; Chanta,S.; "Combining Queueing Networks and Generalized Stochastic Petri Nets for the Solution of Complex Models of System Behavior"; IEEE, BAND C-37, Nr. 10, 1988, S. 1251-1268

/Barb86/   Barbagelata, M.; Abellard, P.; "Parallel Calculation Modelling With Data Flow Petri Nets"; Proc. of Parallel Processing Techniques for Simulation; S. 239 - 249

/Barl69/   Bartlett, K.A.; Scantlebury, R.A.; Wilkinson, P.T. ; "A note on reliable full-duplex transmission over half-duplex lines"; Communication ACM; Nr. 12; S.260-261; 1969

/Baum90/   Baumgarten, B.; "Petri-Netze - Grundlagen und Anwendungen"; BI-Wissenschaftsverlag; 1990

/Beli88/   Belinda, F.; Hogrefe, D.; "Introduction to SDL"; Proc. of Forte 88; 1988

/BenA85/   Ben-Ari, M. ; " Grundlagen der Parallelprogrammierung"; Hanser-Verlag, 1985

/Bert82/   Berthelot, G.; Terrat, R.; "Petri Nets Theory for the Correctness of Protocols"; in: /Suns82/; 1982 S. 325-343

/Best87/   Best, E.; Fernández, C.; "Notations and Terminology on Petri Net Theory"; Arbeitspapiere der GMD, Gesellschaft für Mathematik und Datenverarbeitung MBH; Band 195; 1987

/Bian91/   Bianchi, A.; Capolupo D.; Fantini, A.; "UCOL: Network Architecture and Distributed Access Protocol"; in /Dant91/; 1991

/Bic85/   Bic, L.; "Processing Of Semantic Nets On Dataflow Architectures"; Artificial Intelligence; Netherlands ; Nov. 1985; Band 27; Nr. 2; 1985; S. 219 - 227

/Bill88/   Billington, J.; Wheeler, G.R.; Wilbur-Ham, M.C.; "PROTEAN: A High-level Petri Net Tool For The Specification And Verification Of Communication Protocols"; IEEE Transaction On Software Engineering ; March 1988; Band 14; Nr. 3; 1988; S. 301 - 316

/Blan90/   Blanke, G; Sun Lie, J.; "Parallelität in Protokollen für Hochgeschwindigkeitsnetze"; Hildesheimer Informatik Berichte. 2/90; 1990

/Boch87a/   Bochmann, G.; Gerber G.W.; Serre J.M.; "Semiautomatic Implementation of Communication Protocols"; IEEE Transactions On Software Engineering; 9,9 1987; Band SE-13.; Nr. 9; 1987; S. 989 - 999

/Boch87b/   Bochmann, G.; "Usage of Protocol Development Tools: The Result of a Survey"; in: /Rudi87a/

/Boch90/   Bochmann, G.; "Specifications of Simplified Transport Protocol Using Different Formal Description Techniques"; Computer networks and ISDN Systems; Band 18; Nr. 5; 1990; S. 335-377

/Bode83a/   Bode, A.; Händler, W.; Rechnerarchitektur 1: Grundlagen und Verfahren; Springer Verlag 1983

/Bode83b/   Bode, A.; Händler, W.; Rechnerarchitektur 2: Strukturen; Springer Verlag 1983

/Bode88/   Bode, A.; Feitosa, R.Q.; "Bewertung von Speicherkonzepten für Multiprozessorsysteme "; Informationstechnik (it); Band 30; Nr. 2; 1988; S. 139 - 147

/Boil88/   Boillat, J.E.; Goode, P.K.; Kropf, P.G.; Spichiger, A.; " Communication Protocols and Concurrency: An Occam Implementation of X.25 "; in Proc. of International Zurich Seminar on Digital Communication; ETH Zürich/Switzerland; March 1988; p.99-102

/Bolc89/   Bolch, G.; "Leistungsbewertung von Rechensystemen"; Teubner Verlag; Stuttgart; 1989

/Bolo87/   Bolognesi T., Brinksma E.: Introduction to the ISO Specification Language LOTOS; Computer Network and ISDN Systems 14; pp 25-59 1987

/Brau84/   Brauer, W.; "How to play the Token Game"; Petri Net Newsletter; Nr. 16; GI; 1984

/Brau87/   Brauer, W.; Reisig, W.; Rozenberg, G. (ed.); "Petri Nets: Central Models and their Properties, Advances in Petri Nets, Part 1"; Springer; 1987

/Bria86/   Briand, J.P.; Fehri, M.C.; Logrippo L.; Obaid, A.; "Structure of a LOTOS Interpreter."; Protocols Research Group. Department of Computer Science University of Ottawa. Ottawa, Ont. Canada KlN 9B4; 1986; S. 167 - 175

/Bria87/   Briand J.P., Fehri M.C., Lagrippo L., Obaid A.; "Executing LOTOS specifications"; in: /Sari86/; 1986; S. 73-84

/Brin84/   Brinksma, E.; Karjoth, G.; "A specification of the OSI transport service in LOTOS"; in: /Yemi84/; 1984; S. 227-251

/Brin85/   Brinksma, E.; "A Tutorial on LOTOS"; in: /Diaz85/; 1985; S. 171-194

/Brin86/ Brinksma, E.; Scollo, G.; Steenbergen, C.; "LOTOS Specifications, their Implementations and their Tests"; in: /Sari86/; 1986; S. 349 - 359

/Budk87/ Budkowski, S., Dembinski P.; "Introduction to ESTELLE"; Computer Network and ISDN Systems; Nr. 14 ; 1987

/Burk87/ Burkhardt, H.J.; Ochsenschläger, P.; Prinoth, R; "Produktnetze - Ein formales Beschreibungsmittel für kooperierende Systeme"; GMD - Studien; Dezember 1987; Nr. 129; 1987

/Burk89/ Burkhardt, H.J.; Ochsenschläger, P.; Prinoth, R.; "Product Nets - A Formal Description Technique for Cooperating Systems"; GMD-Studien Nr. 165; Gesellschaft für Mathematik und Datenverarbeitung mbH; Nr. 165; 1989

/Burr88/ Burr, W.E.; Zuqui, L.; "An Overview Of FDDI"; Proc. of. EFOC/LAN 88; 1988; S. 287 - 293

/CCITT87/ CCITT SG X; "Recommendation Z.100 - Specification and Description Language SDL"; Contribution Com X-R-15-E; 1987

/Chan87/ Chan, I.; "ESTELLE-C Compiler"; Version 2.0; University British Columbia; 1987

/Cher89/ Cheriton, D.R.; Williamson C.L.; "VMTP as the Transport Layer for High-Performance Distributed Systems."; IEEE Communication Magazine; Band 27; Nr. 6; 1989; S. 37 - 44

/Ches87/ Chesson G.; "Protocol Engine Design"; in Proc. of USENIX - Technical Conference and Exhibition; Phoenix/ Arizona; June 1987;p. 209-215

/Ches88/ Chesson, G.; Green, L.; "XTP-Protocol Engine VLSI for Real-Time LANs"; EFOC/LAN-88 ProceedingS. June 29-July 1, 1988; 1988; S. 435-438

/Ches89/ Chesson, G.; "XTP/PE Design Considerations"; in /Rudi89/; S. 27-33

/Chio91/ Chiola, G.; "GreatSPN 1.5 Software Architecture"; Proc. of. Modelling Techniques and tools for Computer Performance Emulation. Turin, Italy 91; 1991

/Clar85/ Clark, D.D.; "The structuring of systems using Upcalls"; 10th ACM symposium on operating syst principles; 1985; S. 171-180

/Clar87/ Clark, D.C.; Lambert, M.L.; Zhang, L.; "NETBLT: A High Throughput Transport Protocol"; SIGCOMM 87 Workshop. Frontiers in Computer Communications Technology. Computer Communication Review Vol. 17, No. 5; Band 17; Nr. 5; 1987; S. 353-359

/Clar89/ Clark, D.D.; Jacobson, V.; Romkey, J.; Salwen, H.; "An Analysis of TCP Processing Overhead"; IEEE Comunications Magazine; Band 27; Nr. 6; June 1989

/Dabb89/ Dabbous, W.S.; "On High-Speed Transport Protocols"; in /Rudi89/; S. 135-141

/Dang88/ Dang, M.; Diot, C.; Sabouni, I.; Sponga, L.; "Specific Data Structure Intended for the Implementation of High Level ISO Standards: Associated Algorithms and Dedicated Hardware"; Microprocessing And Microprogramming; Nr. 24; 1988; S. 103-110

/Dant90/   Danthine, A.; Spaniol, O.(ed.); "High Speed Local Area Networks 88", Elsevier
                Science Publishers B.V. (North-Holland); 1990

/Dant91/   Danthine, A.; Spaniol, O.(ed.); "High Speed Local Area Networks"; Proc: of Third
                IFIP WG 6.4 Conference on High Speed Networking; Berlin; 1991

/Davi89/   P. Davids, Th. Welzel; "Performance Analysis of DQDB Based on Simulation";
                vorgetragen auf dem Third IEEE Workshop on Metropolitan Area Networks; San
                Diego, CA, 28.03. - 30.03.89; Part. Edition; S. 431-445; 1989

/DeGr86/   De Grandi, G.; Garrett, M.W.; Albanese, A.; Lee, T.H.; "The Design and
                Implementation of a Transparent Man/Lan Gateway"; EfOG/Lan 86, the Fourth
                European Fibre Optic Communication & Local Area Network Exposition, Amsterdam;
                1986; S. 146-151

/Diaz82/   Diaz,M; "Modeling and Analysis of Communication and Cooperation Protocols Using
                Petri Net Based Models"; Computer NetworkS. North-Molland, 1982, S.419-441

/Diaz85/   Diaz, M.(ed.); "Protocol Specification, Testing and Verification V'; Elservier Science
                Publishers B.V. (North - Holland); 1985

/Diaz86/   Diaz, M.; Vissers, C.; Ansart J.P.; "Sedos - Software Environment For The Design Of
                Open Distributed Systems "; ESPRIT'85; 1986; S. 529 - 539

/Diaz87/   Diaz, M.; "Petri net based models in the specification and verification of protocols";
                Petri Nets:Applicatons and Other Models of Concurency , Brauer, W.(ed); Reisig ,W.
                (ed) ;Rosenberg ,G. (ed) ; 1987; S. 134-170

/Diot90/   Diot, C.; Dang, M.N.X.; "A High Performance Implementation of OSI Transport
                Protokol Class 4; Evaluation and Perspectives"; 15th Conference on Local Area
                Networks; 1990; S. 223-230

/Doer90/   Doeringer, W.; Dykeman, D.; Kaiserswerth, M.; Meister, B.; Rudin,H.; Williamson,
                R.; "A Survey of Light-Weight Transport Protocols for High-Speed Networks"; IEEE
                Transactions on Communications Nov. 1990; 1990

/Dres87/   Dresen, M.; "Parallelität in Kommunikationsprotokollen-Ein adäquates
                Netzkonzept"; Diplomarbeit RWTH-Aachen; 1987; Lehrstuhl für Informatik IV

/Duga89/   Dugan,J.B.; Gardo,G.; "Stochastic Petri Net Analysis of a Replicated File System";
                IEEE, BAND-SE 15, Nr.4, 1989, S. 394-401

/Ecke84/   Eckert H., Prinoth R.; "Produktnetze - Definition eines PROSIT-Beschreibungsmit-
                tels"; Arbeitspapiere der GMD Nr. 92; 1984

/Ecke85/   Eckert H., Prinoth R.; "Grundsätzliche Betrachtungen und Bemerkungen zu den Pro-
                duktnetzen"; Arbeitspapiere der GMD Nr. 106; 1985

/Eijk89/   Eijk P.H.J.; Vissers C.A.; Diaz M.; "The Formal Description Technique LOTOS";
                North-Holland 1989

/Engb90/   Engbrocks, W.; "Funktionale Simulation der MDMA-Architektur"; Diplomarbeit
                RWTH-Aachen; 1990; Lehrstuhl für Informatik IV

/Fehl88/   Fehlau, F.; Rupprecht, M.; "Alternative Rechnerarchitektur für Datenübertragungs -
            Controller mit hohen Datenraten"; Informatik Fachberichte 168; Architektur und
            Betrieb von Rechensystemen (Kastens, U.; Rammig, F.J.(ed.)) Proceedings of
            10.GI/ITG-Fachtagung Paderborn; 1988; S. p.277-289

/Feld90/   Feldbrugge, F.; "Petri Net Tool Overview"; in: /Roze90/; S. 151-178

/Genr87/   Genrich, H. J.; "Predicate/Transition Nets"; in: /Brau87/; 1987

/Gerh90/   Gerhards, H.; "Implementierungsorientierte Spezifikation von
            Kommunikationsprotokollen mittels geeigneter Petrinetze am Beispiel des Logical
            Link Control"; Diplomarbeit RWTH-Aachen; 1990; Lehrstuhl für Informatik IV

/Giar89/   Girazzo, D.; Kaiserswerth, M.; Wicki, T.; Williamson, R.; "High Speed Parallel
            Protokoll Implementation"; in /Rudi89/; p. 165-180

/Gidr91/   Gidron, R.; "TeraNet: A Multihop Multichannel ATM Lightwave Network"; in
            /Dant91/

/Gilo81/   Giloi, W.K.; "Rechnerarchitektur"; Springer-Verlag; 1981

/Golt84/   Goltz, U.; Reisig, W.; "CSP-Programs as nets with individual tokens"; Schriften zu
            Informatik und angewandeten Mathematik; Bericht Nr. 93, RWTH Aachen, 1984

/Golt88/   Goltz U.; "Über die Darstellung von CCS-Programmen durch Petrinetze"; Oldenburg
            Verlag 1988

/Goni90/   Gonia, P.: Agrawal, M.:; "A High Performance OSI Implementation on FDDI"; 15th
            Conference on Local Computer Newtworks; 1990; S. 301-309

/Gord67/   Gordon, W.J.; Newell G.F.; "Closed Queueing Systems with Exponential Servers";
            Operations Research; Band. 15; Nr. 2; S. 254-265; April 1967

/Graf87/   Graf-Siebald, M.; "Hierarchische Modellierung und Leistungsbewertung einen Local
            Area Network Controllers"; Diplomarbeit der Universität Dortmund, Lehrstuhl
            Informatik IV Prof. Dr. Ing. H. Beilner, Dez. 1987

/Gruh88/   Gruhn, V.; Hallmann, M.; "A Petri Net Based Compiler For The Prototyping
            Language Relos"; Microprocessing And Microprogramming ; Nr. 24; 1988; S. 471 - 482

/Gunn89/   Gunningberg, P.; Björkman, M.; Nordmark, E.; Pink, S.; Sjödin, P.; Strömquist J.E.; ;
            "Application Protocols and Performance Benchmarks."; IEEE Communication
            Magazine; Band 27; Nr. 6; 1989; S. 30 - 36

/Harj90/   Harju, J.; Koivisto, J.; Kuittinen, J.; Lahti, J.; Malka, J.; Ojanperä, E.; Reilly, J.;
            "CVOPS User's Guide"; Document of Telecommunications Laboratory of VTT in Espoo
            (Finland); 1990

/Hart87/   Hartung, C. G.; "Programmierung einer Klasse v. Multiprozessorsystemen mit
            höheren Petri-Netzen"; Dissertation RWTH-Aachen; 1987

/Heat89/   Heatley, S.; Stokesberry, D.; "Analysis of Transport Measurements over a Local Area
            Network"; IEEE Comunications Magazine; Band 27; Nr. 6; June 1989

/Hehm89/   Hehmann, D.B.; Salmony, M.G.; Stuettgen, H.J.; "High-Speed Transport Systems for
            Multi-Media Applications"; in: /Rudi89/; 1989; S. 303-321

/Hein88/   Heinrich, A.; Ameling, W.; "Parallelrechner mit höheren Petrinetzen
                programmieren"; in VMEbus; Band 2.; Nr. 1; Feb. 1988

/Hein89/   Heiner, M.; "Petri Net Based Verifikation of Communication Protocols specified by
                language means"; Akademie der Wissenschaften der DDR; Nr. 2; 1989

/Hein92/   Heinrichs, B.; "XTP-Specification and Parallel Implementation"; erscheint in Proc.
                of Int. Workshop on Advanced Communications and Applications for High Speed
                Networks; München; März 1992

/Hipp88/   "HIPPO - Symbolic executor for - Version 2.1"; University of Twente - Esprit Project
                SEDOS - ST410; 1988

/Hofm91/   Hofmann, B. ; "Analyse und Optimierung von Protokoll-Spezifikationen"; Proc. of
                Kommunikation in verteilten Systemen, GI/ITG-Fachtagung; Springerverlag,
                Informatik Fachberichte 267; 1991

/Huit89/   Huitema, C.; Doghri, A.; "A High-Speed Approach for the OSI Presentation
                Protocol"; in /Rudi89/; S. 277-287

/Hwan84/   Hwang, K.;Briggs, F.A.; "Computer Architecture and Parallel Processing"; Mc Graw-
                Hill Book Company; 1984

/IEEE802.2/   IEEE; "Standards for Local Area Networks: Locigal Link Control"; ANSI/IEEE
                Standard 802.2-1985, ISO Draft Int. Stand. 8802/2 "; 1985

/IEEE802.3/   IEEE; "Standards for Local Area Networks: Carrier Sense Multiple Acces with
                Collision Detection (CSMA/CD), Acces Method and Physical Layer Specifications";
                ANSI/IEEE Standard 803.3, Dezember 1894

/IEEE802.6/   IEEE; "Distributed Queue Dual Bus (DQDB) Metropolitan Area Network (MAN)";
                Draft of Proposed IEEE Standard 802.6; 1988

/ISO86/   ISO; "A tutorial on LOTOS"; ISO/TC 97/SC 21/WG 1; 1986

/ISO87a/   ISO; "Formal Description Of ISO 8072 In LOTOS"; ISO/TC 97/SC 6/WG 4 N317;
                28.10.1987; 1987

/ISO87b/   ISO; "Formal Description of ISO 8073 in LOTOS"; Secreteriat ISO/TC. Association
                francaice de normalisation. Ad-hoc Group on Formal Description of Transport in
                LOTOS.ISO/TC 97/SC 6/WG 4 N; 1987

/ISO87c/   ISO; "Formal Specification in LOTOS of ISO 8073 = Layer 4 (Protocol)";
                ISO/TC97/SC 6/WG 4 N; 1987

/ISO88a/   ISO/IEC JTC1/SC21 WG1; "OSI-Architecture: Guidelines for the application of
                ESTELLE, LOTOS and SDL"; 1988

/ISO7498/   ISO; "Information Processing Systems - Open Systems Interconnection - Basic
                Reference Model"; ISO 7498; 1984

/ISO8072/   ISO; "Information Processing Systems - Open Systems Interconnection - Transport
                Service Definition"; ISO 8072; 1985

/ISO8073/   ISO; "Information Processing Systems - Open Systems Interconnection - Connection
                Oriented Transport Protocol Specification"; ISO 8073; 1986

/ISO8807/   ISO; "LOTOS - A Formal Description Technique Based on the Temporal Ordering
             Specification of Observational Behaviour; ISO/IS 8807, 1987

/ISO9074/   ISO; "ESTELLE - A formal description technique based on an extended state transition
             model"; ISO/IS 9074; 1987

/Jack63/   Jackson, J.R.; "Jobshop-Like Queuing Systems"; Management Science; Band 10; Nr. 1;
             S. 131-142; Oktober 1983

/Jain90/   Jain, N.; Schwartz, M.; Bashkow, T.R.; "Transport Protocol Processing at GBPS Rates,
             SIGCOMM '90 SYMPOSIUM Communications Architectures & Protocols; S. 188-199;
             1990

/Jako86/   Jakobs, K.; "Adressierung in offenen Systemen"; CIM Management 3/86; Nr. 3; 1986;
             S. 60 - 65

/Jens81/   Jensen, K.; "Coloured Petri Nets and the Invariant Method"; Theoretical Computer
             Science; North Holland; Band 14; 1981; S. 317-336

/Jens87/   Jensen, M.N.; Skov, M.; Sparso, J.; "Hardware architecture of a node for the LAN-
             DTH high speed token ring"; in Proc. of Fifth Annual European Fibre Optic
             Communications and Local Area Networks Exposition; Basel; Switzerland; 1987

/Jens88/   Jensen, M.N.; Skov M.; "Dedicated VLSI Architectures for High-Speed
             Communication Systems"; International Coference On Information Network and Data
             Communication; INDC-88, Copenhagen, Denmark, March 1988; 1988

/Jens90/   Jensen, M.N.; Skov, M.; Sparso, J.; "VLSI-Architectures Implementing Lower Layer
             Protocols in Very High Data Rate LANs"; in: /Dant90/; 1990

/Joch89/   Jochmann, B.; "Spezifikation und Bewertung geeigneter Speicherarchitekturen zur
             effizienten Bearbeitung von Kommunikationsprotokollen in einem
             Kommunikationscontroller für hohe Datenraten"; Diplomarbeit RWTH-Aachen;
             1989; Lehrstuhl für Informatik IV

/Jord88/   Jordan, H.F.; "Data Communication in Multiprocessors: Shared and Fragmented
             Memory"; Informationstechnik (it) ; 30. gang 1988; Nr. 2; 1988; S. 129 - 137

/Jürg85/   Jürgensen, W.; Vuong, S.T.; "CSP And CSP Nets: A Dual Model For Protocol
             Specification And Verification"; in: /Yemi84/; 1985; S. 253 - 277

/Kana88/   Kanakia, H.; Cheriton, D.R.; "The VMP Network Adapter Board (NAB): High
             Performance Network Communication for Multiprocessors"; Proceedings of Sigcomm
             88, Stanford (California), Aug 16-19, 1988; Band 18; Nr. 4; 1988; S. 175-187

/Kari87/   Karila, A. ; "VOPS: A Portable Protocol Development and Implementation
             Environment."; Proc. of 1st Int. Conf. Information Network and Data
             Communication; North-Holland; 1987; S. 251-256

/Kell76/   Keller, M.; "Formal Verifikation of Parallel Programs"; Communications of the
             ACM; Band 19; Nr. 7; 1976; S. 371-384

/Kern86/   Kerner, H.;Rainel H.; "EDDA - A Language Based on Petri-Nets and the Dataflow
             Prinzip for the Development of lcl Systems"; Microprocess.Microprogram; Band 18;
             Nr. 12; 1986; S. 299-305

/Kern88/   Kernighan, B.W.; Ritchie, D.M.; "The C Programming Language"; Prentice Hall, New Jersey,1988

/Kill88/   Killat,U.; Muscate,H.-A.; Wolfinger,B.; "A Performance Analysis of the IEEE 802.5 Token Ring Protocol"; Philips J.Res.43, 1988,S.532-553

/Klei86/   Klein, A.; "Reduced Instructions Set Computers - Grundprinzipien einer neuen Prozessorarchitektur"; Informatik-Spektrum; Nr. 9; 1986; S. 334-348

/Krem89a/   Kremer, W.; "Erstellung eines zur Simulation und Bewertung von Kommunikations-Controllern geeigneten Lastmodells"; Diplomarbeit RWTH-Aachen; 1989; Lehrstuhl für Informatik IV

/Krem89b/   Kremer, W.; Rupprecht, M.; "Hierarchisches Lastmodellkonzept zur Simulation und Bewertung von HSLAN-Controllern"; Proceeding of Kommunikation in verteilten Systemen; ITG/GI-Fachtagung, Stuttgart, Februar 1989; Springer-Verlag, Informatik-Fachbericht 205

/Kris89/   Krishnakumar, A.S.; Sabnani, K.; "VLSI Implementations of Communication Protocols -A Survey"; IEEE Journal on selected Areas in Communications; Band 7; Nr. 7; 1989; S. 1082-1090

/Kwok90/   Kwok, C.K.; Mukherjee, B.; "Cut-Trough Bridgeing for CSMA/CD Local Area Networks"; IEEE Transactions on Communications; Band 38; Nr. 7; 1990; S. 938-942

/Lang91/   Langen, P.; "Bewertung von Bedienstrategien für Kommunikatiosprozesse"; Diplomarbeit RWTH-Aachen; 1991; Lehrstuhl für Informatik IV

/Last88/   "LASTB - LOTOS Abstract Syntax Tree Builder - Version 2.2"; University of Twente - Esprit Project SEDOS - ST410; 1988

/Lein85/   Leiner, B.M.; Cole, R.; Postel, J.; Mills, D.; "The Darpa Internet Protocol Suite; IEEE Comm. Mag. ; Band 23; Nr. 3;1985; S. 29-34

/Leon88/   Leon, G.; Marchena, S.;"Formal conversion between LOTOS specification and Galileo nets"; Microprocessing and Microprogramming 24; S. 483-490 1988

/Linn85/   Linn, R.J.; "The features and facilities of ESTELLE", in: /Diaz85/; 1985; S. 271-312

/Lita89/   Litaize, D.; Hammami, O.; Lalam, M.; Mzoughi, A.; Sainrat, P.; "Multiprocessors with a special multiport memory and a pseudo crossbar of serial links used as processor-memory switch"; Computer Architecture News; Band 17; Nr. 6; 1989; S. 8

/Lude88/   Ludes, R.; "Entwicklung einer Betriebssystemumgebung für die auf Primitiven basierende Implementierung von Data-Link-Protokollen auf einem Front-End-Rechner"; Diplomarbeit RWTH-Aachen; 1988; Lehrstuhl für Informatik IV

/Marc88/   Marchena, S.; Leon, G.;"Transformation from LOTOS specification to Galileo nets"; FORTE 88; S. 217-230

/Mars82/   Marsan, M.A.; Balbo, G.; Conte, G.; "Comparative Performance Analysis of Single Bus Multiprocessor Architectures."; IEEE Transactions on Computer, Vol. C-31, No. 12, December 1982; Band C-31; Nr. 12; 1982; S. 1179-1191

/Mars83/   Marsan, M.A.; Balbo, G.; Conte, G.;Gregoretti, F.; "Modeling Bus Contention and
                Memory Interference in a Multiprocessor System. "; IEEE Transaction on Computer,
                Band C-32, Nr. 1, January 1983; Band C-32; Nr. 1; 1983; S. 60-71

/Mars84/   Marsan,M.A.; Balbo,G.; Conte,G.; "A class of generalized stochastic Petri nets for the
                performance evaluation of multiprozessor systems"; ACM Trans.Comp.Syst., 1984,
                S. 93-122

/Mars87/   Marsan, M.A.; Chiola, G.; "On Petri nets with Deterministic and Exponentially
                Distributed Firing Times";

/Mars90/   Marsan, M.A.; "Stochastic Petri Nets: An elementary Introduction"; in: /Roze90/;
                1990; S. 1-29

/Mart87/   Martini, P.; Spaniol, O.; "Token-Passing in High Speed Backbone Networks for
                Campus-Wide Environments"; in Modelling Techniques and Performance Evaluation;
                Fdida, S.; Pujolle, G.(ed:); North-Holland 1987

/Mart88/   Martini, P.; Spaniol, O.; Welzel, Th.; "File Transfer in High-Speed Token Ring
                Networks: Performance Evaluation by Approximate Analysis and Simulation"; IEEE
                Journal on Selected Areas in Communications; Band 6; Nr. 6, Juli 1988, S. 987 - 996

/Mart89/   Martini, P.; Rupprecht, M.;"Designing High Speed Controllers for High Speed Local
                Area Networks"; IEEE - Proc. of Globecom 89

/Mata87/   Mataix, J.; Puente, de la, J.A.; "A Coloured Petri Net Model of the IEEE 802.4 Medium
                Access Control Protocol"; Proc. of Eight European Workshop on Application and
                Theory of Petri Nets, Zaragoza, 24th-26th June, 1987; 1987; S. 367-379

/Mich87/   Michna, B.; "Der Einsatz statischer Dual Port RAMs"; Design & Elektronik; Nr. 1;
                1987

/Miln80/   Milner, R.; "A calculus of communicating Systems"; LNCS Nr. 92; Springer-Verlag
                1980

/Moll85/   Molloy, M.K.; "Discrete Time Stochastic Petri Nets"; IEEE Transactions on Software
                Engineering; Band SE-11; Nr. 4; 1985; S. 417-423

/Mooi90/   Mooij, W.G.P.; Ligtenberg, A.; "Architecture of a Communication Network Processor";
                PARLE; 1989 / 1990; S. 238-250

/Müll90/   Müller-Stoy, P.(ed.); "Architektur von Rechnersystemen"; Tagungsband 11. ITG/GI-
                Fachtagung München, März 1990; VDE-Verlag; 1990

/Nord89/   Nordmark, E.; Cheriton, D.R.; "Experiences from VMTP:How to achieve low response
                time"; in: /Rudi89/; 1989; S. 43-54

/O'Ma90/   O'Malley, S.W.; Peterson, L.L.; "A Highly Layered Architecture for High-Speed
                Networks."; Review for High Speed Protocols 90; 1990

/Ober87/   Obermeit, V.; Steinmetz, R.; Baumgarten, B.; Burkhardt, H.J.;Ochsenschläger, P.;
                Prinoth, R.; "Communication and database oriented modelling of multilaeral
                cooperation - A comparison based on Petri Nets."; Concurrency and NetS. K. Voss, H.J.
                Genrich, G.Rozenberg (Eds.) Springer Verlag 1987.; 1987

/Ochs91/   Ochsenschläger, P.;"Die Produktnetzmaschine: Eine Übersicht"; Arbeitspapiere der
              GMD 505; Januar 1991

/Patr90/   Patridge, C.; "How Slow Is One Gigabit Per Second?"; Computer Communications
              Review; Band 20; Nr. 1; 1990; S. 44-53

/Pete81/   Peterson, J. L.; "Petri Net Theory and the Modelling of Systems"; Prentice Hall; 1981

/Plet86/   Pletat, U.; "Algebraic Specification of Abstract Data Types and CCS: And
              Operational Junction."; in: /Sari86/; 1986; S. 361 - 371

/Post80/   Postel, J.; "User Datagram Protocol"; RFC 768; Information Sciences Institute; August
              1980

/Raab88/   Raabe, U.; Lobjinski, M.; Horn, M.; "Verbindungsstukturen für Multiprozessoren";
              Informatik Spektrum ; Band 11; Nr. 4; 1988; S. 195 - 206

/Reis86/   Reisig W.; "Petrinetze - Eine Einführung"; Springer-Verlag, 1986

/Roze90/   Rozenberg, G.; "Advances in Petri Nets 1989"; Springer; 1990

/Rudi87a/   Rudin H.; "The Dimension of Time in Protocol Specifications"; Networking in open
              Systems (Ed.) Müller G.; R.P.Blanc Springer LNCS 248; 1987; S. 360-372

/Rudi89/   Rudin, R.; Williamson, R.(ed.); "Protocols for High-Speed Networks"; Elsevier
              Science Publishers B.V. (North-Holland); 1989

/Rupp87/   Rupprecht, M.; "Parallelität in Kommunikationsprotokollen-Spezifikation und
              Bewertung geeigneter Rechnerarchitekturen zur Implementierung auf der Basis von
              Stellen/Transitions-Netzen"; Diplomarbeit RWTH-Aachen; 1987; Lehrstuhl für
              Informatik IV

/Rupp88/   Rupprecht, M.;Dresen, M.;Fehlau, F.;"A High Throughput LAN-Controller for High
              Bit Rate Systems";EFOC/LAN - 88, The Sixth European Fibre Optic Communication
              and Local Area Network Exposition, Amsterdam, June 29 - July 1988, Proceedings

Rupp89a/   Rupprecht, M.; Fehlau, F.; Martini, P.; "A Petri-Net Based Parallel Communication
              Controller for High Speed Local Area Networks"; ICCI 89 - "Computing and
              Information", Toronto 89

/Rupp89b/   Rupprecht, M.; Martini, P.; "Gateway Performance - Requirements and Improvement;
              Proc. of Working Conference on Decentralized Systems, Lyon 89 (North-Holland)

/Rupp89c/   Rupprecht, M.; "Petrinetze als Organisationsprinzip für einen Kommunikations-
              Controller"; Proc. of Kommunikation in verteilten Systemen; ITG/GI-Fachtagung,
              Stuttgart, Februar 1989; Springer-Verlag, Informatik-Fachbericht 205

/Rupp90a/   Rupprecht, M. ; "Parallele Implementierung von Kommunikationsprotokollen";
              Workshop: "LAN für den Campus und CIM-Bereich; Gaussig 29.10.-2.11.90; 1990

/Rupp90b/   Rupprecht, M.; Fehlau, F.; Martini, P.; "A New Parallel Controller- Architecture for
              High Speed Local Area Networks"; in: /Dant90/; 1990

/Sari86/   Sarikaya, B.; Bochmann G. v.(ed.); "Protocol Specification, Testing, and
              Verification, VI"; Elservier Science Publishers B.V. (North - Holland); 1986

/Sclo88/	"SCLOTOS - Syntax Checker for LOTOS - Version 2.1"; University of Twente - Esprit Project SEDOS - ST410; 1888

/Sevc87/	Sevcik,K.C.; Johnson,M.J.; "Cyclic Time Properties of the FDDI Token Ring Protocol"; IEEE, BANDSE-13; Nr.3; 1987; S. 376-385

/Shar87/	Sharp R.I.; " The LAN-DTH 140 MBit/s Token Ring "; in: /Span87/; 1987

/Sifa77/	Sifakis, J.; "Petri nets for performance evaluation"; Measuring, Modelling, and Evaluating Computer Systems, Proc. 3rd Int. Symp. IFIP Working Group 7.3; Beilner, H., Gelenbe, E. (ed.); 1977; S. 75-93

/Skov89/	Skov, M.; "Implementation of Phisical and Media Acess Protocols for High-Speed Networks."; IEEE Communications Magazine; Band 27; Nr. 6; 1989; S. 45 - 53

/Sonn90/	Sonnenschein, M.; "Gina: An object oriented, parallel language based on petri nets"; Schriften zur Informatik und angewandten Mathematik, Bericht Nr. 144, RWTH-Aachen, Fachgruppe Informatik; 1990

/Span87/	Spaniol, O.; Danthine, A.(ed.); "High Speed Local Area Networks 87" , Elsevier Science Publishers B V. (North-Holland); 1987

/Span90/	Spaniol, O.; "High Speed Local Area Networks - What, why, when and how: Planning, installation and first experiences of a HSLAN in a heterogeneous environment"; Proceeding of Comnet '90: Budapest; 1990

/Spie85/	Spies, P.P.; "No-Wait-Send/Rendezvous "; Informatik-Spektrum; Nr. 8; 1985; S. S.283-288

/Stei90/	Steinmetz, R.; Rückert, J.; Racke, W.; "Multimedia-Systeme"; Informatik Spektrum; Band 13; Nr. 5; 1990

/Stra87/	Strauss, P.; "OSI throughput performance: Breakthrough or bottelneck?"; Data Communications; Nr. 5; 1987; S. 53-56

/Suns82/	Sunshine, C.(ed.); "Protocol Specification, Testing and Verification"; Elservier Science Publishers B.V. (North - Holland); 1982

/Suzu90/	Suzuki, T.; Shatz, S. M.; Murata, T.; "A Protocol Modeling and Verification Approach Based on a Specification Language and Petri nets"; IEEE Transactions on Software Engineering, Band 16; Nr. 5; S. 523-536; 1990

/Svob89a/	Svobodova, L.; ; "Implementing OSI Systems"; IEEE Journal on Selected Areas in Communications ; Band 7; Nr. 7; 1989; S. 1115-1130

/Svob89b/	Svobodova, L.; "Measured Performance of Transport Service in LANs"; Computer Networks and ISDN Systems; Band 18; Nr. 1; 1989; S. 31-45

/Tann88/	Tanenbaum A.; "Computer Network"; Printice-Hall; 1988

/Taub87/	Taubner, D.; "On the Implementation of Petri Nets"; Proc. of Eight European Workshop on Application and Theory of Petri Nets, Zaragoza, 24th-26th June, 1987; S. 471-488

/Ulri89/	Ulrich, R.; Hinze, R.; Dietsch, H.; "Erfahrungen bei der Durchsatzoptimierung eines Transputer-Netzwerkes für ISO/OSI-Architekturen am Beispiel der LLC-

Teilschicht"; Messung, Modellierung und Bewertung von Rechensystemen Stiege, G.;
Lie, J.S.; (ed.); 5.GI/NTG-Fachtagung, Informatik-Fachberichte 218, Springer-
Verlag 1989

/Ulri90/   Ulrich, R; Dietsch, H.; "Ein Transputer-System mit Hybrider Kopplung als
             Kommunikationswerk für HSLAN-Anwendungen"; Gesellschaft für Informatik.
             Architektur von Rechenersystemen. Tagungsband 11. ITG/GI-Fachtagung, München,
             März 1990.; 1990; S. 315-325

/Ulri91/   Ulrich, R.; "A Transputer-based HSLAN Communication controller"; Proc. of Conf. on
             High Speed Networking Berlin; Maerz 91; 1991

/VanM90/   Van-Mierop, D.; "Extending Ethernet/802.3 over FDDI using the FX 8000"; in:
             /Dant90/; 1990

/Vaut86/   Vautherin, J.; "Parallel Systems Specification with colored Petri Nets and Algebraic
             Abstract Data Types"; Advances in Petri Nets 86, LNCS; 1986

/Vuon88/   Vuong, S.T.; Lau, A.C.; Chan, R.I.; "A semiautomatic implementation of protocols
             using an ESTELLE-C-Compiler"; IEEE Trans. on Software Eng.; Band 14; Nr. 3; S.384-
             393; 1988

/Wang89/   Wang, F.Y.; Gildea, K.; Rubenstein, A.; "A Colored Petri Net Model For Connection
             Management Services In MMS"; Computer Communication Review ;July 1989; Band
             19; Nr. 3; 1989; S. 76 - 99

/Wats87/   Watson, R. W.; Mamrak S. A.; "Gaining Efficiency in Transport Services by
             Appropriate Design and Implementation Choices"; ACM - Transactions on Computer
             Systems; Vol. 5; Nr. 4; November 1987

/Wats89/   Watson R.W.; "The Delta-t Transport Protocol:Features and Experience"; in:
             /Rudi89/; 1989; S. 3-17

/Weav89/   Weaver, A.C.; "XTP for the NASA Space Station"; in /Rudi89/; S. 35-42

/Wett84/   Wettstein, H.; "Architektur von Betriebssytemen"; Carl Hanser Verlag; 1984

/Wood89/   Woodside, C.M.; Montealegre J.R.; "The effect of buffering Strategies on Protocol
             Execution Performance"; IEEE Transactions on Communications ; Band 37; Nr. 6; 1989;
             S. 545-554

/Yemi84/   Yemini, Y.; Strom, R.; Yemini S.(ed.); "Protocol Specification, Testing, and
             Verification, IV"; Elservier Science Publishers B.V. (North - Holland); 1984

/Zhan90/   Zhang, X.; Seneviratne, A.P. ; "An Efficient Implementation of a High-Speed
             Protocol without Data Copying"; Proc. of 15th Conf. on Local Computer Networks; S.
             443-450; Oktober; 1990

/Zitt89/   Zitterbart, M.; "A Parallel Architecture for Transport Systems and Gateways";
             Proceeding of Kommunikation in verteilten Systemen; ITG/GI-Fachtagung, Stuttgart,
             Februar 1989; Springer-Verlag, Informatik-Fachbericht 205

/Zitt90/   Zitterbart, M; "OSI-Internetzwerkprotokoll auf Transputer-Netzwerken"; in:
             /Müll90/; 1990; S. 302-315

10. Anhang

10.1. Mathematische Symbole

10.1.1. Relationen

$=$	gleich
$\neq$	ungleich
$<$	kleiner als
$>$	größer als
$\leq$	kleiner als oder gleich
$\geq$	größer als oder gleich

10.1.2. Quantoren

$\vee$	nichtausschließendes oder
$\wedge$	und
$\forall$	für alle
$\exists$	es existiert mindestens ein

10.1.3. Logische Operatoren

$\Rightarrow$	impliziert, daraus folgt
$\Leftrightarrow$	äquivalent zu
$\neg$	nicht

10.1.4. Mengen

$\{\}$	Mengenklammern
$\mathbb{N}$	Menge der Natürlichen Zahlen
$\emptyset$	Die leere Menge
$\in$	Element von
$\notin$	kein Element von
$\subset$	echte Teilmenge
$\subseteq$	Teilmenge
$\cup$	vereinigt mit

∩   geschnitten mit

\   vermindert um

×   Mengenprodukt

|M| Anzahl der Elemente in M

M^* Menge aller Folgen, die sich aus den Elementen der Menge M bilden
           lassen einschließlich der leeren Folge

10.2.   Schreibweisen für Petrinetze

S   Menge der Stellen

s   Element der Menge S

T   Menge der Transitionen

t   Element der Menge T

F   Menge der Kanten (Menge von 2-Tupeln aus (S × T) ∪ (T × S))

f   Element der Menge F

•t   Menge der Eingangsstellen der Transition t

t•   Menge der Ausgangsstellen der Transition t

•s   Vorbereich der Stelle s

s•   Nachbereich der Stelle s

⁻t   Eingangskanten der Transition T (Menge von 2-Tupeln aus (S × T))

t⁻   Ausgangskanten der Transition T (Menge von 2-Tupeln aus (T × S))

X'   Teilnetz von X

X'_s stellenberandetes Teilnetz von X

X'_t transitionsberandetes Teilnetz von X

S'_r Menge der Randstellen eines Teilnetzes X'

T'_r Menge der Randtransitionen eines Teilnetzes X'

K   Kapazität (Menge von 2-Tupeln aus (S × ℕ))

K(s)   Kapazität einer Stelle

M   Markierung (Menge von 2-Tupeln aus (S × ℕ))

M_0 Anfangsmarkierung

M'   unmittelbare Folgemarkierung für M

M [t> M'   M' wird über das Schalten von t aus M erreicht.

$M(s)$	Markierung einer Stelle
M''	Folgemarkierung für M
ω	eine Folge von Transitionen
$M\,[\omega>\,M''$	M'' wird über das Schalten von ω aus M erreicht.
$[M_0>$	die Menge, der von M_0 erreichbaren Markierungen
W	Kantengewicht (Menge von 2-Tupeln aus $(\,S \times F\,)$)
$W(s,t)$	Kantengewicht einer Eingangskante
$W(t,s)$	Kantengewicht einer Ausgangskante
$T_a(M)$	Menge der unter M aktivierten Transitionen
s'	Komplement zur Stelle s
V	Menge der Verbotskanten
^vt	Menge der Verbotsstellen einer Transition
A	Menge der Abräumkanten
^at	Menge der Abräumstellen einer Transition

Für das Produktnetz und die hier eingeführten zusätzlichen Definitionen sind
weitere Vereinbarungen zur Schreibweise nötig.

$D(s)$	Definitionsbereich der Stelle s
$M(s)$	Markierung der Stelle s
$K(x,y)$	Kantenanschrift an einer Kante von x nach y
c_{xyp}	Linearfaktor am p-ten Tupel von $K(x,y)$
z_{xyp_q}	Term der q-ten Komponente des p-ten Tupels von $K(x,y)$
d_s	Dimension des Definitionsbereichs der Stelle s
u_{xy}	Anzahl der Tupel in der Kantenanschrift $K(x,y)\delta$ Interpretation
$\delta(x)$	Wert, der einer Variablen x mit der Interpretation δ zugewiesen wird
δt	eine zulässige Interpretation für alle gebundenen Variablen von t
$M(s)^{\delta t}$	Menge der Schwellenmarkierung für die Stelle s
$P(t)$	Prädikat einer Transition
$\delta t(P(t))$	δt eingesetzt in $P(t)$
$N(s)^{\delta t}$	Abräum- oder Verbotsmenge für die Stelle s
$f^a{}_t$	Aktivierungsfunktion der Transition t

$f^s{}_t$ Schaltfunktion der Transition t

W '   Gewicht einer Kantenanschrift

S^e Menge der Einfach-Marken-Stellen

s^e Element der Menge S^a

S^m Menge der Mehrfach-Marken-Stellen

s^m Element der Menge S^b

10.3.   Begriffe

Die folgenden Begriffe werden im Text synonym für den spezifischen Hardware-Teil eines Rechners verwendet, der den Anschluß des Gerätes an das Datenübertragungsmedium gewährleistet.

Kommunikations-Controller
Netzwerk-Controller
Datenkommunikations-Controller
Controller

Die folgende Begriffe bezeichnen jeweils ein spezielles Gerät, daß zwei oder mehr Übertragungsmedien untereinander verbindet. Die Geräte unterscheiden sich in Bezug auf die Ebene des ISO/OSI-Referenzmodells in der die Verbindung erfolgt.

Repeater   physikalische Ebene
Bridge   Medienzugang
Router   Netzwerkebene
Gateway   oberhalb der Netzwerkebene

10.4.   Syntaxerweiterungen

external-declaration :   *transition-definition :*
function-definition   *transition-header   compound-statement*
declaration
transition-definition   *transition-header :*
state-definition   **trans** *identifier (identifier-list) (expression)*

place-class-specifier: *state-definition :*
splace   *place-class-specifier type-specifier init-declarator-list ;*
mplace